普通高等教育“十三五”规划教材

理论力学

辽宁石油化工大学力学教研室

张巨伟　王　伟　主编

王文广　主审

化学工业出版社

·北京·

本书是根据教育部“力学基础课程教学基本要求”编写的，由浅入深按照由质点到质点系、由矢量到代数量循序渐进的次序，分三篇进行介绍。第一篇静力学介绍了静力学公理与物体的受力分析、平面力系及其应用、空间力系、摩擦；第二篇运动学介绍了运动学基础、点的合成运动和刚体的平面运动；第三篇动力学介绍了质点动力学基本方程、动量定理、动量矩定理以及动能定理。章后附有习题及思考题便于读者练习及评估学习效果。本书可作为高等学校机械、化工、石油、土木、交通、水利、采矿、冶金等各工科专业少学时教材或教学参考书，也可供相关专业工程技术人员参考。

图书在版编目（CIP）数据

理论力学/张巨伟，王伟主编. —北京：化学工业出版社，2016.4（2021.7重印）
普通高等教育“十三五”规划教材
ISBN 978-7-122-25988-2

Ⅰ.①理… Ⅱ.①张…②王… Ⅲ.①理论力学-高等学校-教材 Ⅳ.①O31

中国版本图书馆CIP数据核字（2016）第004115号

责任编辑：满悦芝　石　磊　　文字编辑：颜克俭
责任校对：战河红　　装帧设计：韩　飞

出版发行：化学工业出版社（北京市东城区青年湖南街13号　邮政编码100011）
印　　装：北京建宏印刷有限公司
787mm×1092mm　1/16　印张12¾　字数314千字　2021年7月北京第1版第5次印刷

购书咨询：010-64518888　　售后服务：010-64518899
网　　址：http://www.cip.com.cn
凡购买本书，如有缺损质量问题，本社销售中心负责调换。

定　　价：29.00元

前言

本书是根据教育部高等学校工科本科理论力学课程（中、少学时）教学的基本要求、教育部工科力学课程教学指导委员理论课程教学改革的要求编写而成的。

理论力学是一门重要的、理论性较强的专业基础课，是各门专业课的基础，在工程上具有广泛的应用。通过本课程的学习，使学生在掌握本课程基本知识的基础上，学会运用基本理论、方法解决工程中的实际问题，培养学生的辩证唯物主义世界观及分析解决问题的能力，为学习后续课程打好基础。近年来，随着普通院校教学改革的深入开展，很多高校将本科培养目标定位为培养应用型高级专门人才。现有的《理论力学》教材，几乎涵盖了经典力学的全部内容，也几乎涵盖了工科所有专业长学时的内容，特色不明显，不适合少学时并且专业特色明确的石油、石化类高校学生“理论力学”课程的学习。因此，编写一本适用于少学时的、具有石化类院校特色的教材以及“重实践、轻理论”的教材正是本教材编写的初衷。

在编写过程中，编者根据多年来在理论力学教学中积累的经验，注意汲取同类教材的精华，试图用现代和实用的观点阐述理论力学的核心内容和方法，既满足了本课程的基本要求，又注意与先修的“高等数学”“大学物理”课程的衔接及向“材料力学”等后续课程的过渡。在优化教学内容的同时，加强学生能力的培养，全书特点概括如下。

(1) 充分利用先修课程的基础，减少课程间内容的重复。教材内容做了较大幅度的整合和调整，激发学生的学习兴趣和主观能动性。

(2) 注重以工程实际为背景，加深对基本概念的阐述和工程建模能力的培养，轻理论、重视对解题过程的分析。

(3) 本书定位明确，可作为高等学校相关专业本科及专科理论力学课程（中、少学时）的教材。

(4) 本书精选了一定数量的典型例题、思考题和习题供教师和学生选用。

本书内容分三篇，共 11 章。绪论、第一篇静力学（第一至四章）由张巨伟、王丽、龚雪、李晋编写，第二篇运动学（第五至七章）由李金权、仲兆金编写，第三篇动力学（第八至十一章）由杨雪峰、张巨伟、王伟编写。张巨伟、王伟担任主编，杨雪峰、仲兆金担任副主编，负责全书统稿、修改和定稿工作。王文广担任主审。

由于时间仓促，疏漏之处，敬请读者批评指正。

编者

2016 年 2 月

目录

第二篇　运动学

第三篇　动力学

绪 论

理论力学是一门理论性较强的技术基础课，随着科学技术的发展，工程专业中许多课程均以理论力学为基础。本课程的理论和方法对于解决现代工程问题具有重要意义。

一、理论力学的研究对象与内容

理论力学是研究物体机械运动一般规律的学科。

理论力学研究的对象是刚体，研究内容是刚体的受力与机械运动的关系的一般规律。

机械运动是指物体在空间的位置随时间的变化。机械运动是生活和生产实际中最常见的一种运动。平衡是机械运动的特例。在客观世界中存在各种各样的物质运动，如热、光和电磁等物理现象，化合和分解等化学变化，以及人的思维活动等。在物质的各种运动形式中，机械运动是最简单的一种。

本课程研究的对象是速度远小于光速的宏观物体的机械运动，它以伽利略和牛顿的基本定律为基础，属于古典力学的范畴。当研究运动速度接近于光速的物质运动时，必须用相对论和量子力学的方法。宏观物体远小于光速的运动是日常生活和一般工程中常见的，因此，古典力学有广泛的应用。理论力学所研究的就是这种运动中的一般、普遍的规律，是各门力学分支的基础。

本课程的内容包括以下三部分。

静力学——主要研究物体平衡时作用力应满足的条件；物体受力的分析方法和力系的简化方法等。

运动学——从几何的角度研究物体运动的描述方法，如运动的轨迹、速度和加速度等，而不涉及引起物体运动的物理原因。

动力学——研究物体的运动与作用在物体上的力之间的关系。

二、理论力学发展的简要回顾

力学的发展具有悠久的历史，是科学发展史的一部分，力学的发展过程，是人类通过观察生活和生产实践中的各种现象，不断认识物体机械运动的过程。

远古时代，人们使用杠杆、斜面和滑轮进行简单的建筑施工；制造推车用作长途运输，制造船舶用以进行航运等。这些生产工具的制造和使用，使得人类对于机械运动有了初步的认识。但是，在很长的一段时期内，人类的认识仅仅限于经验的积累，而未形成理论知识。

关于力学理论最早的记述，当推我国的墨翟（公元前 468～前 376 年）。在他所著的《墨经》里，对于力和运动给出了合适的定义，并对于杠杆平衡问题进行了理论叙述。阿基米德（公元前 287～前 212 年）在他的两本著作里，较系统地论述了杠杆平衡学说，从而奠定了静力学的基础。

15 世纪中叶到 18 世纪后半叶，是欧洲的封建社会向资本主义社会转化时期，为了适应当时的社会与工业发展，力学与其他自然科学一样得到了发展。如意大利人达·芬奇（1451～1519 年）提出的力矩概念；芬兰物理学家史蒂芬（1548～1620 年）在进行斜面问题研究时提出了力的合成与分解定律；潘索（1777～1859 年）提出了力偶的概念及有关的理论等，使得静力学理论得到了进一步的发展。

哥白尼（1473～1548 年）提出了太阳中心学说后，在科学界引起了宇宙观的大革命。开普勒（1571～1630 年）根据哥白尼的学说以及别的一些天文学家的观测资料，得出了行星运动三大定律，成为牛顿万有引力的基础。伽利略观察了落体运动并试验了物体沿斜面的运动，从而提出了落体在真空中的运动定律，并引出了加速度的概念，奠定了动力学的基础。他是用实验及演绎的方法研究动力学的创始人。

力学发展的新阶段是从牛顿（1642～1727 年）开始的。他总结了以前无数科学家的成就，发表了著名的运动定律学说，创立了现代的经典力学。

由此可见，运动学与动力学的理论研究，可以认为是从哥白尼提出的太阳中心学说开始，由伽利略奠基，而由牛顿总结而成，并由此形成了理论力学的理论框架与体系。理论力学的发展过程，充分反映了人们不断经过科学实验、分析、综合和归纳，并总结出力学中最基本规律的认识过程。

三、学习理论力学的方法

实践，认识，再实践，再认识，这是我们认识客观世界的基本规律，是任何科学技术发展的正确途径。理论力学的发展也必须遵循这一规律，具体地说，就是从实际出发，经过抽象、综合、归纳，建立公理，再应用数学演绎和逻辑推理而得到定理和结论，形成理论体系，然后再通过实践来验证理论的正确性，正确的理论再被反过来用于指导人们改造世界的各种实践活动。

学习理论力学要准确地理解基本原理和方法，还要加强应用基本原理解决工程问题的实践练习。理论力学课程是将基本原理用于工程实际的训练园地，对培养学生的基本素质有重要的作用。在这门课程中，同学们还要学习对工程实际问题的简化方法和建模的原理以及求解工程实际问题的模式。工程实际问题多种多样，进行力学分析时要抓住其特点进行必要的简化。例如，约束是从对物体运动的限制的观点对常见的约束进行分析和简化。

另外，在本门课程中同学们还要接受解决工程实际问题的基本方法和模式的训练，如物体的受力分析方法、复杂运动的分解方法和解决动力学问题的基本步骤等。这些分析方法是工程界长期使用和遵循的基本步骤，同学们要有意识地适应和掌握有关的步骤，逐渐掌握科学的思考问题和解决问题的正确方法。

理论力学中解决同一问题可以有多种不同的方法供选择，在学习的过程中同学们要注意分析每种方法的特点，比较各种方法的异同，灵活应用所学的原理，并通过一定数量的练习，达到准确掌握、熟练应用理论力学的基本原理和方法的目的。

理论力学课程的内容还是学习“材料力学”“机械设计基础”以及“流体力学”等很多课程的基础，学好本门课程将为其他课程的学习和今后的研究奠定坚实的基础。

第一篇　静力学

静力学是研究物体在力系作用下平衡规律的科学。

在静力学中研究的物体都是刚体。所谓**刚体**，是指在任何力作用下都不发生变形的物体，其表现特征为内部任意两点之间的距离始终保持不变。宇宙中并无刚体存在，刚体是一种理想化的力学模型。这种模型使问题的研究得以简化，所以静力学又称为**刚体静力学**。

力是物体间相互的机械作用，其作用结果是使物体运动状态或形状发生改变。

力对物体的作用效果取决于三个要素：力的大小、方向、作用点。此即称为力的三要素。力的三要素可用一个矢量来表示。矢量长度按照一定比例表示力的大小；矢量方向为力的作用方向；矢量的起始端或末端为力的作用点（图中的 A、B 点）。本书用粗体字母 $\boldsymbol{F}$ 表示力矢量，而用普通字母 F 表示力的大小。

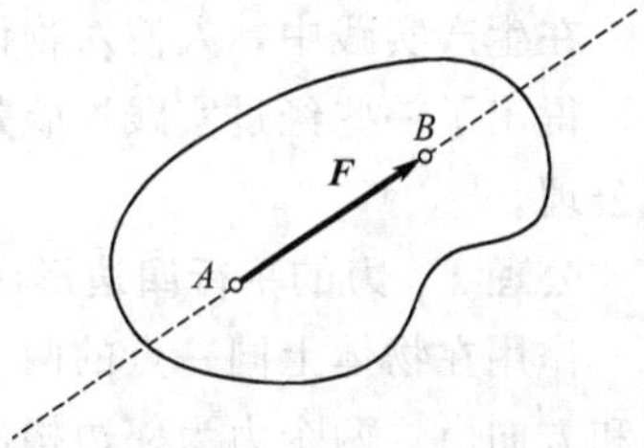

在国际单位制（SI）中以牛顿（N）作为力的计量单位，有时也用千牛顿（kN），其关系为：1kN＝1000N。

力系，是指作用在物体上的一群力。

如果作用在物体上两个力系的作用效果是相同的，则这两个力系互称为等效力系。

不受外力作用的物体可称其为受零力系作用。一个力系如果和零力系等效，该力系称为平衡力系。

在静力学中，我们主要研究以下三个问题。

1. 物体的受力分析

分析物体共受几个力作用，每个力的作用位置及其方向。

2. 力系的简化

用一个简单力系等效地替换一个复杂力系的过程称为力系的简化。如果某力系和一个力等效，则此力称为该力系的合力，而该力系的各力称为此力的分力。

3. 建立各种力系的平衡条件

研究作用于物体上的各种力系所需满足的平衡条件。

第一章 静力学公理与物体的受力分析

本章将阐述静力学公理，并介绍工程中常见的约束和约束力的分析及物体的受力图。

第一节 静力学公理

在生产实践中，人们对物体的受力进行了长期观察和试验，对力的性质进行了概括和总结，得出了一些经过实践检验是正确的、大家都承认的、无须证明的正确理论，这就是静力学公理。

公理 1　力的平行四边形法则

作用在物体上同一点的两个力，可以合成为一个合力。合力作用点也在该点，合力的大小和方向由这两个力为邻边构成的平行四边形的对角线所决定。如图 1-1(a) 所示。或者说，合力矢等于两个分力矢的矢量和，即：

$$\boldsymbol{F}_R=\boldsymbol{F}_1+\boldsymbol{F}_2 \tag{1-1}$$

应用此公理求两个汇交力的合力时，可由任意一点 O 起，另作一力三角形，如图 1-1 (b)、(c) 所示。

此公理是复杂力系简化的基础。

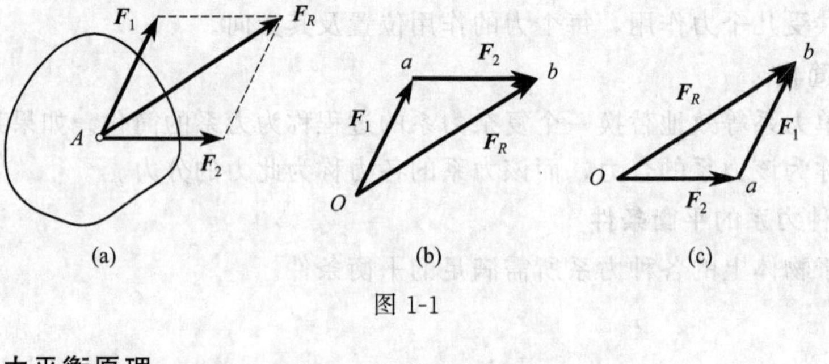

图 1-1

公理 2　二力平衡原理

作用在刚体上的两个力，使刚体保持平衡的充分必要条件是：两力大小相等，方向相反，作用在同一直线上（图 1-2）。或者说二力等值、反向、共线。

此公理阐明了由两个力组成的最简单力系的平衡条件，是一切力系平衡的基础。此公理只适用于刚体，对于变形体来说，它只给出了必要条件，而非充分条件。

工程中经常遇到不计自重，且只在两点处各受一个集中力作用而处于平衡状态的刚体。这种只在两个力作用下处于平衡状态的刚体，称为**二力构件**（**二力杆**）。二力构件的形状可以是直线形的，也可以是其他任何形状的，图 1-3 中的 BC 杆即为一二力构件。作用于二力构件上的两个力必然等值、反向、共线。在结构中找出二力构件，对整个结构系统的受力分析是至关重要的。

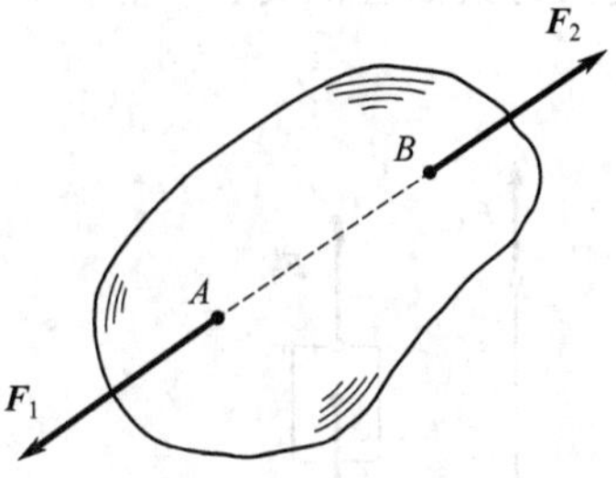

图 1-2

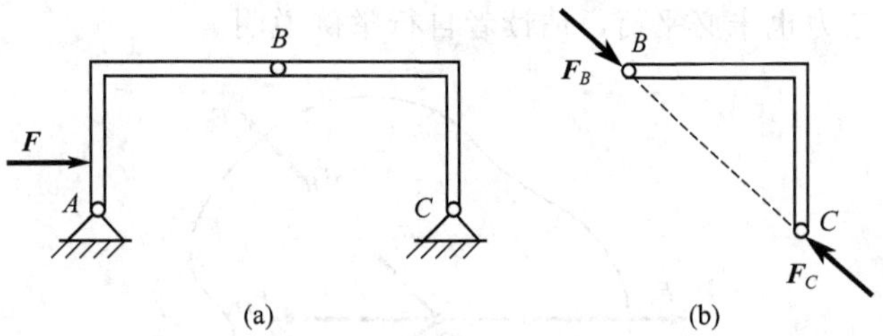

图 1-3

公理 3　加减平衡力系原理

在已知力系上，加上或减去任意平衡力系，不改变原力系对刚体的作用效果。

也就是说，如果两个力系只相差一个或几个平衡力系，它们对刚体的作用效果相同。此公理是力系等效替换的依据。

推论 1　力的可传性定理

作用于刚体某点上的力，其作用点可以沿其作用线移动到刚体内任意一点，不改变原力对刚体的作用效果。

证明：设一力 $\boldsymbol{F}$ 作用于刚体上的 A 点，如图 1-4(a) 所示。根据加减平衡力系原理，可在力的作用线上任取一点 B，加上两个相互平衡的力 $\boldsymbol{F}_1$ 和 $\boldsymbol{F}_2$，使 $F=F_1=F_2$，如图 1-4(b)。由于 $\boldsymbol{F}$ 和 $\boldsymbol{F}_1$ 构成一个新的平衡力系，故可减去，这样只剩下一个力 $\boldsymbol{F}_2$，如图 1-4(c)。于是原来的力 $\boldsymbol{F}$ 与力系（$\boldsymbol{F}$，$\boldsymbol{F}_1$，$\boldsymbol{F}_2$）以及力 $\boldsymbol{F}_2$ 互为等效力系。这样，$\boldsymbol{F}_2$ 可看成是原力 $\boldsymbol{F}$ 的作用点沿其作用线由 A 移到了 B。

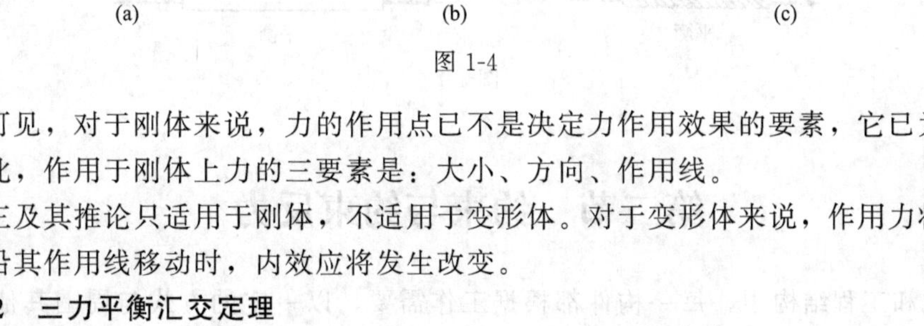

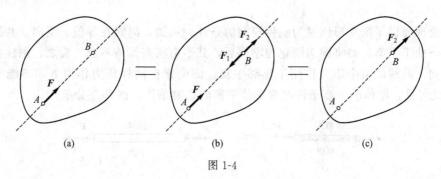

图 1-4

由此可见，对于刚体来说，力的作用点已不是决定力作用效果的要素，它已为作用线所替代。因此，作用于刚体上力的三要素是：大小、方向、作用线。

公理三及其推论只适用于刚体，不适用于变形体。对于变形体来说，作用力将产生内效应，当力沿其作用线移动时，内效应将发生改变。

推论 2　三力平衡汇交定理

作用于刚体上三个相互平衡的力，若其中两个力的作用线汇交于一点，则此三力必在同一平面内，且第三个力的作用线通过汇交点。

证明：如图 1-5 所示，在刚体的 A、B、C 三点上分别作用三个相互平衡的力 $\boldsymbol{F}_1$、$\boldsymbol{F}_2$、

$\boldsymbol{F}_3$。根据力的可传性定理，将力 $\boldsymbol{F}_1$、$\boldsymbol{F}_2$ 移到汇交点 O，然后根据力的平行四边形法则，得合力 $\boldsymbol{F}_{12}$。则 $\boldsymbol{F}_3$ 应与 $\boldsymbol{F}_{12}$ 平衡。由两个平衡力必须共线，所以力 $\boldsymbol{F}_3$ 必与力 $\boldsymbol{F}_1$ 和 $\boldsymbol{F}_2$ 共面，且通过 $\boldsymbol{F}_1$ 和 $\boldsymbol{F}_2$ 的汇交点 O。定理得证。

注意：三力平衡汇交定理的逆定理不成立。也就是说，即使三力共面且汇交于一点，此三力也未必平衡，请读者自行举例说明。

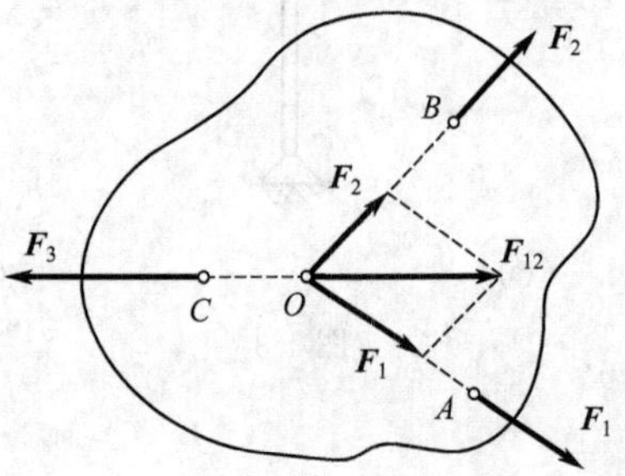

图 1-5

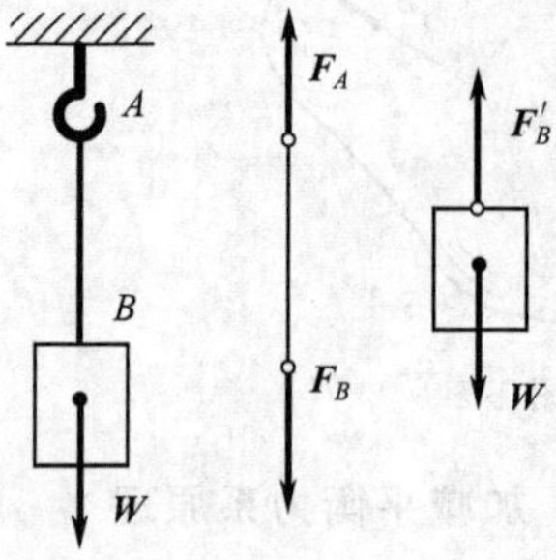

图 1-6

公理 4　作用与反作用原理

两物体之间的相互作用力总是等值、反向、共线，分别作用在两个相互作用的物体上。

这个原理揭示了物体之间相互作用的定量关系，它是对物系进行受力分析的基础。

注意：作用与反作用原理中的两个力分别作用于两个相互作用的物体上，而二力平衡原理中的两个力作用于同一个刚体。

在图 1-6 中，重物给绳索一个向下的拉力 $\boldsymbol{F}_B$，同时绳索给重物一个向上的拉力 $\boldsymbol{F}'_B$，$\boldsymbol{F}_B$ 与 $\boldsymbol{F}'_B$ 互为作用与反作用力，而 $\boldsymbol{F}_B$ 与 $\boldsymbol{F}_A$、$\boldsymbol{F}'_B$ 与 $\boldsymbol{W}$ 为两对平衡力。

公理 5　刚化原理

变形体在某一力系作用下处于平衡状态，如果将此变形体刚化为刚体，其平衡状态保持不变。

这个公理提供了把变形体视为刚体模型的条件。例如，绳索在等值、反向、共线的两个拉力作用下处于平衡，如将绳索刚化为刚体后，其平衡状态保持不变。反之，刚性杆在两个等值、反向、共线的两个压力作用下能够平衡，而绳索在同样压力作用下却不能平衡（图 1-7）。由此可见，刚体的平衡条件是变形体平衡的必要条件，而非充分条件。

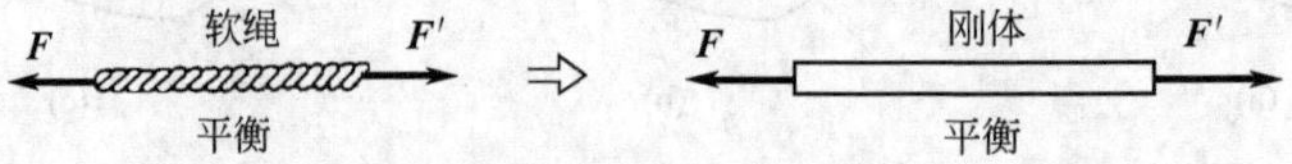

图 1-7

第二节　约束与约束反力

在机械和工程结构中，每一构件都根据工作需要，以一定的方式与周围其他构件联系着，其运动也受到一定限制。例如，梁由于墙的支撑而不致下落，列车只能沿轨道行驶，门、窗由于合页的限制而只能绕轴线转动等。这种联系限制了构件间的相对位置和相对运动。

一、约束与约束反力概念

工程中所遇到的物体通常分可为两种。一种是位移不受任何限制的物体称为**自由体**。另一种是在空间的位移受到一定限制的物体称为**非自由体**，如机车受到铁轨的限制，只能沿轨道运动；电机转子受轴承的限制，只能绕轴线转动；重物被钢索吊住而不能下落等。对非自由体的某些位移起限制作用的周围物体称为**约束**。如铁轨对于机车、轴承对于电机转子、钢索对于重物等，都是约束。

约束限制非自由体的运动，能够起到改变物体运动状态的作用。从力学角度来看约束对非自由体有作用力。约束作用在非自由体上的力称为**约束反力**，简称为约束力或反力。约束反力的方向必与该约束所限制位移的方向相反，这是确定约束反力方向的基本原则。至于约束反力的大小和作用点，前者一般未知，需要用平衡条件确定；作用点一般在约束与非自由体的接触处。若非自由体是刚体，则只需确定约束反力作用线即可。

二、工程中常见的约束及其反力

下面对工程中一些常见约束进行分类分析，并归纳出其反力特点。

1. 理想光滑面约束

在约束与被约束体的接触面较小、且比较光滑的情况下，忽略摩擦因素的影响，就得到了理想光滑面约束。其约束特征为：约束限制被约束物体沿着接触点处公法线趋向约束体的运动。故约束反力方向总是通过接触点，沿着接触点处的公法线而指向被约束物体。例如轨道对车轮的约束；一矩形构件搁置在槽中，其受力分别如图 1-8(a)、(b) 所示。

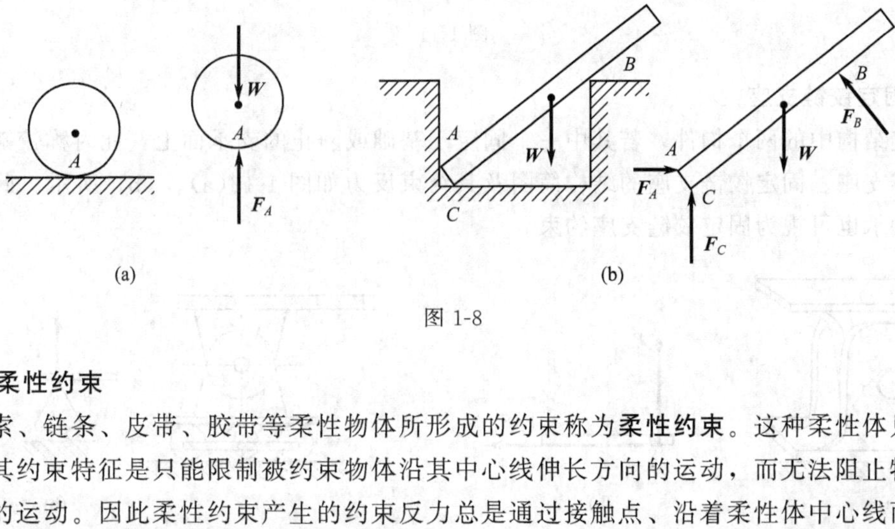

图 1-8

2. 柔性约束

绳索、链条、皮带、胶带等柔性物体所形成的约束称为**柔性约束**。这种柔性体只能承受拉力。其约束特征是只能限制被约束物体沿其中心线伸长方向的运动，而无法阻止物体沿其他方向的运动。因此柔性约束产生的约束反力总是通过接触点、沿着柔性体中心线而背离被约束的物体（即：使被约束物体承受拉力作用）。

绳索悬挂一重物如图 1-9 所示。绳索只能承受拉力，对重物的约束反力 $\boldsymbol{F}'_A$ 如图 1-9 所示。链条或胶带绕在轮子上时，对轮子的约束反力沿轮缘切线方向，如图 1-10 所示。

3. 光滑圆柱铰链约束

圆柱形铰链是将两个物体各钻同直径的圆孔，中间用圆柱形销钉连接起来所形成的结构。销钉与圆孔的接触面一般情况下可认为是光滑的，物体可以绕销钉轴线任意转动，如图 1-11(a) 所示。如门、窗用的合页，起重机悬臂与机座间的连接等，都是铰链约束的实例。

铰链连接简图如图 1-11(b) 所示，销钉阻止被约束两物体沿垂直于销钉轴线方向的相对横向移动，而不限制连接件绕轴线的相对转动。因此，根据光滑面约束特征可知，销钉产生的约束反力 $\boldsymbol{F}_R$ 应沿接触点处公法线，必过铰链中心（销钉轴线），如图 1-11(c) 所示。但接触点位置与被约束构件所受外力有关，一般不能预先确定，因此，$\boldsymbol{F}_R$ 的方向未定，通常用过销钉中心，且相互正交的两个分力 $\boldsymbol{F}_{Rx}$、$\boldsymbol{F}_{Ry}$ 来表示。

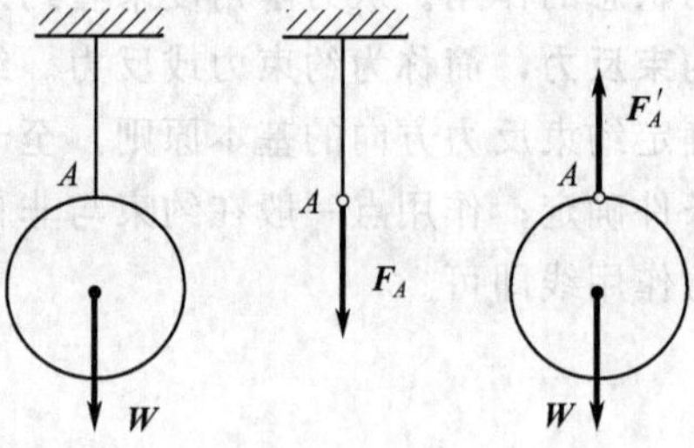

图 1-9

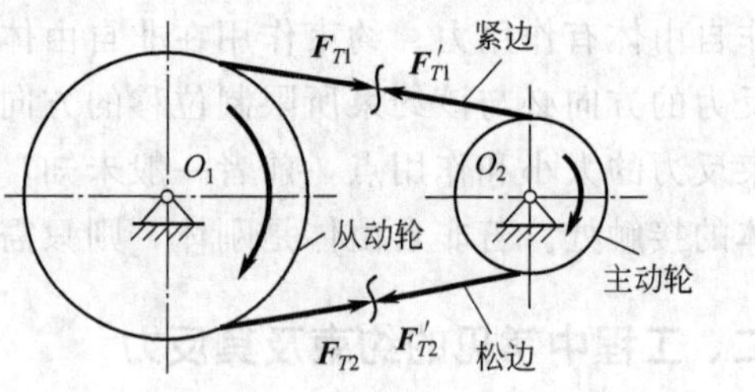

图 1-10

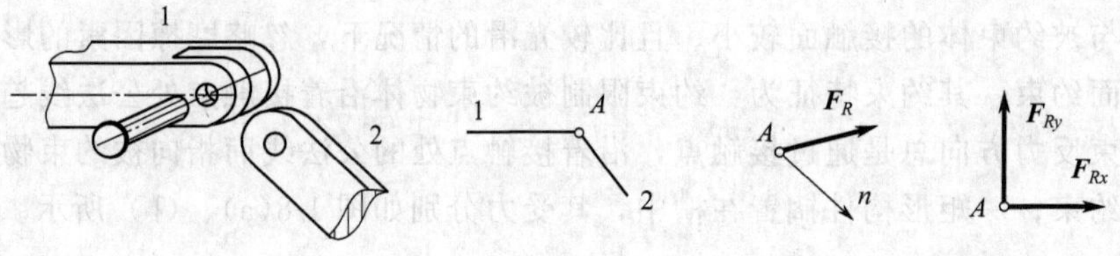

(a) (b) (c)

图 1-11

4. 固定铰链支座

铰链结构中的两个构件，若其中一个固定于基础或静止的支承面上，此时称铰链约束为固定铰链支座。固定铰链支座的结构简图及其约束反力如图 1-12(a)、(b) 所示。此外，工程中的轴承也可视为固定铰链支座约束。

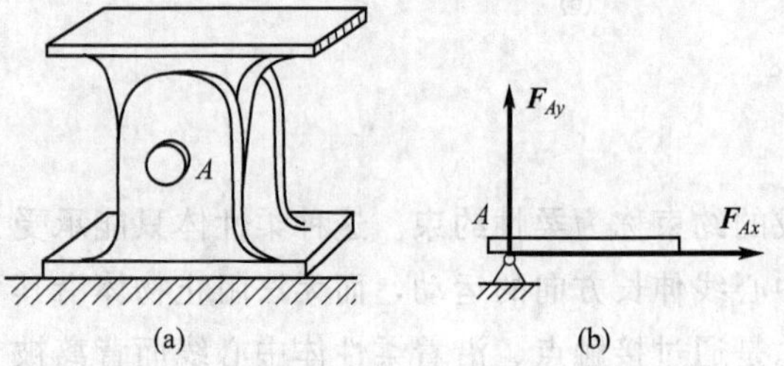

(a) (b)

图 1-12

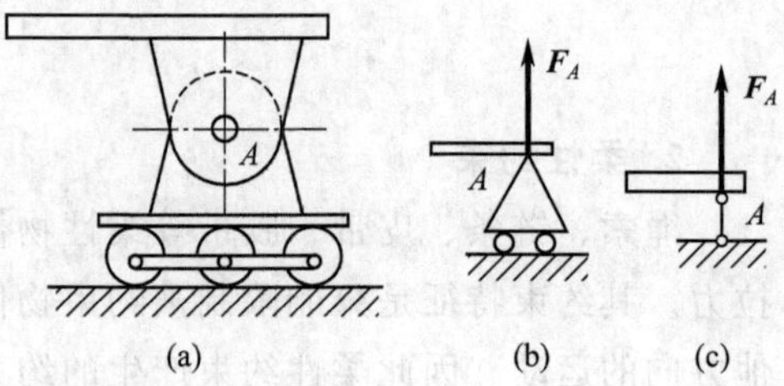

(a) (b) (c)

图 1-13

5. 滚动支座

它是在光滑铰链支座与光滑支承面之间装有几个辊轴而构成，又称为辊轴约束。通常与固定铰链支座配对使用，分别装在梁的两端。与固定铰链支座不同的是，它不限制被约束端沿支承面切线方向的位移。这样当桥梁由于温度变化而产生伸缩变形时，梁端可以自由移动，不会在梁内引起温度应力。由于这种约束只限制垂直于支承面方向的运动，所以，其约束反力沿滚轮与支承面接触处的公法线方向，指向被约束构件。其结构与受力简图如图 1-13(a)、(b)、(c) 所示。

6. 球形铰链约束

球形铰链的结构如图 1-14(a) 所示，通常是将构件的一端制成球形，置于另一构件或基础的球窝中。其作用是限制被约束体在空间的移动但不限制其转动。如电视机、收音机天线与机体的连接，车床床头灯与床身的连接等都是球形铰链约束。球形铰链约束的特征是限制了杆件端点沿三个方向的移动，但不限制其绕三个坐标轴的转动，所以，约束反力是通过球心，但指向不能预先确定的一个空间力，可用三个相互正交的分力 $\boldsymbol{F}_{Ax}$、$\boldsymbol{F}_{Ay}$、$\boldsymbol{F}_{Az}$ 来表示，如图 1-14(b) 所示。

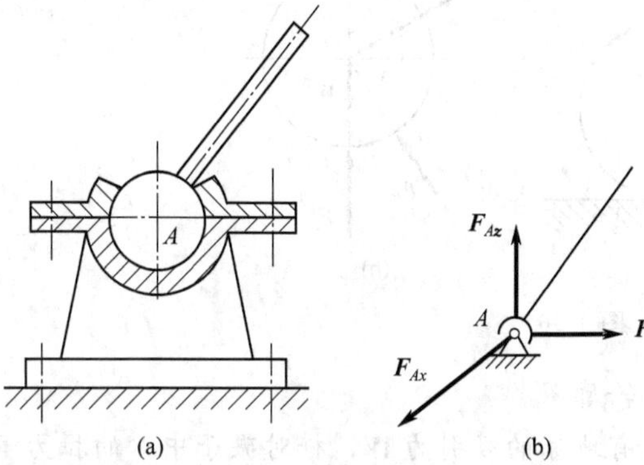

图 1-14

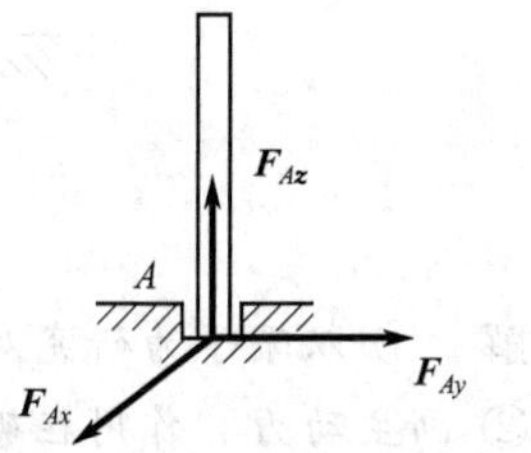

图 1-15

7. 止推轴承约束

止推轴承约束结构如图 1-15 所示，它除了能限制轴的径向位移以外，还能限制轴沿轴向位移。其约束力有三个正交分量 $\boldsymbol{F}_{Ax}$、$\boldsymbol{F}_{Ay}$、$\boldsymbol{F}_{Az}$。

以上只介绍了几种常见约束，在工程中约束的类型远不止这些，有的约束比较复杂，分析时需加以抽象、简化。

第三节　物体的受力分析与受力图

工程中可用平衡方程求出未知的约束反力。为此，需要确定构件受几个力作用，每个力的作用位置和方向。这个过程称为物体的**受力分析**。

为了分析某个构件的受力，必须将所研究物体从周围物体中分离出来，而将周围物体对它的作用用相应的约束力来代替，这一过程称为**取分离体**，取分离体是显示周围物体对研究对象作用力的一种重要方法。

作用在物体上的力可分为两类：一类是**主动力**，即主动地作用于物体上的力，例如作用于物体上的重力、风力、气体压力、工作载荷等，这类力一般是已知的或可以测得的；另一类是**被动力**，在主动力作用下物体有运动趋势，而约束限制了这种运动，这种限制作用是以约束反力形式表现出来的，称为被动力。

受力分析的主要任务是画受力图。一般来说，约束反力的大小是未知的，需要利用平衡条件求出，但其方向是已知的，或可通过某种方式分析出来。用受力图清楚、准确地表达物体的受力情况，是静力学不可缺少的基本内容。

画受力图的一般步骤如下：

① 确定研究对象并画出轮廓图；

② 画主动力；

③ 逐个分析约束，并画出约束反力。

下面举例说明受力图的作法及其注意事项。

【例 1-1】 用力 $\boldsymbol{F}$ 拉动碾子以压平路面，已知碾子重 $\boldsymbol{W}$，运动过程中受到一石块的阻碍，如图 1-16(a) 所示，试画出碾子的受力图。

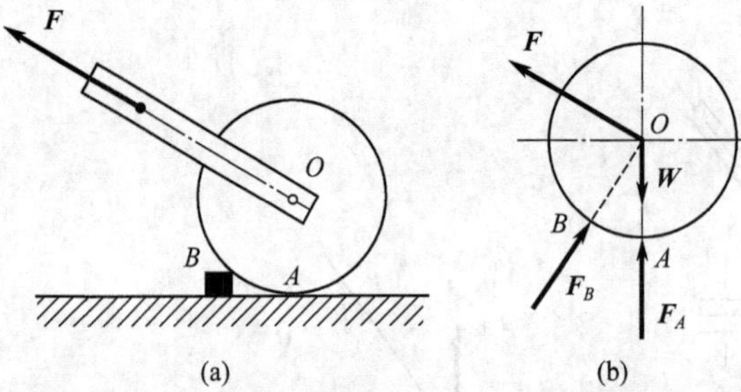

图 1-16

解 ① 以碾子为研究对象，并画出其轮廓图。

② 画主动力。作用在碾子上的主动力有地球的吸引力 $\boldsymbol{W}$，杆对碾子中心的拉力 $\boldsymbol{F}$。

③ 画约束反力。因为碾子在 A、B 两处受到地面和石块的约束，如不计摩擦，则可视为理想光滑面约束，故在 A 处受地面的法向反力 $\boldsymbol{F}_A$ 作用；在 B 处受到石块的法向反力 $\boldsymbol{F}_B$ 作用。它们都沿着接触点处的公法线而指向碾子中心。碾子受力如图 1-16(b) 所示。

【例 1-2】 如图 1-17(a) 所示的三铰拱，由左右两个半拱通过铰链连接而成。各构件自重不计，在拱 AC 上作用有载荷 $\boldsymbol{F}$。试分别画出拱 AC、BC 及整体的受力图。

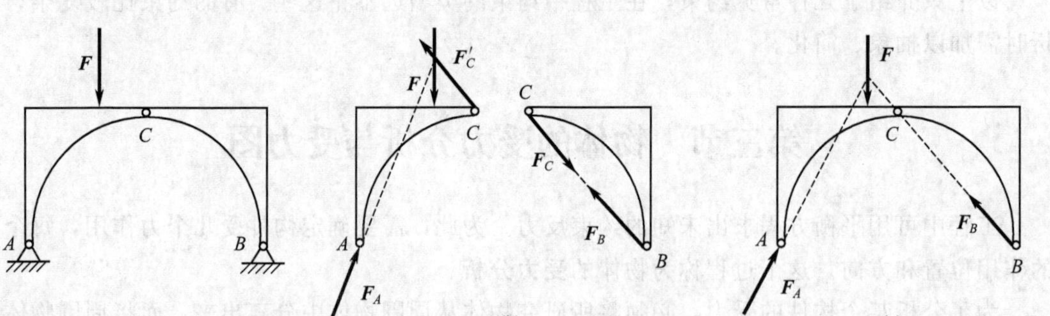

图 1-17

解 ① 取拱 BC 为研究对象由于拱 BC 自重不计，且只在 B、C 两处受到铰链约束，因此，拱 BC 为二力构件，在铰链中心 B、C 处分别受 $\boldsymbol{F}_B$、$\boldsymbol{F}_C$ 两力的作用，且 $\boldsymbol{F}_B=-\boldsymbol{F}_C$，如图 1-17(b) 所示。

② 取拱 AC 为研究对象由于自重不计，因此主动力只有载荷 $\boldsymbol{F}$，拱在铰链 C 处受到拱 BC 对它的约束反力 $\boldsymbol{F}'_C$ 作用，$\boldsymbol{F}'_C$ 与 $\boldsymbol{F}_C$ 互为反作用力。拱在 A 处受固定铰支座对它的约束反力 $\boldsymbol{F}_A$ 的作用，其方向可用三力平衡汇交定理来确定，如图 1-17(b) 所示。也可以根据固

定铰链的约束特征，用两个相互正交的分力 $\boldsymbol{F}_{Ax}$、$\boldsymbol{F}_{Ay}$ 表示 A 处的约束反力。

③ 取整体为研究对象。由于铰链 C 处所受的力 $\boldsymbol{F}_C$、$\boldsymbol{F}'_C$ 为作用与反作用关系，这些力成对地出现在整个系统内，称为系统内力。内力对系统的作用相互抵消，因此可以除去，并不影响整个系统平衡，故内力在整个系统的受力图上不必画出，也不能画出。在受力图上只需画出系统以外的物体对系统的作用力，这种力称为**外力**。整个系统的受力如图 1-17(c) 所示。

【例 1-3】 某组合梁如图 1-18(a) 所示。AC 与 CE 在 C 处铰接，并支承在 A、B、D 三个支座上，试画出梁 AC、CE 及全梁 AE 的受力图，梁的自重忽略不计。

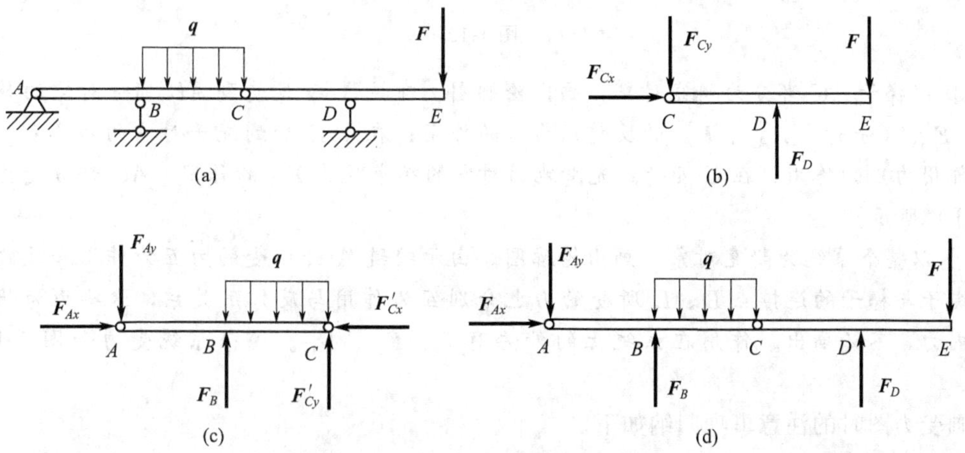

图 1-18

解 ① 以辅梁 CE 为研究对象，画出轮廓图。作用于辅梁上的主动力有 $\boldsymbol{F}$；D 处为滚动支座，反力 $\boldsymbol{F}_D$ 垂直于支承面；C 处为中间铰链约束，约束反力可用两个相互正交的分力 $\boldsymbol{F}_{Cx}$，$\boldsymbol{F}_{Cy}$ 表示（方向可任意假设）。CE 梁的受力如图 1-18(b) 所示。

② 以主梁 AC 为研究对象，画出轮廓图。主动力有均布载荷 $\boldsymbol{q}$；B 处为滚动支座，反力 $\boldsymbol{F}_B$ 垂直于支承面；A 处为固定铰链支座，反力为 $\boldsymbol{F}_{Ax}$，$\boldsymbol{F}_{Ay}$（方向可任意假设），铰链 C 处的约束反力 $\boldsymbol{F}'_{Cx}$、$\boldsymbol{F}'_{Cy}$ 分别是 $\boldsymbol{F}_{Cx}$，$\boldsymbol{F}_{Cy}$ 的反作用力。AC 梁的受力如图 1-18(c) 所示。

③ 以整个梁 ACE 为研究对象，画出轮廓图。主动力有 $\boldsymbol{F}$、$\boldsymbol{q}$；A、B、D 处的约束反力为 $\boldsymbol{F}_{Ax}$、$\boldsymbol{F}_{Ay}$、$\boldsymbol{F}_B$、$\boldsymbol{F}_D$，此时 C 处约束反力为组合梁的内力，不再画出。梁 ACE 的受力如图 1-18(d) 所示。要注意整个梁的受力图 1-18(d) 在 A、B、D 处约束反力要与图 1-18(b)、(c) 中的方向、符号一致。

【例 1-4】 如图 1-19(a) 所示，梯子的两部分 AB 和 AC 在点 A 铰接，在 D、E 两点用水平绳连接。梯子放在光滑的水平面上，自重忽略不计。在 AB 上的 H 点处作用一垂直载荷 $\boldsymbol{F}$，试分别画出绳子 DE、梯子 AB、AC 两部分及整个系统的受力图。

解 ① 以绳子为研究对象，画出轮廓图。绳子的两端分别受到梯子对它的拉力 $\boldsymbol{F}_D$、$\boldsymbol{F}_E$ 作用而处于平衡状态，其受力如图 1-19(b) 所示。

② 以梯子 AB 部分为研究对象，画出轮廓图。它在 H 处受到载荷 $\boldsymbol{F}$ 的作用；在铰链 A 处受到 AC 部分对它的约束反力 $\boldsymbol{F}_{Ax}$、$\boldsymbol{F}_{Ay}$ 的作用；在 D 处受到绳子对它的拉力 $\boldsymbol{F}'_D$（$\boldsymbol{F}_D$ 的反作用力）；在 B 点受到光滑地面法向约束反力 $\boldsymbol{F}_B$ 的作用。其受力如图 1-19(b) 所示。

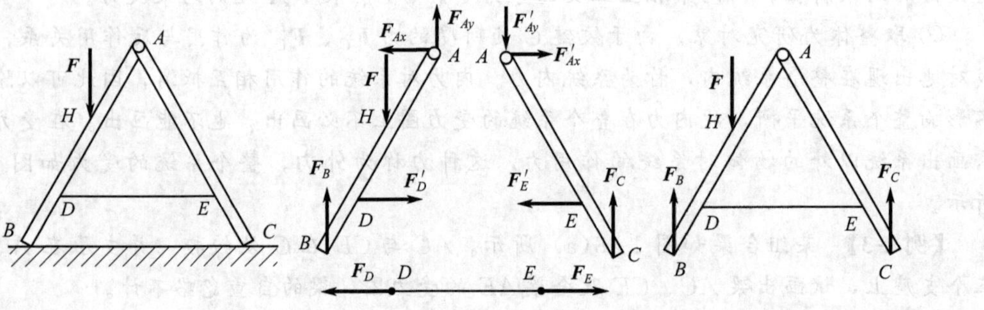

图 1-19

③ 以梯子 AC 部分为研究对象，画出轮廓图。在铰链 A 处受到 AB 部分对它的作用力 $\boldsymbol{F}'_{Ax}$、$\boldsymbol{F}'_{Ay}$（分别是 $\boldsymbol{F}_{Ax}$、$\boldsymbol{F}_{Ay}$的反作用力）的作用；在点 E 受到绳子对它的拉力 $\boldsymbol{F}'_E$（$\boldsymbol{F}_E$的反作用力）的作用；在 C 处受到光滑地面对它的约束反力 $\boldsymbol{F}_C$ 的作用。AC 部分受力如图 1-19(b) 所示。

④ 以整个系统为研究对象，画出轮廓图。由于铰链 A 处所受的力互为作用和反作用关系，绳子与梯子的连接点 D、E 所受的力也分别互为作用与反作用关系，这些力为物体系统的内力，不必画出。作用在系统上的外力有 $\boldsymbol{F}$、$\boldsymbol{F}_B$、$\boldsymbol{F}_C$。整个系统受力如图 1-19(c) 所示。

画受力图时的注意事项归纳如下。

① 明确研究对象。正确地选取研究对象，解除与之有联系的所有约束，画出轮廓图。轮廓图的形状、方位必须与原物体保持一致。

② 在轮廓图上画出作用在研究对象上的所有主动力，与研究对象无关的主动力不能画出。

③ 根据约束的类型，画出相应的约束反力，不能多画，也不能漏画。

④ 分析物系受力时，应先找出系统中的二力杆，这样有助于一些未知力方位的判断。

⑤ 画物系中各个物体的受力时，必须注意到作用与反作用关系，作用力的方向一经确定，反作用力的方向必须与之相反，同时必须注意作用力与反作用力符号应保持协调。

⑥ 以物系为研究对象时，系统的内力不必画出，也不能画出。

小结

本章讲解了 5 个静力学公理，讨论了约束及相应的约束力，介绍了受力分析及画受力图的方法。这些知识为分析物体受力、力系的简化及根据平衡条件求解未知力提供了理论基础。

思考题

1-1 说明下列式子与文字的意义和区别：

(1) $F_1=F_2$；(2) $\boldsymbol{F}_1=\boldsymbol{F}_2$；(3) 力 $\boldsymbol{F}_1$ 等效于力 $\boldsymbol{F}_2$。

1-2　试区别 $F_R=F_1+F_2$ 和 $\boldsymbol{F}_R=\boldsymbol{F}_1+\boldsymbol{F}_2$ 两个等式代表的意义。

1-3　下列说法是否正确？为什么？

(1) 大小相等、方向相反、且作用线共线的两个力一定是一对平衡力。

(2) 分力的大小一定小于合力。

(3) 凡不计自重的杆都是二力杆。

(4) 凡两端用铰链连接的杆都是二力杆。

1-4　二力平衡原理与作用与反作用原理都说二力等值、反向、共线，试问二者有何区别？

1-5　如图所示，A、B 两物体各受力 $\boldsymbol{F}_1$、$\boldsymbol{F}_2$ 作用，且 $F_1=F_2\neq0$。试问 A、B 两物体能否保持平衡？为什么？

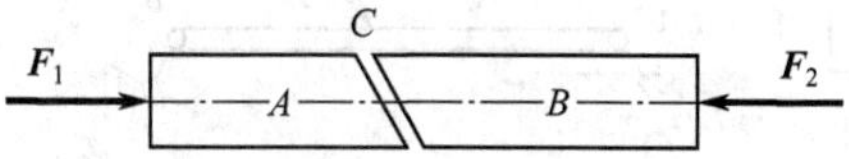

思考题 1-5 图

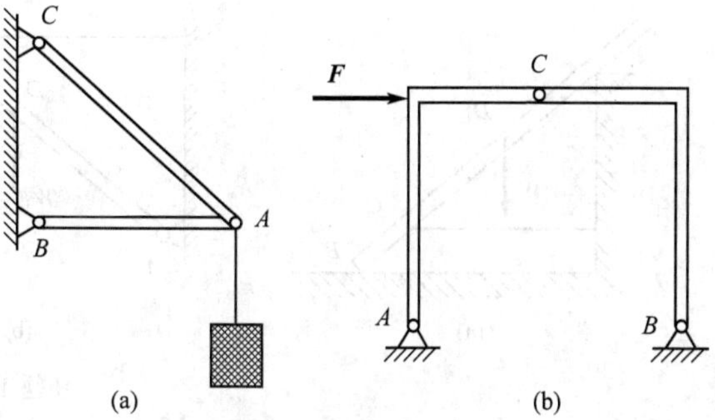

思考题 1-6 图

1-6　找出图 (a)、(b) 中的二力构件。

1-7　下列各图中物体的受力分析是否正确？若有错，请改正。图中各接触处均为光滑接触。

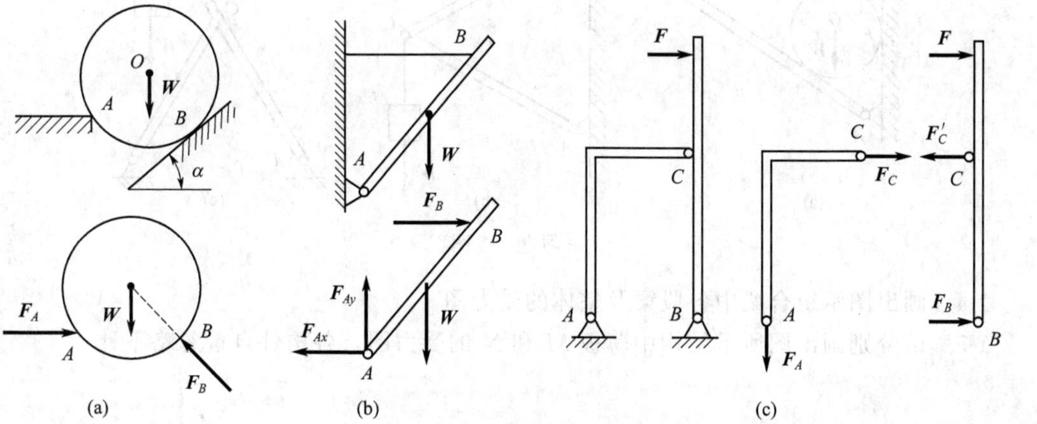

思考题 1-7 图

习题

下列题目中凡未标出重力的物体其自重不计，各处均为光滑接触。

1-1　画出图中各球体的受力图。

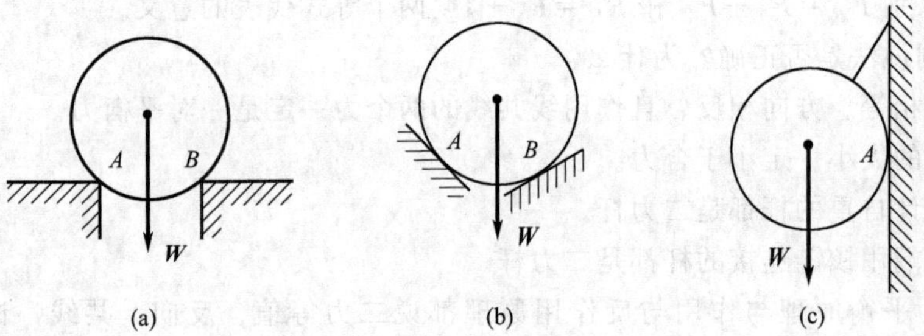

习题 1-1 图

1-2　画出图中各个物体的受力图。

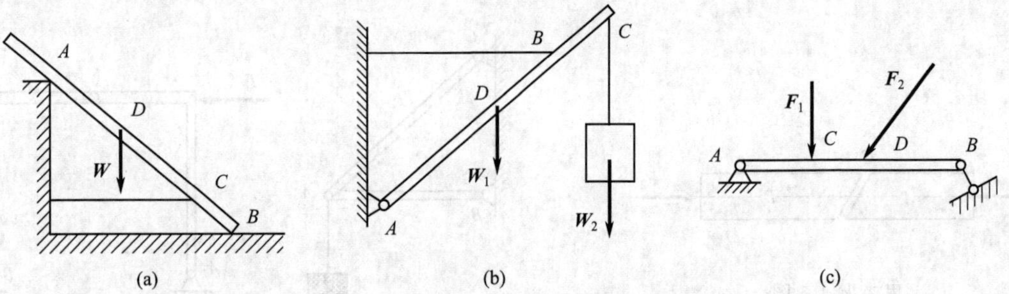

习题 1-2 图

1-3　画出图中各个物体的受力图。

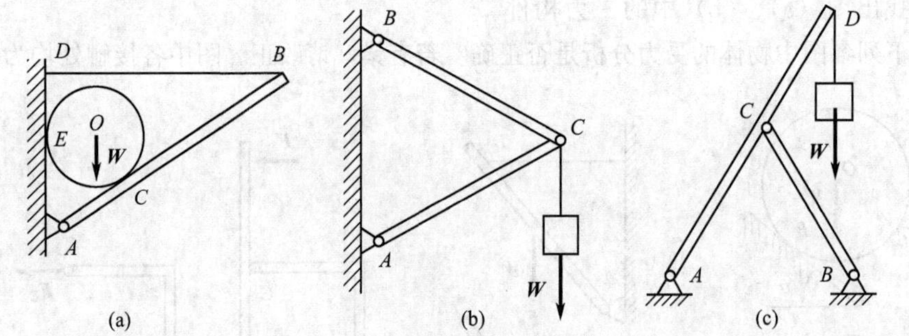

习题 1-3 图

1-4　画出图示组合梁中各段梁及整体的受力图。

1-5　试分别画出图所示结构中薄板 M 和 N 的受力图，各构件自重忽略不计。

习题 1-4 图

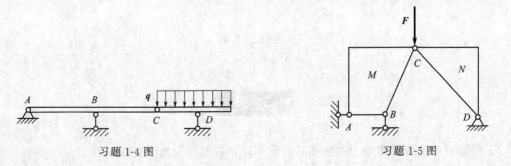

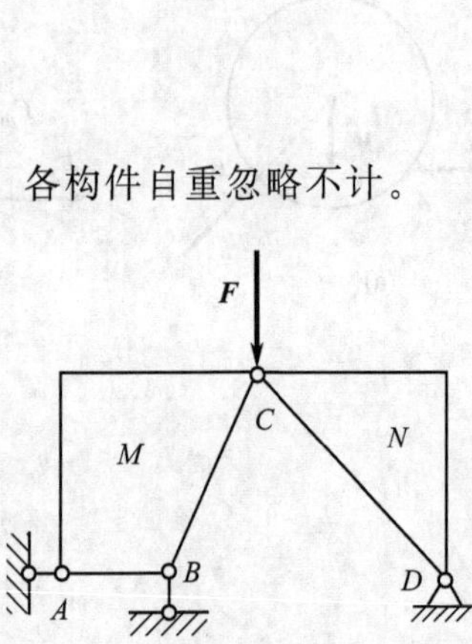

习题 1-5 图

1-6　画出图中 AD 杆、DB 杆、CG 杆及整体的受力图。

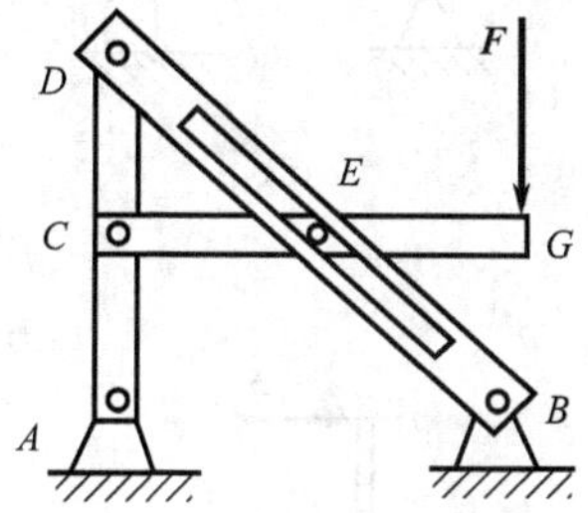

习题 1-6 图

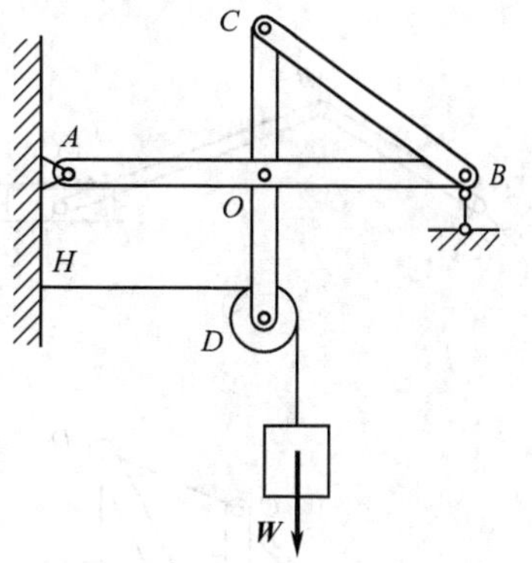

习题 1-7 图

1-7　某提升装置如图所示，画出图中各个构件及整体的受力图。

1-8　如图所示，画出其中每个标注字母的物体的受力图及整体受力图。未画重力的物体的重量均不计，所有接触面均为光滑。

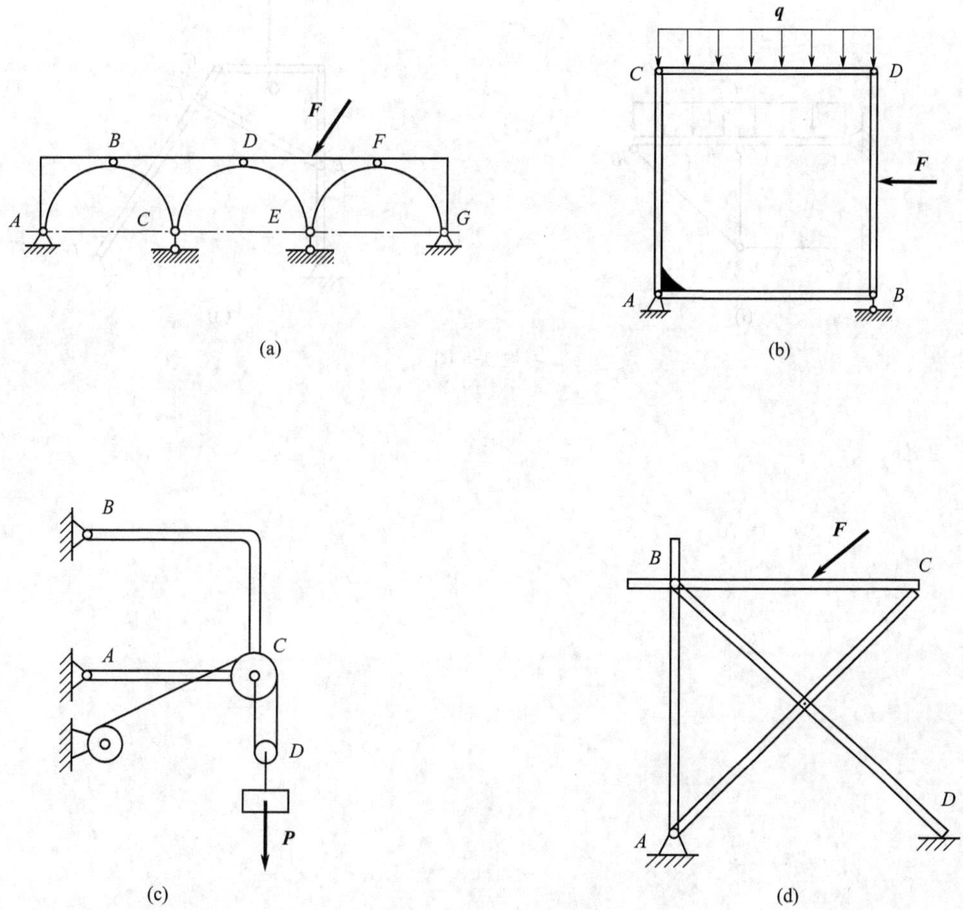

习题 1-8 图

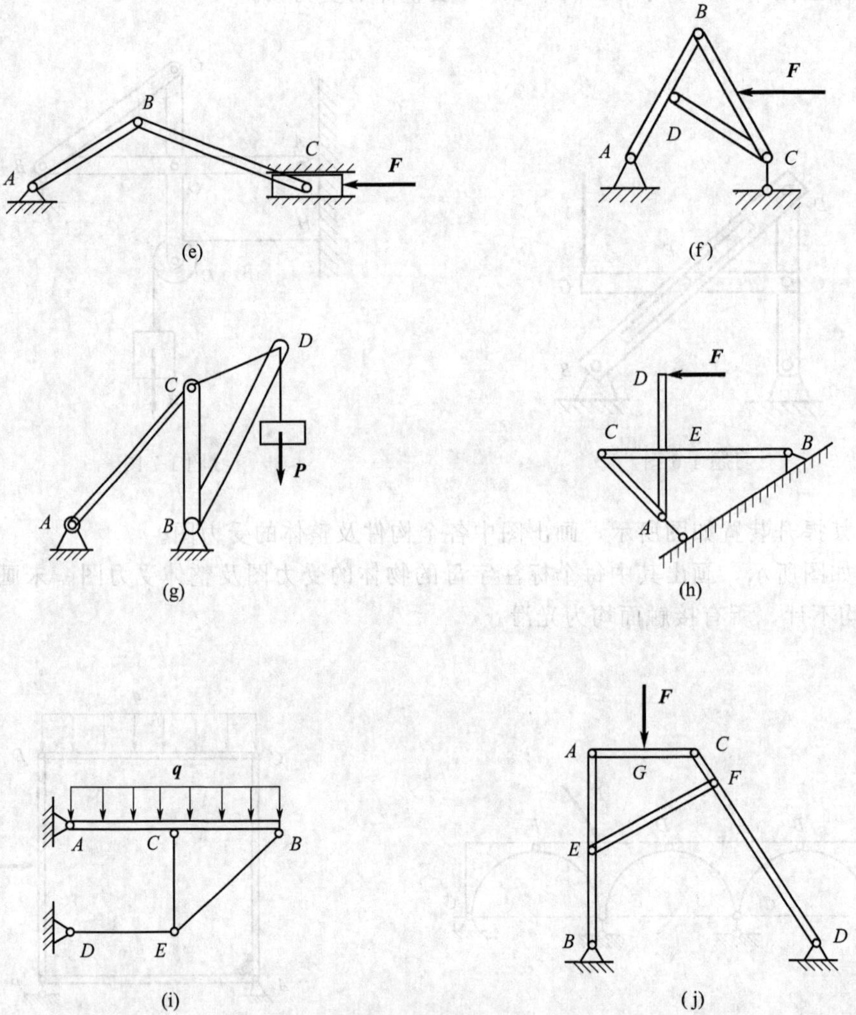

习题 1-8 图

第二章 平面力系及其应用

力系是指作用在刚体上的一群力。力系中各力的作用线都位于同一平面时，称为平面力系。工程中许多结构的受力状态都可简化为平面力系。刚体静力学部分主要是研究平面力系的简化和平衡。

若某力系中各力作用线汇交于一点，则该力系称为汇交力系。根据力的可传性，各力作用线的汇交点可以看作各力的公共作用点，所以汇交力系也称为共点力系。如果一汇交力系的各力的作用线都位于同一平面内，则该汇交力系称为平面汇交力系，否则称为空间汇交力系。作用线相互平行且位于同一平面内的力系称为平面平行力系。作用线平行，指向相反而大小相等的两个不共线的力称为力偶。由若干个力偶组成的力系称为力偶系。若力系中各力的作用线既不汇交于一点，又不全部相互平行，但位于同一平面内，则称该力系为平面任意力系。本章研究这些力系的简化、合成与平衡及物体系的平衡问题。

第一节 平面汇交力系合成及平衡

一、平面汇交力系合成的几何法——力的多边形法则

设在刚体某平面上作用一汇交力系 $\boldsymbol{F}_1$、$\boldsymbol{F}_2$、…、$\boldsymbol{F}_n$，力系作用线汇交于 A 点，其合力 $\boldsymbol{F}_R$ 即利用力合成三角形法则来求得。其矢量表达式为：

$$\boldsymbol{F}_R=\boldsymbol{F}_1+\boldsymbol{F}_2+\cdots+\boldsymbol{F}_n=\sum\boldsymbol{F}$$

结论：平面汇交力系可简化为一个合力，合力的作用点在各力作用线的汇交点，合力为各力的矢量和。

如图 2-1(a) 所示，设在刚体上作用平面汇交力系的四个力 $\boldsymbol{F}_1$、$\boldsymbol{F}_2$、$\boldsymbol{F}_3$ 和 $\boldsymbol{F}_4$。根据力在刚体上的可传性，将各力的作用点移至作用线的汇交点 A，得到一个平面汇交力系，然后依次运用力三角形法则（或平行四边形法则）求矢量和。如图 2-1(b) 所示，先运用三角

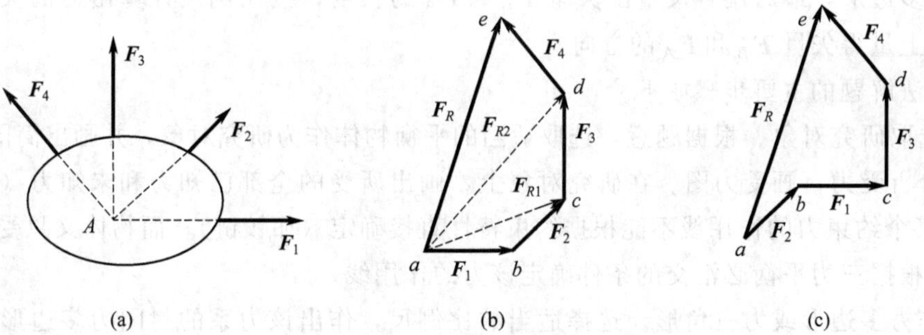

图 2-1

形法则求 $\boldsymbol{F}_1$与 $\boldsymbol{F}_2$的合力 $\boldsymbol{F}_{R1}$，然后再将 $\boldsymbol{F}_{R1}$与 $\boldsymbol{F}_3$合成得 $\boldsymbol{F}_{R2}$，最后再将 $\boldsymbol{F}_{R2}$与 $\boldsymbol{F}_4$合成得力系的合力 $\boldsymbol{F}_R$即：

$$\boldsymbol{F}_R=\boldsymbol{F}_1+\boldsymbol{F}_2+\boldsymbol{F}_3+\boldsymbol{F}_4$$

求解合力矢 $\boldsymbol{F}_R$时，只需将力系中的各力矢首尾相连，构成开口多边形 $abcde$，这个开口多边形的封闭边即为合力矢 $\boldsymbol{F}_R$。$\boldsymbol{F}_R$的始端为开口多边形第一个力的始端，末端为最后一个力的末端。各力矢与合力矢构成的多边形称为力多边形。用力多边形求合力 $\boldsymbol{F}_R$的几何作图规则称为力的多边形法则，即几何法。图 2-1(b)、(c) 称力矢图，表示各力矢的大小及方向，但不能表示其作用位置。在画力矢图时，各分力矢一定要首尾相接，按作图的先后顺序，第一个力矢的终点即为第二个力矢的起点。合力矢就是力多边形的封闭边。

【例 2-1】 如图 2-2(a) 所示，作用在水平梁 AB 的中点 C 的力 $\boldsymbol{F}$，其大小为 20N，且与梁的轴线成 60°。梁的自重不计，试求固定铰支座 A 和可动铰支座 B 的反力。

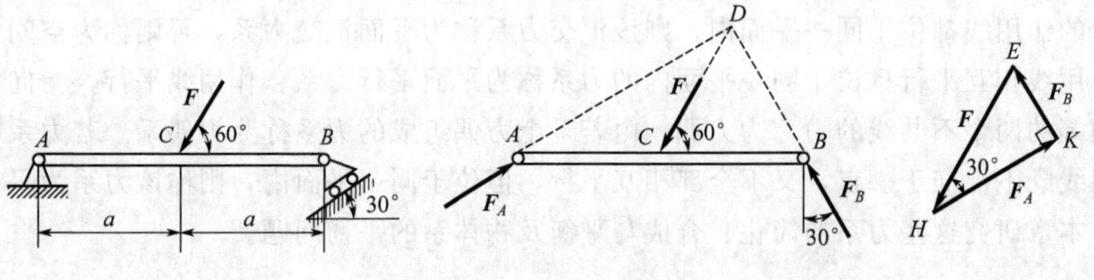

图 2-2

解 ① 取梁 AB 为研究对象，受力分析，绘制受力分析图，如图 2-2(b) 所示。梁 AB 上作用力如下：主动力 $\boldsymbol{F}$、固定铰链支座 A 和活动铰链支座 B，其中已知主动力 $\boldsymbol{F}$ 方向、活动铰链支座 B 约束力方向为支承面法线指向被约束物体，则根据三力平衡汇交定理，梁受到三个力的作用而平衡，可以确定固定铰链支座 A 的约束力的方向。该力系为平面汇交力系。

② 画力多边形。如图 2-2(c) 所示，先画已知力 $\boldsymbol{F}$，然后从矢量 $\boldsymbol{F}$ 的始端 E 和末端 H，分别画与力 $\boldsymbol{F}_B$和 $\boldsymbol{F}_A$相平行的矢量，得封闭力多边形 EHK。

③ 计算。由三角关系得：

$$F_A=F\cos 30°=17.3\text{kN},\ F_B=F\sin 30°=10\text{kN}$$

此题也可用比例尺法。即先选定比例尺，按比例尺画出力矢 $\boldsymbol{F}$ 的长度，然后按照上述方法画力多边形，最后用直尺量出矢量 $\boldsymbol{F}_B$ 和 $\boldsymbol{F}_A$ 的长度，按比例尺计算出力的大小，用量角器在图上量得矢量 $\boldsymbol{F}_B$ 和 $\boldsymbol{F}_A$ 的方向。

几何法解题的主要步骤如下。

① 选取研究对象。根据题意，选取适当的平衡物体作为研究对象，并画出简图。

② 分析受力，画受力图。在研究对象上，画出所受的全部已知力和未知力（包括约束力）。若某个约束力的作用线不能根据约束特性直接确定（如铰链），而物体又只受三个力作用，则可根据三力平衡必汇交的条件确定该力的作用线。

③ 作力多边形或力三角形。选择适当的比例尺，作出该力系的封闭力多边形或封闭力三角形。必须注意，作图时总是从已知力开始。根据几何法和封闭特点，就可以确定未知力

的指向。

④ 求出未知量。用比例尺和量角器在图上量出未知量，或者用三角公式计算。

二、平面汇交力系合成的解析法

1. 力在直角坐标轴上的投影

力的作用效应取决于力的大小、方向和作用点（对刚体而言是作用线），其大小、方向对作用效应的影响可用力在坐标轴上的投影来描述。力在坐标轴上的投影不仅表征了力对物体的移动效应，而且还是平面汇交力系合成的基础。

如图 2-3 所示，设在刚体上的点 A 作用一力 $\boldsymbol{F}$，在力 $\boldsymbol{F}$ 的作用线所在的平面内任取一直角坐标系 Oxy。从力矢 $\overrightarrow{AB}$ 的两端向 x 轴作垂线，垂足 a、b 分别称为点 A 及 B 在 x 轴上的投影。而线段 ab 冠以相应的正负号称为力 $\boldsymbol{F}$ 在 x 轴上的投影，以 F_x 表示。同理，从力矢 $\overrightarrow{AB}$ 的两端向 y 轴作垂线，则线段 $a'b'$ 冠以相应的正负号称为力 $\boldsymbol{F}$ 在 y 轴上的投影，以 F_y 表示。矢量 $\boldsymbol{F}$ 在轴上的投影不再是矢量而是代数量，并规定投影的指向与轴的正向相同为正值，反之为负值。投影与力的大小及方向有关。设力 $\boldsymbol{F}$ 与坐标轴正向间的夹角分别为 α 及 β。则由图 2-3 可知：

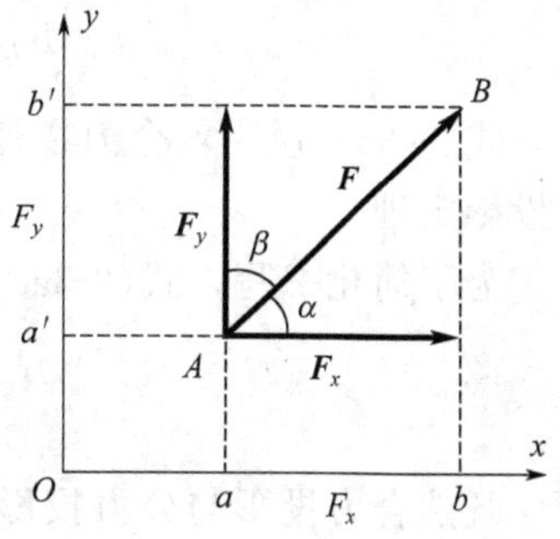

图 2-3

$$\begin{cases} F_x = F\cos\alpha \\ F_y = F\cos\beta \end{cases} \tag{2-1}$$

即力在某轴上的投影等于力的大小乘以力与该轴的正向间夹角的余弦。这对于投影值为正或负的情况都同样适合，也适合于任何一种矢量在轴上的投影。反之，若已知力 $\boldsymbol{F}$ 在坐标轴上的投影 F_x 和 F_y，则该力的大小及方向余弦为：

$$F = \sqrt{F_x^2 + F_y^2}$$

$$\cos\alpha = \frac{F_x}{F}，\ \cos\beta = \frac{F_y}{F}$$

2. 合力投影定理

如图 2-4(a) 所示，设刚体平面上作用两个汇交力 $\boldsymbol{F}_1$、$\boldsymbol{F}_2$，根据力的平行四边形法则可求出合力 $\boldsymbol{F}_R$。在刚体平面内任意建立直角坐标系 Oxy，如图 2-4(b) 所示，将 $\boldsymbol{F}_1$、$\boldsymbol{F}_2$ 和

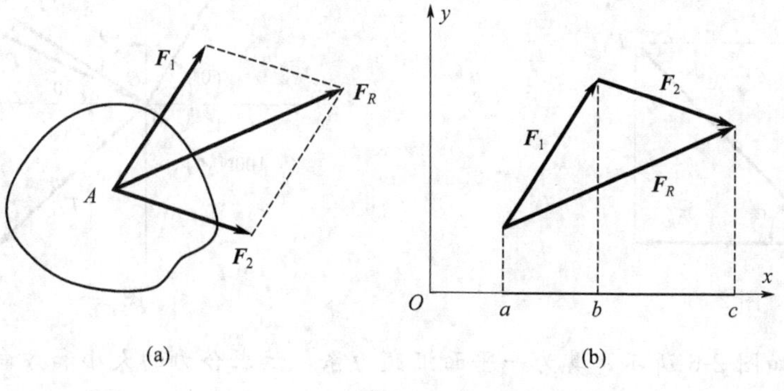

图 2-4

$\boldsymbol{F}_R$ 分别向 x 轴做投影，根据合矢量投影定理可得：

$$\begin{cases}F_{Rx}=F_{1x}+F_{2x}\\F_{Ry}=F_{1y}+F_{2y}\end{cases}$$

若刚体作用若干个力 F_1、F_2、…、F_n 组成的汇交力系，该力系的合成结果为：

$$\boldsymbol{F}_R=\boldsymbol{F}_1+\boldsymbol{F}_2+\cdots+\boldsymbol{F}_n=\sum_{i=1}^{n}\boldsymbol{F}_i \tag{2-2}$$

将式(2-2) 分别向两个坐标轴上投影，可得：

$$\begin{cases}F_{Rx}=F_{1x}+F_{2x}+\cdots+F_{nx}=\sum\limits_{i=1}^{n}F_{ix}\\F_{Ry}=F_{1y}+F_{2y}+\cdots+F_{ny}=\sum\limits_{i=1}^{n}F_{iy}\end{cases} \tag{2-3a}$$

式(2-3a) 说明：合力在任意轴上的投影等于诸分力在同一轴上投影的代数和，此即合力投影定理。

为了简化书写，式(2-3a) 中的下标 i 可略去，记为：

$$\begin{cases}F_{Rx}=\sum F_x\\F_{Ry}=\sum F_y\end{cases} \tag{2-3b}$$

既然合力投影与分力投影之间的关系对于任意轴都成立，那么，在应用合力投影定理时，应注意选择合适的投影轴，尽可能使运算过程简便。也就是说，选择投影轴时，应使尽可能多的力与投影轴垂直或平行。

3. 平面汇交力系合成的解析法

根据合力投影定理，分别求合力在 x、y 轴上的投影 F_{Rx}、F_{Ry}，由投影和分力之间的关系可确定出合力沿 x、y 轴方向的分力 $\boldsymbol{F}_{Rx}$、$\boldsymbol{F}_{Ry}$，如图 2-5 所示，则合力 F_R 的大小为：

$$F_R=\sqrt{F_{Rx}^2+F_{Ry}^2}=\sqrt{\sum F_x^2+\sum F_y^2} \tag{2-4}$$

合力矢的方向由合力矢与 x 轴的夹角 α 来确定：

$$\tan\alpha=\frac{F_{Rx}}{F_{Ry}}=\frac{\sum F_x}{\sum F_y}$$

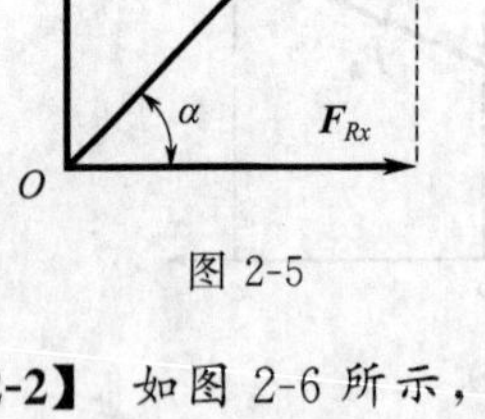

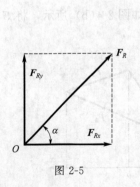

图 2-5

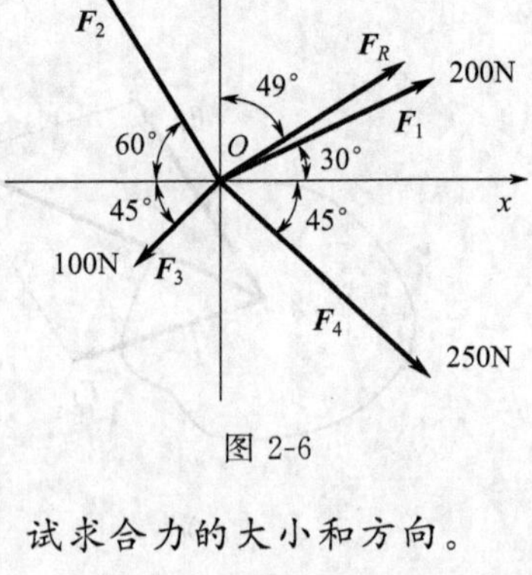

图 2-6

【例 2-2】 如图 2-6 所示，其为一平面汇交力系，试求合力的大小和方向。

解 合力在 x、y 轴上的投影分别为：

$$F_{Rx}=\sum F_x=F_1\cos30°-F_2\cos60°-F_3\cos45°+F_4\cos45°=129.3\text{N}$$

$$F_{Ry}=\sum F_y=F_1\sin30°+F_2\sin60°-F_3\sin45°-F_4\sin45°=112.3\text{N}$$

$$F_R=\sqrt{F_{Rx}^2+F_{Ry}^2}=\sqrt{129.3^2+112.3^2}=171.3\text{N}$$

合力与 x、y 轴的夹角分别为 α、β：

$$\cos\alpha=\frac{F_{Rx}}{F_R}=\frac{129.3}{171.3}=0.7548$$

$$\cos\beta=\frac{F_{Ry}}{F_R}=\frac{112.3}{171.3}=0.6556$$

则 $\alpha=41°$，$\beta=49°$

合力 $\boldsymbol{F}_R$ 作用线通过汇交点。

三、平面汇交力系的平衡

平面汇交力系平衡的充分必要条件是：该力系的合力为零。由式(2-4) 可得：

$$F_R=\sqrt{F_{Rx}^2+F_{Ry}^2}=\sqrt{\sum F_x^2+\sum F_y^2}=0$$

欲使上式成立，必须同时满足：

$$\begin{cases}F_{Rx}=\sum F_x=0\\F_{Ry}=\sum F_y=0\end{cases}\tag{2-5}$$

即刚体在平面汇交力系作用下处于平衡状态时。各力在两个坐标轴上投影的代数和同时为零。这就是平面汇交力系平衡的解析条件，式(2-5) 称为平面汇交力系的平衡方程。

平面汇交力系有两个独立的平衡方程，能求解而且只能求解两个未知量，它们可以是力的大小，也可以是力的方位，但一般不以力的指向作为未知量，在力的指向不能预先判明时，可先任意假定，根据平衡方程进行计算，若求出的力为正值，则表示所假定的指向与实际方向一致；若求出的力为负值，则表示假定的方向与实际指向相反。

【例 2-3】 如图 2-7(a) 所示，重为 $P=20\text{kN}$ 的物体，用钢丝绳挂在支架上，钢丝绳的另一端缠绕在绞车 D 上，杆 AB 与 BC 铰接，并用铰链 A、C 与墙连接。如两杆和滑轮的自重不计，并忽略摩擦与滑轮的大小，试求平衡时杆 AB 和 BC 所受的力。

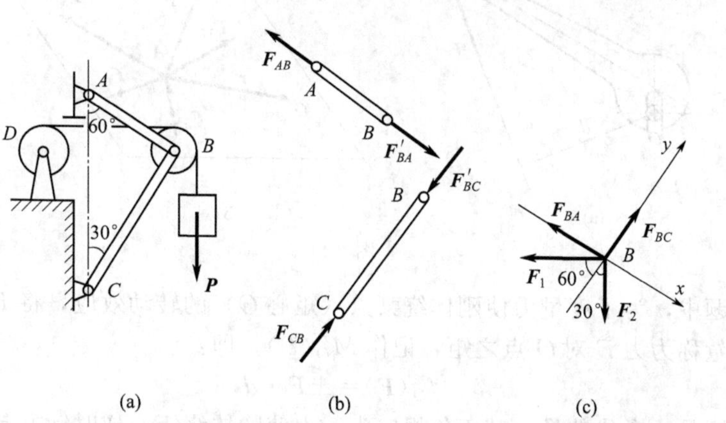

图 2-7

解 ① 取研究对象。由于忽略各杆的自重，AB、BC 两杆均为二力杆。假设杆 AB 承受拉力，杆 BC 承受压力，如图 2-7(b) 所示。为了求这两个未知力，可通过求两杆对滑轮的约束反力来求解。因此，选择滑轮 B 为研究对象。

② 画受力图。滑轮受到钢丝绳的拉力 $\boldsymbol{F}_1$ 和 $\boldsymbol{F}_2$（$F_1=F_2=P$）。此外杆 AB 和 BC 对滑轮的约束反力为 $\boldsymbol{F}_{BA}$ 和 $\boldsymbol{F}_{BC}$。由于滑轮的大小可以忽略不计，作用于滑轮上的力构成平面汇交力系，如图 2-7(c) 所示。

③ 列平衡方程。选取坐标系 Bxy，如图 2-7(c) 所示。解联立方程组，坐标轴应尽量取在与未知力作用线相垂直的方向，这样，一个平衡方程中只有一个未知量，即：

$$\begin{cases}\sum F_x=0,\ -F_{BA}-F_1\sin 60°+F_2\sin 30°=0\\ \sum F_y=0,\ F_{BC}-F_1\cos 60°-F_2\cos 30°=0\end{cases}$$

解得 $F_{BA}=-7.321\text{kN}$；$F_{BC}=27.32\text{kN}$

所求结果中，F_{BC} 为正值，表示力的实际方向与假设方向相同，即杆 BC 受压。F_{BA} 为负值，表示该力的实际方向与假设方向相反，即杆 AB 也受压力作用。

第二节　力矩及其计算

力对刚体的作用效应使刚体的运动状态发生改变，其中力对刚体的移动效应可用力矢来度量；而力对刚体的转动效应可用力对点的矩（简称力矩）来度量，即力矩是度量力对刚体转动效应的物理量。

一、力对点之矩

如图 2-8 所示，当用扳手拧紧螺母时，力 F 使螺母绕点 O 的转动效应不仅与力 F 的大小有关，而且还与转动中心 O 到力 F 作用线的距离 d 有关。点 O 称为力矩中心，简称矩心，矩心 O 到力作用线的垂直距离 d 称为力臂。实践表明，转动效应随 F 或 d 的增大而增强，可用 Fd 来度量。此外，转动方向不同效应也不同。为了表示不同的转动方向，还应在乘积前冠以适当的正负号。

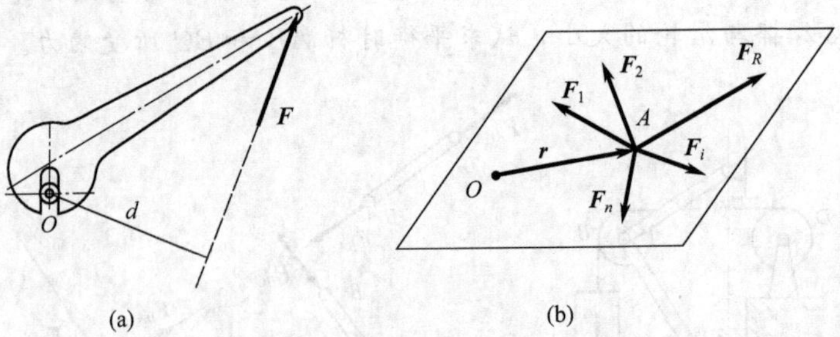

图 2-8

在平面问题中，为了度量力使刚体绕某点（矩心 O）的转动效应，将 Fd 冠以适当正负号所得的物理量称为力 F 对 O 点之矩，记作 $M_O(\boldsymbol{F})$，即：

$$M_O(\boldsymbol{F})=\pm F\cdot d \tag{2-6}$$

力对点之矩是一个代数量，其正负规定为：力使物体绕矩心逆时针方向转动时为正：反之为负。在国际单位制中，力矩的常用单位为牛顿·米（N·m）、牛顿·毫米（N·mm）或千牛顿·米（kN·m）。

必须指出，求力矩时，矩心的位置可以任意选定。但对绕支点转动的物体，一般选择支点为矩心。

由力对点之矩的定义可知，力矩具有以下性质。

① 力矩的大小和转向与矩心的位置有关，同一力对不同矩心的矩不同。

② 力作用点沿其作用线滑移时，力对点之矩不变。因为此时力的大小、方向未变，力臂长度也未变。

③ 当力的作用线通过矩心时，力臂长度为零，力矩亦为零。

二、合力矩定理

定理：平面汇交力系的合力对于平面内任意一点之矩等于各分力对同一点之矩的代数和。

如图 2-8(b) 所示，设平面汇交力系 $\boldsymbol{F}_1$、$\boldsymbol{F}_2$、…、$\boldsymbol{F}_n$，有合力 $\boldsymbol{F}_R$，则：

$$M_O(\boldsymbol{F}_R)=M_O(\boldsymbol{F}_1)+M_O(\boldsymbol{F}_2)+\cdots+M_O(\boldsymbol{F}_n)=\sum_{i=1}^{n}M_O(\boldsymbol{F}_i) \tag{2-7}$$

证明：　$\boldsymbol{F}_R=\boldsymbol{F}_1+\boldsymbol{F}_2+\cdots+\boldsymbol{F}_n$

用矢径 $\boldsymbol{r}$ 叉乘上式两端（作矢量积），有：

$$\boldsymbol{r}\times\boldsymbol{F}_R=\boldsymbol{r}\times(\boldsymbol{F}_1+\boldsymbol{F}_2+\cdots+\boldsymbol{F}_n)$$

由于各力与矩心 O 共面，因此上式中各矢量积相互平行，矢量和可按代数和进行计算，而各矢量积的大小也就是力对点 O 之矩，故得：

$$M_O(\boldsymbol{F}_R)=M_O(\boldsymbol{F}_1)+M_O(\boldsymbol{F}_2)+\cdots+M_O(\boldsymbol{F}_n)=\sum_{i=1}^{n}M_O(\boldsymbol{F}_i)$$

必须指出，合力矩定理不仅对平面汇交力系成立，而且对于有合力的其他任何力系都成立。

由合力矩定理可得到力矩的解析表达式，如图 2-9 所示，将力 $\boldsymbol{F}$ 分解为两分力 $\boldsymbol{F}_x$ 和 $\boldsymbol{F}_y$。则力 $\boldsymbol{F}$ 对坐标原点 O 之矩为：

$$M_O(\boldsymbol{F})=M_O(\boldsymbol{F}_x)+M_O(\boldsymbol{F}_y)=xF_y-yF_x \tag{2-8}$$

式(2-8) 即为平面力矩的解析表达式。其中 x、y 为力 $\boldsymbol{F}$ 作用点的坐标；F_x、F_y 为力 $\boldsymbol{F}$ 在 x、y 轴上的投影，它们都是代数量，计算时必须注意各量的正负号。

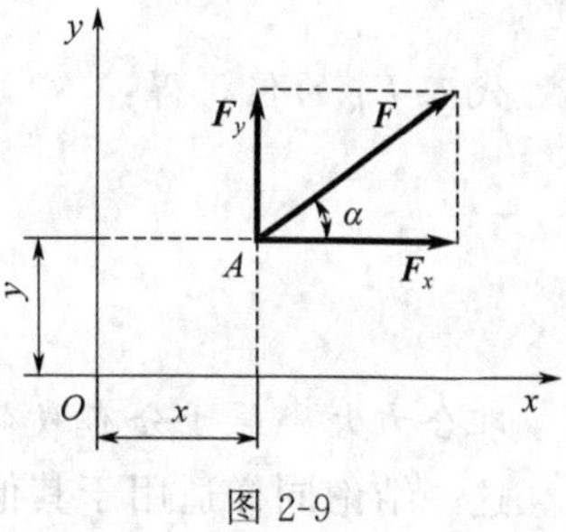

图 2-9

将式(2-8) 代入式(2-7)，容易得到合力矩的解析表达式：

$$M_O(\boldsymbol{F}_R)=\sum(xF_y-yF_x) \tag{2-9}$$

【例 2-4】 如图 2-10 所示，直齿圆柱齿轮受啮合力 $\boldsymbol{F}_n$ 的作用。设 $\boldsymbol{F}_n=2000\text{N}$，$\alpha=20°$，齿轮的节圆（啮合圆）半径 $r=60\text{mm}$，试计算力 $\boldsymbol{F}_n$ 对轴心的力矩。

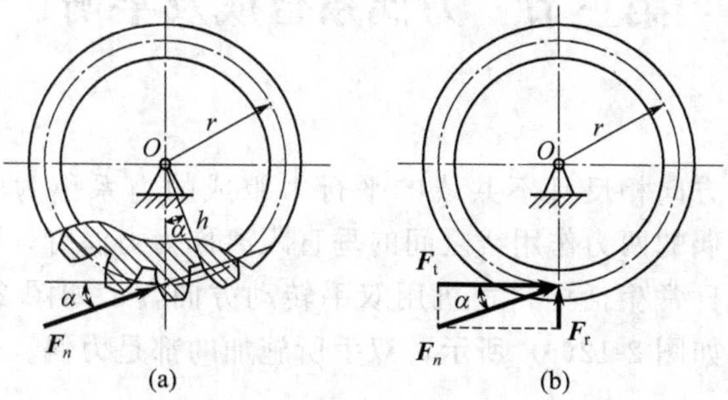

图 2-10

解　方法 1：由图 2-10(a) 可按力矩的定义计算。

$$M_O(\boldsymbol{F}_n)=F_n h=Fr\cos\alpha=2000\times 60\times 10^{-3}\cos 20°=112.8\text{N}\cdot\text{m}$$

方法 2：可应用合力矩定理计算。

将力 $\boldsymbol{F}_n$ 分解为圆周力（或切向力）$\boldsymbol{F}_t$ 和径向力 $\boldsymbol{F}_r$，如图 2-10(b) 所示，由于径向力 $\boldsymbol{F}_r$ 通过矩心 O，则：

$$M_O(\boldsymbol{F}_n)=M_O(\boldsymbol{F}_t)+M_O(\boldsymbol{F}_r)=M_O(\boldsymbol{F}_t)=F_n\cos\alpha\cdot r=112.8\text{N}\cdot\text{m}$$

两种方法计算结果相同。

【例 2-5】 如图 2-11 所示，线性分布载荷作用在水平梁 AB 上，已知载荷集度 q，梁长 l。试求该力系的合力。

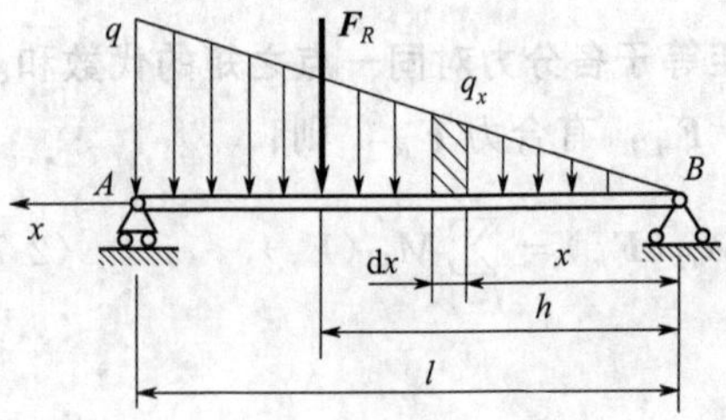

图 2-11

解 先求合力的大小。取 B 为原点，向左为 x 轴正向。在梁上距 B 端为 x 处取一微段 $\mathrm{d}x$，其上作用力大小为 $q_x\mathrm{d}x$，其中 q_x 为此处的载荷集度。

由图可知，$q_x=qx/l$，故分布载荷的合力大小为：

$$F_R=\int_0^l q_x\mathrm{d}x=\int_0^l q\frac{x}{l}\mathrm{d}x=\frac{1}{2}ql$$

再求合力作用线位置。设合力 $\boldsymbol{F}_R$ 的作用线距 B 端的距离为 h，在微段 $\mathrm{d}x$ 上的作用力对点 B 之矩为 $(q_x\mathrm{d}x)x$，全部分布载荷对点 B 之矩为：

$$\int_0^l q_x x\mathrm{d}x=\int_0^l q\frac{x}{l}x\mathrm{d}x=\frac{1}{3}ql^2$$

由合力矩定理，得：

$$F_R h=\frac{1}{3}ql^2$$

代入 F_R 的值，得：

$$\frac{1}{2}qlh=\frac{1}{3}ql^2$$

$$h=\frac{2}{3}l$$

即合力大小等于分布载荷三角形的面积，合力作用线通过三角形的几何中心。

这一结论同样适用于其他形式的分布载荷（如均布载荷、抛物线分布载荷等），即合力大小等于分布载荷图形的面积，合力作用线通过分布载荷图形的几何中心。

第三节 力偶系合成及平衡

一、力偶的概念

由两个大小相等、方向相反且不共线的平行力组成的力系称为力偶，记作（$\boldsymbol{F}$，$\boldsymbol{F}'$），如图 2-12(a) 所示。力偶的两力作用线之间的垂直距离称为力偶臂，两力所在的平面称为力偶作用面。工程实际和日常生活中，司机用双手转动方向盘，如图 2-12(b) 所示，钳工用双手转动丝锥攻螺纹，如图 2-12(c) 所示，双手所施加的都是力偶。

二、力偶的基本性质

① 力偶无合力，或力偶无法合成为一个力，所以一个力偶不能和一个力等效，只能和

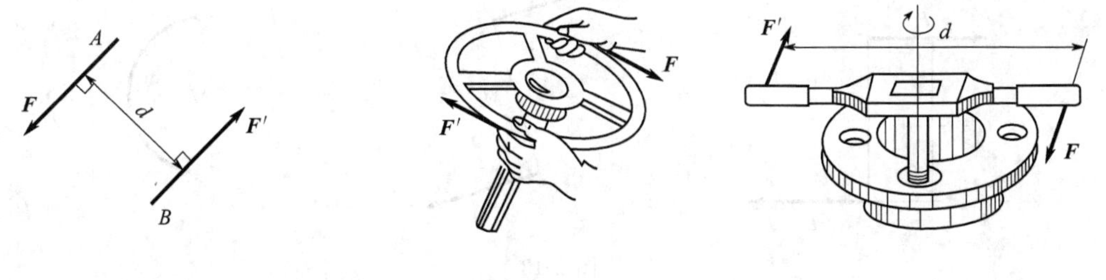

图 2-12

一个力偶等效。力偶是特殊的力系。

② 力偶对物体的作用效果与力对物体的作用效果不同。力既可使物体移动，又可使物体转动，而力偶只能使物体转动。力偶和力是静力学的两个基本要素。

③ 力偶的两个力由于大小相等、方向相反、作用线互相平行，所以在任意坐标轴上的投影和恒为零。

三、力偶矩的概念

由于构成力偶的两个力不共线，所以不满足二力平衡条件。又构成力偶的两个力在任意轴上投影的代数和为零，所以力偶也不能对物体产生移动效应，只能对物体产生转动效应。而且力偶对物体的转动效应随 $\boldsymbol{F}$ 或力偶臂 d 的增大而增强，因此，可用二者的乘积 $F \cdot d$ 冠以适当的正负号所得的物理量来度量力偶对物体的转动效应，称之为力偶矩，记作 $M(\boldsymbol{F}, \boldsymbol{F}')$ 或 M。

$$M = M(\boldsymbol{F}, \boldsymbol{F}') = \pm F \cdot d \tag{2-10}$$

在平面力系中，力偶矩与力矩一样，也是代数量，用正负号表示力偶的转向，其正负规定与力对点之矩的正负规定相同，即：使物体逆时针转动规定为正，顺时针转动规定为负。在国际单位制中，力偶矩的常用单位为牛顿·米（N·m)、牛顿·毫米（N·mm）或千牛顿·米（kN·m)。

四、同一平面内力偶的等效定理

由于力偶无合力，一个力偶不能和一个力等效，只能和一个力偶等效，力偶对物体的转动效果只决定于力偶矩。所以在同一作用面内的两个力偶等效的条件是力偶矩相等，也称为力偶的等效定理。

由力偶的等效定理得出如下性质。

① 在保持力偶矩的大小和转向不变的条件下，可任意改变力偶中力的大小和力偶臂的长短。

② 作用在刚体上的力偶，只要保持其转向及力偶矩的大小不变，可在其力偶作用面内任意转移位置。

由上述性质，力偶可用图 2-13 所示的符号表示，其中 $M = Fd$。

五、力偶系的合成与平衡

设在同一个平面内有两个力偶（$\boldsymbol{F}_1$，$\boldsymbol{F}_1'$）和（$\boldsymbol{F}_2$，$\boldsymbol{F}_2'$)，它们的力偶臂分别为 d_1 和 d_2，如图 2-14(a) 所示。这两个力偶的矩分别为 M_1 和 M_2，现将它们进行合成。为此，在

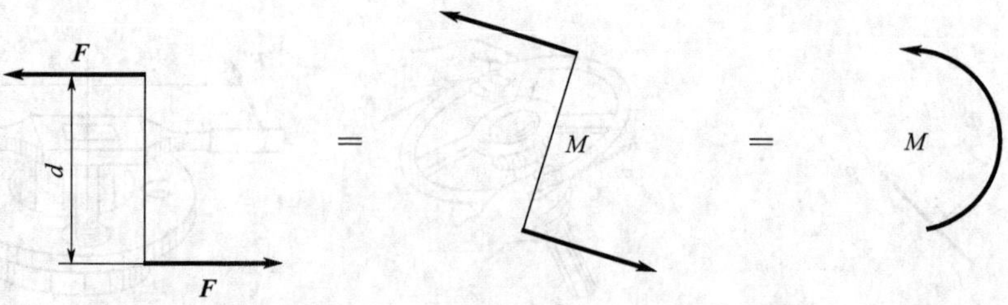

图 2-13

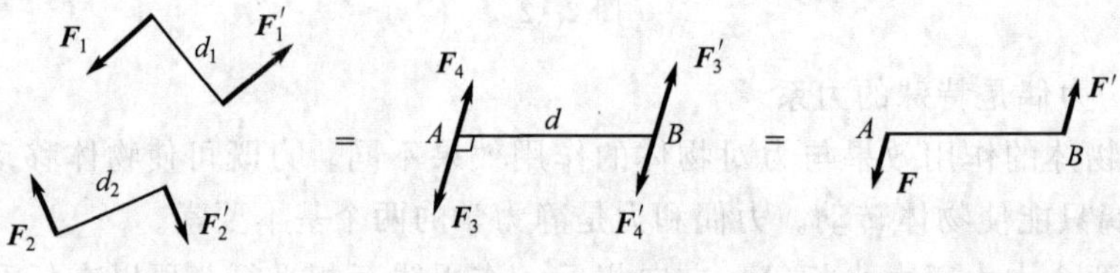

图 2-14

保持力偶矩不变的情况下，同时改变两个力偶中力的大小和力偶臂的长短，使它们具有相同的臂长 d，并将它们在其作用面内转动、移动，使力的作用线重合，如图 2-14(b) 所示。于是得到与原力偶等效的两个新力偶（$\boldsymbol{F}_3$，$\boldsymbol{F}_3'$）和（$\boldsymbol{F}_4$，$\boldsymbol{F}_4'$）。$\boldsymbol{F}_3$ 和 $\boldsymbol{F}_4$ 的大小为：

$$F_3=\frac{M_1}{d};\ F_4=\frac{M_2}{d}$$

分别将作用在 A、B 两点的力合成得：设 $F_3>F_4$，$F=F_3-F_4$，$F'=F_3'-F_4'$，即 $F=F'=F_3-F_4$。于是 $\boldsymbol{F}$，$\boldsymbol{F}'$构成了一个与原力偶系等效的合力偶（$\boldsymbol{F}$，$\boldsymbol{F}'$），如图 2-14(c) 所示。合力偶的矩为：

$$M=F_Rd=(F_3-F_4)d=F_3d-F_4d=M_1+M_2$$

将此结果推广到 n 个力偶组成的平面力偶系的情况，则有：

$$\boldsymbol{M}=\boldsymbol{M}_1+\boldsymbol{M}_2+\cdots+\boldsymbol{M}_n=\sum_{i=1}^{n}M_i \tag{2-11}$$

式(2-11) 表明：平面力偶系的合成结果是一个合力偶，其力偶矩等于各分力偶的力偶矩的代数和。

由合成结果可知，力偶系平衡时，其合力偶矩必为零；合力偶矩为零时，平面力偶系必然平衡。因此平面力偶系平衡的充要条件是：所有各分力偶矩的代数和为零，即：

$$\sum_{i=1}^{n}M_i=0 \tag{2-12}$$

【例 2-6】 构件的支承及荷载情况如图 2-15 所示。已知 $\boldsymbol{M}_1=10\text{N}\cdot\text{m}$，$\boldsymbol{M}_2=25\text{N}\cdot\text{m}$，$l=60\text{mm}$，试求 A、B 约束力。

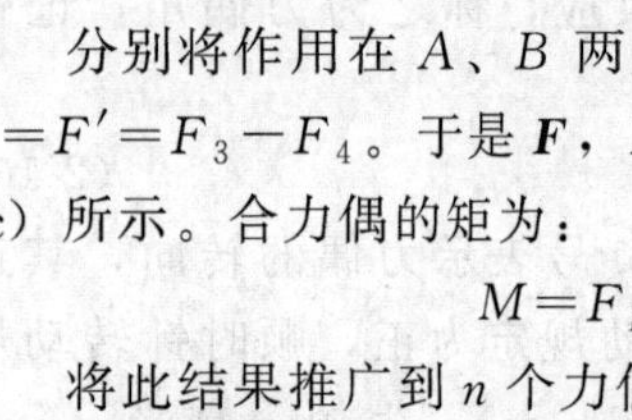

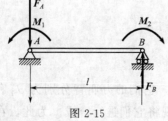

图 2-15

解　以 AB 杆件为研究对象。杆件在水平面内受两个力偶和两个支座的铅垂约束力的作用而平衡。因为力偶只能用力偶平衡，故两个支座的铅垂约束力 $\boldsymbol{F}_A$ 和 $\boldsymbol{F}_B$ 必然组成为一力偶，该两力的方向假设如图 2-15 所示，且 $F_A=F_B$。由平面力偶系的平衡条件，有：

$$\sum M=0,\ F_A l+M_1-M_2=0$$

得
$$F_A=F_B=\frac{M_2-M_1}{l}=\frac{25-10}{0.06}=250\text{N}$$

计算出来的 F_A 和 F_B 均为正值，说明图上假设方向正确。

【例 2-7】 多轴钻床在水平放置的工件上钻孔时，每个钻头对工件施加铅垂压力和一力偶。已知：三个力偶的力偶矩大小分别为 $M_1=M_2=12\text{N}\cdot\text{m}$，$M_3=24\text{N}\cdot\text{m}$，力偶的转向如图 2-16 所示，固定螺栓 A 和 B 之间的距离 $l=0.2\text{m}$。求两螺栓所受的水平力。工件和工作台面间摩擦不计。

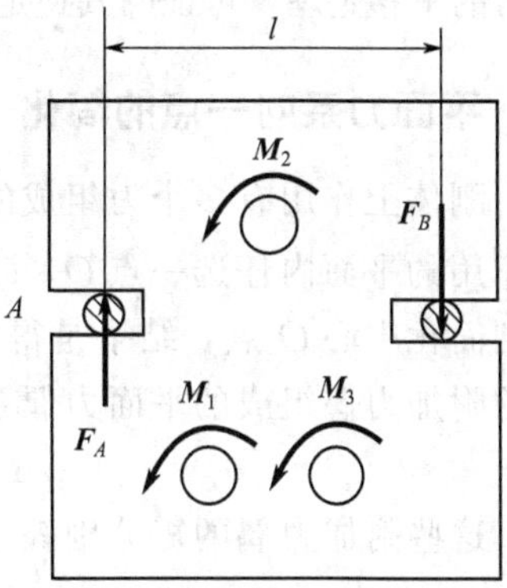

图 2-16

解 选工件为研究对象。

工件在水平面内受三个力偶和两个螺栓的水平约束力的作用而平衡。因为力偶只能用力偶平衡，故两个螺栓的水平约束力 $\boldsymbol{F}_A$ 和 $\boldsymbol{F}_B$。必然组成为一力偶，该两力的方向假设如图 2-16 所示，且 $F_A=F_B$。由平面力偶系的平衡条件，有：

$$\sum M=0,\ -F_A l+M_1+M_2+M_3=0$$

得
$$F_A=F_B=\frac{M_1+M_2+M_3}{l}=\frac{12+12+24}{0.2}=240\text{N}$$

计算出来的 F_A 和 F_B 均为正值，说明图上假设方向正确。

第四节　平面任意力系的简化

一、力的平移定理

定理：可以把作用在刚体上点 A 的力 F 平行移到任一点 B，但必须同时附加一个力偶，这个附加力偶的矩等于原来的力 F 对新作用点 B 的力矩。

证：设力 $\boldsymbol{F}$ 作用在刚体上的 A 点，如图 2-17(a) 所示，现将力 $\boldsymbol{F}$ 平行移动到 B 点。根据加减平衡力系公理，在 B 点上加一对平衡力（$\boldsymbol{F}'$，$\boldsymbol{F}''$），令它们的作用线平行于力 $\boldsymbol{F}$，且 $F=F'=-F''$，如图 2-17(b) 所示，这三个力组成的力系与原力是等效的。将这三力看成一个作用在 B 点的力 $\boldsymbol{F}'$ 和一个力偶（$\boldsymbol{F}''$，$\boldsymbol{F}$）。因此，原来作用在 A 点的力 $\boldsymbol{F}$，现在被一个作用在 B 点的力 $\boldsymbol{F}'$ 和一个力偶（$\boldsymbol{F}''$，$\boldsymbol{F}$）所代替，如图 2-17(c) 所示，从而实现了力的平

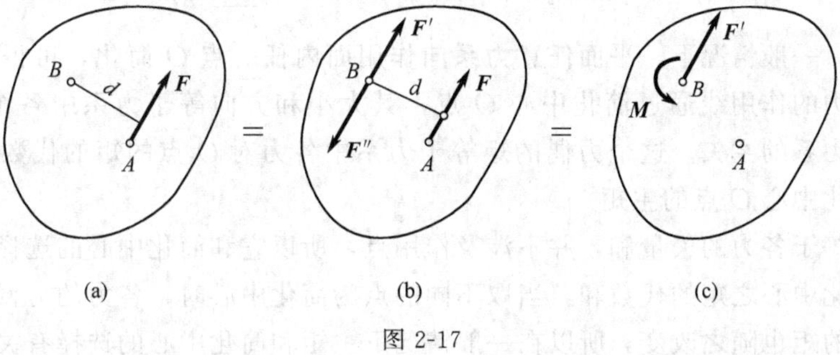

图 2-17

行移动。附加上的力偶的矩为：

$$M=Fd=M_B(\boldsymbol{F})$$

即附加力偶矩等于力 $\boldsymbol{F}$ 对平移点 B 之矩。因此定理得证，该定理指出，一个力可等效于一个力和一个力偶，或者说一个力可分解为作用在同平面内的一个力和一个力偶。反过来，根据力的平移定理，可证明其逆定理也成立，即同平面内的一个力和一个力偶可合成为一个力。

二、平面力系向一点的简化

刚体上作用有多个力组成的平面任意力系 $\boldsymbol{F}_1$、$\boldsymbol{F}_2$、…、$\boldsymbol{F}_n$，如图 2-18(a) 所示。从力系作用的平面内任选一点 O，O 点称为简化中心。根据力的平移定理，将力系中诸力分别平移到简化中心 O 点，结果是得到作用于 O 点的平面汇交力系 $\boldsymbol{F}'_1$、$\boldsymbol{F}'_2$、…、$\boldsymbol{F}'_n$，以及由相应的附加力偶组成的平面力偶系 $\boldsymbol{M}_1$、$\boldsymbol{M}_2$、…、$\boldsymbol{M}_n$，如 2-18(b) 所示，其中有：

$$\boldsymbol{F}_1=\boldsymbol{F}'_1、\boldsymbol{F}_2=\boldsymbol{F}'_2、\cdots、\boldsymbol{F}_n=\boldsymbol{F}'_n$$

这些附加力偶的矩分别等于力 $\boldsymbol{F}_1$、$\boldsymbol{F}_2$、…、$\boldsymbol{F}_n$ 对 O 点的矩，即：

$$\boldsymbol{M}_1=\boldsymbol{M}_O(\boldsymbol{F}_1)、\boldsymbol{M}_2=\boldsymbol{M}_O(\boldsymbol{F}_2)、\cdots、\boldsymbol{M}_n=\boldsymbol{M}_O(\boldsymbol{F}_n)$$

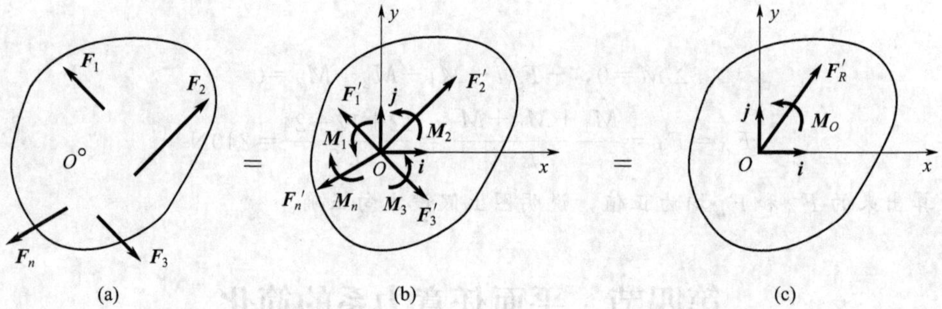

图 2-18

分别对平移后得到的两个简单力系进行合成。平面汇交力系可以进一步合成为作用线通过简化中心 O 的一个力 $\boldsymbol{F}'_R$，$\boldsymbol{F}'_R$ 称为平面任意力系的主矢，如图 2-18(c) 所示，其大小和方向等于原来各力的矢量和，即：

$$\boldsymbol{F}'_R=\boldsymbol{F}'_1+\boldsymbol{F}'_2+\cdots+\boldsymbol{F}'_n=\sum_{i=1}^{n}\boldsymbol{F}'_i=\sum_{i=1}^{n}\boldsymbol{F}_i \tag{2-13}$$

平面力偶系可以合成为一个力偶，这个力偶的矩 M_O 称为平面任意力系对简化中心 O 点的主矩，等于各个附加力偶矩的代数和，也就是原来各力对 O 点的矩的代数和，即：

$$\boldsymbol{M}_O=\boldsymbol{M}_1+\boldsymbol{M}_2+\cdots+\boldsymbol{M}_n=\sum\boldsymbol{M}_i=\sum_{i=0}^{n}\boldsymbol{M}_O(\boldsymbol{F}_i) \tag{2-14}$$

综上所述，一般情况下，平面任意力系向作用面内任一点 O 简化，可得到一个力和一个力偶。这个力的作用线通过简化中心 O 点，其大小和方向等于力系中各个力的矢量和，称为平面任意力系的主矢。这个力偶的矩等于力系中各力对 O 点的矩的代数和，称为平面任意力系对简化中心 O 点的主矩。

因为主矢等于各力的矢量和，并不涉及作用点，所以它和简化中心的选择无关；而主矩等于各力对简化中心之矩的代数和，当取不同的点为简化中心时，各力的力臂将有改变，各力对简化中心的矩也随之改变，所以在一般情况下主矩和简化中心的选择有关。因此，涉及主矩时，必须指明是力系对哪一点的主矩。

主矢 $\boldsymbol{F}'_R$ 的大小和方向通过 O 点选取直角坐标系 Oxy，如图 2-18(c) 所示，用合力投影定理可知：

$$\begin{cases}\boldsymbol{F}'_{Rx}=\sum \boldsymbol{F}_x \\ \boldsymbol{F}'_{Ry}=\sum \boldsymbol{F}_y\end{cases}$$

故主矢的大小和方向分别为：

$$F'_R=\sqrt{(F'_{Rx})^2+(F'_{Ry})^2}=\sqrt{(\sum F_x)^2+(\sum F_y)^2}$$
$$\cos(F'_R,i)=\frac{F'_{Rx}}{F'_R},\ \cos(F'_R,j)=\frac{F'_{Ry}}{F'_R} \tag{2-15}$$

式中，i、j 分别为沿 x、y 轴正向的单位矢量。

根据平面力系向作用面内一点简化的结果，可能有下面四种情况。

① $F'_R=0$，$M_O\neq 0$。力系的主矢等于零，主矩 M_O 不等于零时，显然，主矩与原力系等效，即原力系可合成为合力偶，合力偶矩为 $M_O=\sum\limits_{i=1}^{n}M_O(F_i)$。

因为力偶对于平面内任意一点之矩都相同。因此，在这种情况下，主矩与简化中心的选择无关。

② $F'_R\neq 0$，$M_O=0$。当力系的主矩 M_O 等于零，主矢不等于零时，显然，主矢与原力系等效，即原力系可合成为一个合力，合力等于主矢，合力的作用线通过简化中心 O。

③ $F'_R\neq 0$，$M_O\neq 0$。当力系的主矢、主矩都不等于零时，如图 2-19(a) 所示，根据力的平移定理的逆定理，主矢和主矩可合成为一合力。如图 2-19(b) 所示，将主矩为 M_O 的力偶用两个力 $\boldsymbol{F}''_R$ 和 $\boldsymbol{F}_R$ 表示，并令 $F_R=F'_R=F''_R$，然后去掉平衡力系（$\boldsymbol{F}'_R$，$\boldsymbol{F}''_R$），则主矢和主矩合成为一个作用在点 O' 的力 $\boldsymbol{F}_R$。如图 2-19(c) 所示，这个力 $\boldsymbol{F}_R$ 就是原力系的合力，合力矢等于主矢；合力的作用线在 O 点的哪一侧，应根据主矢和主矩的方向确定；合力作用线到 O 点的距离 d，可按下式算得：

$$d=\frac{M_O}{F'_R}$$

④ $F'_R=0$，$M_O=0$。平面力系的主矢、主矩均等于零时，原力系平衡，这种情形将在下节详细讨论。

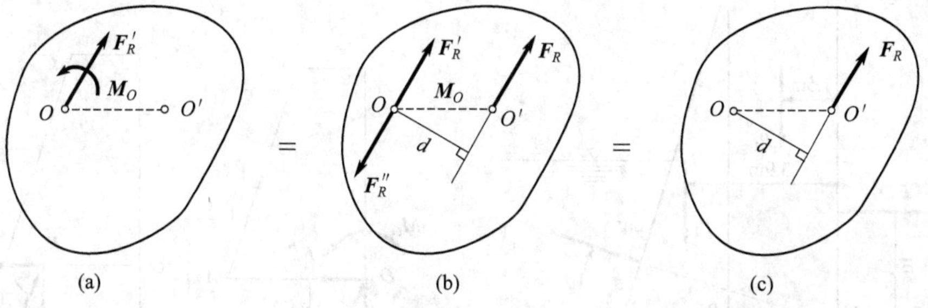

图 2-19

三、固定端约束

利用平面任意力系简化理论，分析一种工程中较为常见的约束类型——固定端约束（插入端约束）及其约束力的表示方法。约束和被约束物体彼此固结为一体，既限制物体的移动，同时又限制物体转动的约束，称为固定端约束（插入端约束）。例如，插入建筑物墙内的阳台、输电线的电线杆、固定在刀架上的车刀等，都是此种约束。上述实例中的阳台、电线杆、车刀等物体可以简化成一个杆件插入固定面的形式，如图 2-20(a) 所示。杆上受到平面力系作用时，插入墙壁的固定端部分受到的约束力是杂乱分布的，可视为平面任意力系，如图 2-20(b) 所示。选择插入点 A 为简化中心，将这群力向点 A 简化，结果为作用在 A 点的一个力 $\boldsymbol{F}_A$ 和一个力偶 $\boldsymbol{M}_A$。因此，在平面力系情况下，固定端 A 处的约束力可简化为一个力和一个力偶，如图 2-20(c) 所示。通常这个力 $\boldsymbol{F}_A$ 的大小和方向均未知，用两个未知约束分力 $\boldsymbol{F}_{Ax}$ 和 $\boldsymbol{F}_{Ay}$ 表示，用 $\boldsymbol{M}_A$ 表示约束力偶。约束力 $\boldsymbol{F}_{Ax}$ 和 $\boldsymbol{F}_{Ay}$ 限制杆端沿平面内任何方向的移动，称为固定端反力；约束力偶 $\boldsymbol{M}_A$ 限制杆在平面内的转动，称为固定端反力偶。因此，固定端约束包含三个未知量，如图 2-20(d) 所示。

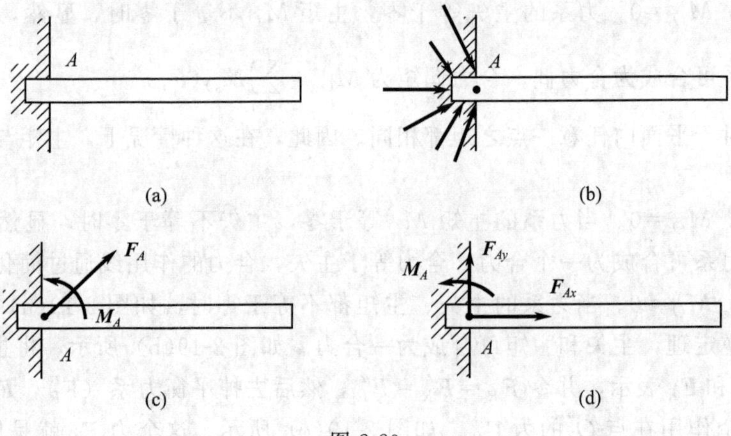

图 2-20

【例 2-8】 重力坝受力情形如图 2-21(a) 所示。设 $P_1=450\text{kN}$，$P_2=200\text{kN}$，$F_1=300\text{kN}$，$F_2=70\text{kN}$。求力系的合力 $\boldsymbol{F}_R'$ 的大小和方向余弦、合力与基线 OA 的交点到点 O 的距离 x 以及合力作用线方程。

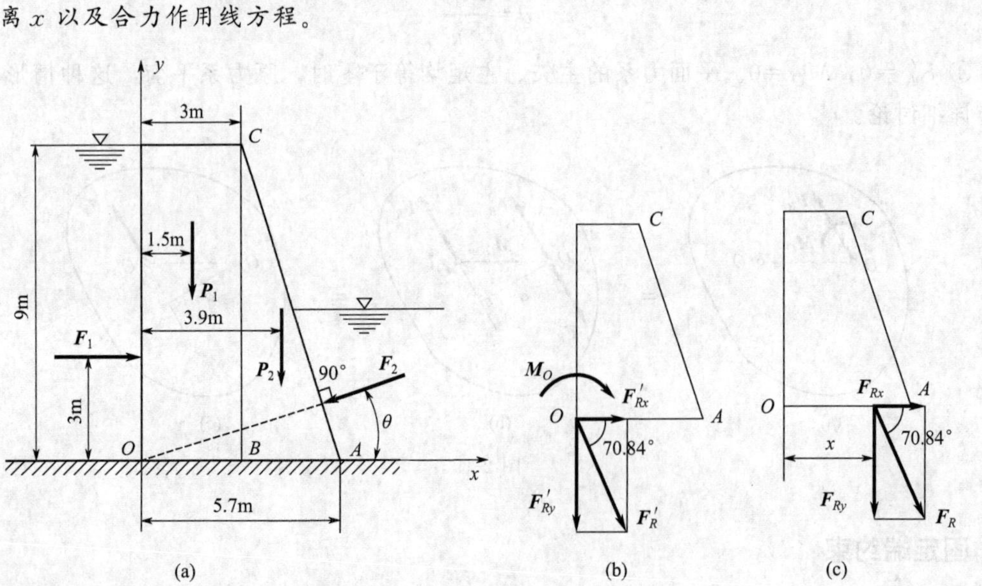

图 2-21

解　① 将力系向点 O 简化后，可得到作用在点 O 的主矢 $\boldsymbol{F}'_R$ 和主矩 $\boldsymbol{M}_O$，如图 2-21(b) 所示。

由图 2-21(a)，有：

$$\theta=\angle ACB=\arctan\frac{AB}{CB}=16.7°$$

主矢 $\boldsymbol{F}'_R$ 在 x、y 轴上的投影分别为：

$$F'_{Rx}=\sum F_x=F_1-F_2\cos\theta=232.9\text{kN}$$

$$F'_{Ry}=\sum F_y=-P_1-P_2-F_2\sin\theta=-670.1\text{kN}$$

主矢 $\boldsymbol{F}'_R$ 的大小为：

$$F'_R=\sqrt{(\sum F_x)^2+(\sum F_y)^2}=709.4\text{kN}$$

主矢 $\boldsymbol{F}'_R$ 的方向余弦为：

$$\cos(F'_R,i)=\frac{\sum F_x}{F'_R}=0.3283,\ \cos(F'_R,j)=\frac{\sum F_y}{F'_R}=-0.9446$$

则有：

$$\angle(F'_R,i)=\pm70.84°,\ \angle(F'_R,j)=180\pm19.16°$$

主矢 $\boldsymbol{F}'_R$ 在第四象限，与 x 轴的夹角为 $-70.48°$。

力系对点 O 的主矩 $\boldsymbol{M}_O$ 为：

$$M_O=\sum M_O(F)=-3F_1-1.5P_1-3.9P_2=-2355\text{kN}\cdot\text{m}$$

② 合力 $\boldsymbol{F}_R$ 的大小和方向与主矢 $\boldsymbol{F}'_R$ 相同，其作用线位置的 x 值可根据合力矩定理求得，如图 2-21(c) 所示，即：

$$M_O=M_O(F_R)=M_O(F_{Rx})+M_O(F_{Ry})$$

其中

$$M_O(F_{Rx})=0$$

故

$$M_O=M_O(F_{Ry})=F_{Ry}\cdot x$$

解得：

$$x=\frac{M_O}{F_{Ry}}=3.514\text{m}$$

③ 设合力作用线上任一点的坐标为 $(x,\ y)$，将合力作用于此点，则合力 $\boldsymbol{F}_R$ 对坐标原点的矩的解析表达式为：

$$M_O=M_O(F)=xF_{Ry}-yF_{Rx}$$

将求得的 M_O、$\sum F_x$、$\sum F_y$ 的代数值代入上式，求合力作用线方程为：

$$-2355=x(-670.1)-y(232.9)$$

$$670.1x+232.9y-2355=0$$

第五节　平面任意力系平衡方程

当平面任意力系的主矢和主矩都等于零时，说明力系向简化中心等效平移后，施加在简化中心 O 的汇交力系和附加力偶系都是平衡力系，则该平面任意力系一定是平衡力系。因此，平面任意力系平衡的充分必要条件是力系的主矢与对任一点的主矩均等于零。即：

$$\boldsymbol{F}'_R=0,\ \boldsymbol{M}_O=0$$

根据上述的平衡条件，可以用解析式表达．即：

$$\left.\begin{aligned}\sum F_x=0\\ \sum F_y=0\\ \sum M_O(\boldsymbol{F})=0\end{aligned}\right\}\tag{2-16}$$

由此可得平面任意力系平衡的解析条件：平面任意力系中各力在两个任选的坐标轴中每一轴上投影的代数和分别等于零，以及各力对任意一点之矩的代数和等于零。这就是平面任意力系的平衡方程。

实际计算时坐标轴的方位可以任意选取，简化中心 O 点的位置可以任意确定。值得注意的是，平衡方程是三个独立方程，所以最多只能求解三个未知力。

在解决实际问题时。适当地选择坐标轴和矩心可以简化计算。在平面任意力系情形下，力矩的矩心应取在未知力较多的点上，坐标轴则尽可能选取与该力系中多数力的作用线平行或垂直。

平面任意力系的平衡方程还有其他两种形式。

(1) 二力矩式　两个力矩方程和一个投影方程，即：

$$\left.\begin{aligned}\sum F_x=0\\ \sum M_A(\boldsymbol{F})=0\\ \sum M_B(\boldsymbol{F})=0\end{aligned}\right\}\tag{2-17}$$

其中，A、B 两点的连线 AB 不能与 x 轴垂直。

(2) 三力矩式　三个力矩方程，即：

$$\left.\begin{aligned}\sum M_A(\boldsymbol{F})=0\\ \sum M_B(\boldsymbol{F})=0\\ \sum M_C(\boldsymbol{F})=0\end{aligned}\right\}\tag{2-18}$$

其中，A、B、C 三点不能共线。

以上三组方程式(2-16)、式(2-17)、式(2-18) 均可以解决平面任意力系的平衡问题，究竟选哪一种形式，需根据具体条件确定。对于受平面任意力系作用的研究对象的平衡问题，只可以列出三个独立的平衡方程，求解三个未知量，超过三个方程的其他平衡方程都是同解方程。

若平面力系中各力的作用线相互平行（图 2-22），则称其为平面平行力系。对于平面平行力系，在选择投影轴时，使其中一个投影轴垂直于各力作用线，则式(2-16) 中必有一个投影方程成为恒等式。于是，只有一个投影方程和一个力矩式方程，这就是平面平行力系的平衡方程，即：

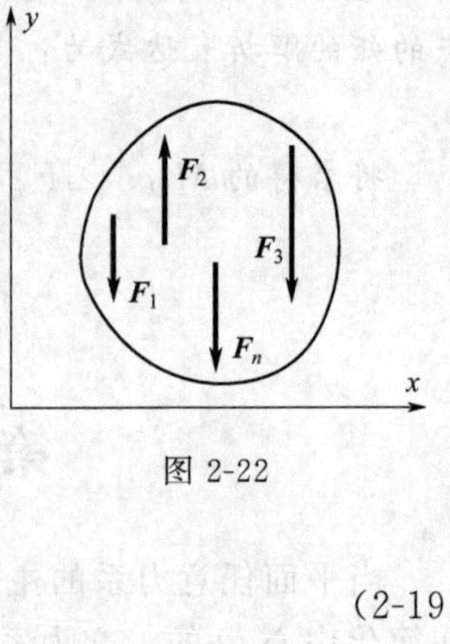

图 2-22

$$\left\{\begin{aligned}\sum F_y=0\\ \sum M_O(\boldsymbol{F})=0\end{aligned}\right.\tag{2-19}$$

【例 2-9】 图 2-23(a) 所示的水平横梁 AB，A 端为固定铰支座，B 端为可动铰支座。其中，$a=2\text{m}$，集中力 $F=8\text{kN}$，作用于梁的中点 C。在梁 AC 段上受均布载荷 $q=6\text{kN/m}$ 作用，在梁的 BC 段上受力偶矩为 $M=12\text{kN}\cdot\text{m}$ 的力偶作用。试求 A、B 处的约束反力。

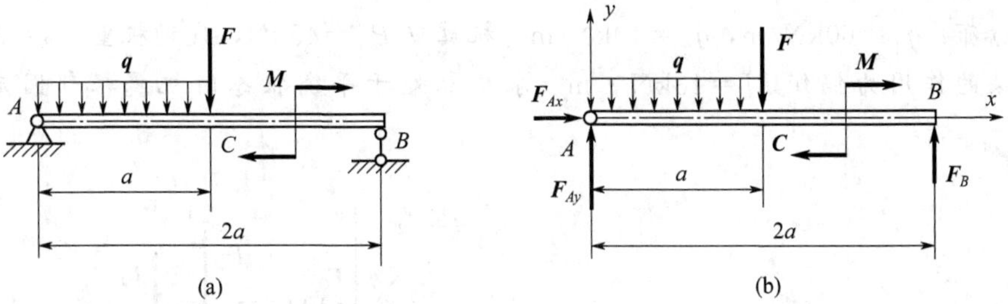

图 2-23

解　选取梁 AB 为研究对象。作用在 AB 上的主动力有：均布载荷 $\boldsymbol{q}$、集中力 $\boldsymbol{F}$ 和矩为 $\boldsymbol{M}$ 的力偶；约束反力有：铰链 A 处的两个分力 $\boldsymbol{F}_{Ax}$、$\boldsymbol{F}_{Ay}$ 和可动支座 B 处垂直向上的约束反力 $\boldsymbol{F}_B$，其受力如图 2-23(b) 所示。

取坐标系如图 2-23(b) 所示，列出梁的平衡方程：

$$\sum F_x=0,\ F_{Ax}=0$$

$$\sum F_y=0,\ F_{Ay}-qa-F+F_B=0$$

$$\sum M_A(\boldsymbol{F})=0,\ F_B\cdot 2a-M-F\cdot a-q\cdot a\cdot\frac{a}{2}=0$$

解得 $F_{Ax}=0$，$F_{Ay}=10\text{kN}$，$F_B=10\text{kN}$。

【例 2-10】 刚性支架的 A 端嵌固在基础上，C 端装有滑轮，如图 2-24(a) 所示。绳子一端固定在 D 点，与水平面成 $\alpha=60°$ 角，另一端吊着重 $P=1000\text{N}$ 的重物。已知 $AD=0.5\text{m}$，$DE=1.5\text{m}$。求支架插入端的支座反力（包括反力偶在内）。

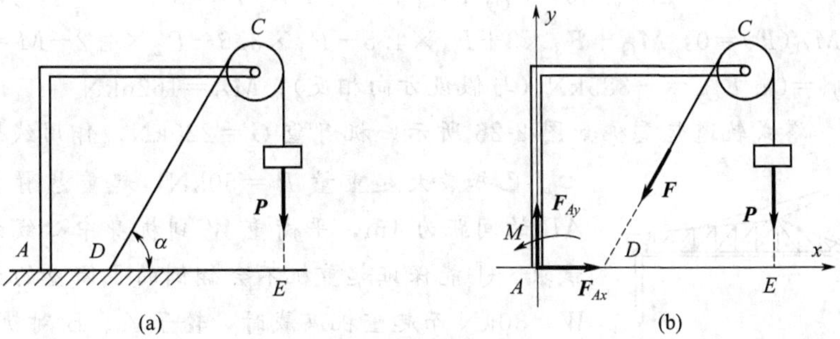

图 2-24

解　取整个支架为研究对象。受力图如图 2-24(b) 所示。已知滑轮两边绳子的拉力相等，即 $F=P=1000\text{N}$，今后遇到带有滑轮的结构，一般不把滑轮拆开，以免增加不需求的未知数。选坐标轴如图 2-24(b) 所示，则平衡方程为：

$$\sum F_x=0,\ F_{Ax}-F\cos\alpha=0 \tag{1}$$

$$\sum F_y=0,\ F_{Ay}-F\sin\alpha-P=0 \tag{2}$$

$$\sum m_A(F)=0,\ M_A-F\sin\alpha\cdot AD-P\cdot AE=0 \tag{3}$$

由式(1) 得 $F_{Ax}=F\cos 60°=500\text{N}$

由式(2) 得 $F_{Ay}=P+F\sin\alpha=1866\text{N}$

由式(3) 得 $M_A=P(AD\sin 60°+AE)=2433\text{N}\cdot\text{m}$

【例 2-11】 如图 2-25(a) 所示，飞机机翼上安装一台发动机，作用在机翼 OA 上的气动力按梯形分布：$q_1=60\text{kN/m}$，$q_2=40\text{kN/m}$，机翼重 $P_1=45\text{kN}$，发动机重 $P_2=20\text{kN}$，发动机螺旋桨的作用力偶矩 $M=18\text{kN}\cdot\text{m}$。求机翼处于平衡状态时机翼根部固定端 O 受的力。

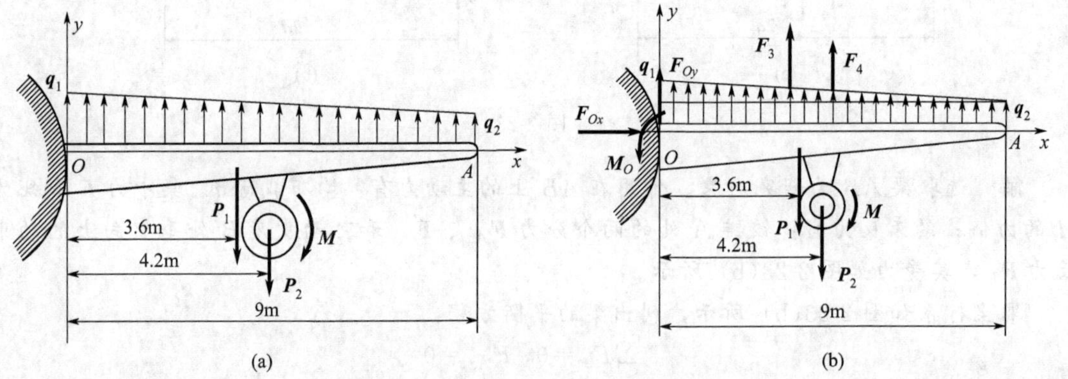

图 2-25

解 取机翼（包括螺旋桨）为研究对象，其受力如图 2-25(b) 所示。分布载荷可以看作由三角形和矩形分布载荷的叠加，三角形分布部分的 F_3 大小为 $(60-40)\times 9/2=90\text{kN}$，作用线距根部 3m；矩形分布的部分 F_4 的大小 $40\times 9=360\text{kN}$，作用线距翼根 4.5m。对受力图［图 2-25(b)］列平衡方程组：

$$\sum F_x=0,\ F_{Ox}=0$$

$$\sum F_y=0,\ F_{Oy}+F_3+F_4-P_1-P_2=0$$

$$\sum M_O(F)=0,\ M_O+F_3\times 3+F_4\times 4.5-P_1\times 3.6-P_2\times 4.2-M=0$$

解得：$F_{Ox}=0$；$F_{Oy}=-385\text{kN}$（与假设方向相反）；$M_O=1626\text{kN}$

【例 2-12】 塔式轨道起重机如图 2-26 所示。机身重 $G=220\text{kN}$，作用线通过塔架的中心。已知最大起重量 $P=50\text{kN}$，起重悬臂长 12m，轨道 AB 的间距为 4m，平衡重 W 到机身中心线的距离为 6m。试求：①能保证起重机不会翻倒的平衡重的大小 W；②当 $W=30\text{kN}$ 而起重机满载时，轮子 A、B 对轨道的压力。

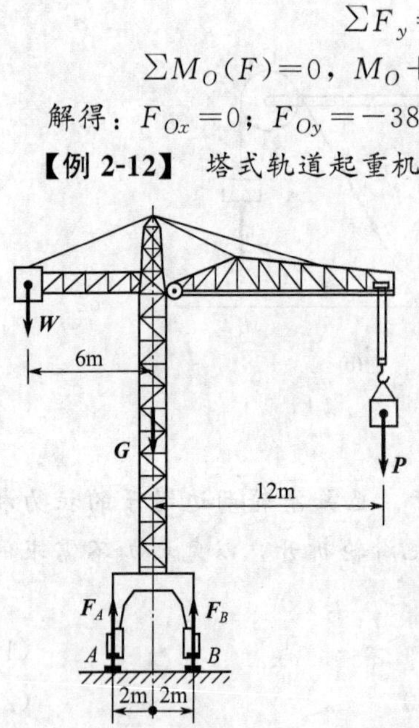

图 2-26

解 取起重机整体为研究对象。起重机在起吊重物时，作用在它上面的力有机身自重 $\boldsymbol{G}$，平衡重 $\boldsymbol{W}$，起重量 $\boldsymbol{P}$，以及轨道对轮子 A、B 的约束力 $\boldsymbol{F}_A$、$\boldsymbol{F}_B$，这些力组成一平面平行力系如图 2-26 所示。

① 求保证起重机不会翻倒的平衡重的大小 W

要保证起重机不会翻倒，就是要保证起重机在满载时不绕 B 点向右翻倒；空载时不绕 A 点向左翻倒。这就要求作用在起重机上的力系在以上两种情况下都能满足平衡条件。

满载时 $P=50\mathrm{kN}$，假定起重机处于平衡的临界情况（即：将翻未翻之时），则有 $\boldsymbol{F}_A=0$，这时可由平衡方程求出平衡重的最小值 $W_{\min}$，列平衡方程求得：

$$\sum M_B(\boldsymbol{F})=0,\ G\cdot 2+W_{\min}\cdot(6+2)-P\cdot(12-2)=0$$

$$W_{\min}=7.5\mathrm{kN}$$

空载时 $P=0\mathrm{kN}$，又假定起重机处于平衡的另一临界情况，则有 $\boldsymbol{F}_B=0$，这时可由平衡方程求出平衡重的最大值 $W_{\max}$。由平衡方程可得：

$$\sum M_A(\boldsymbol{F})=0,\ -G\cdot 2+W_{\max}\cdot(6-2)=0$$

$$W_{\max}=110\mathrm{kN}$$

上面的 $W_{\min}$ 和 $W_{\max}$ 是在满载和空载两种极限平衡状态下求得的，起重机实际工作时当然不允许处于这种危险状态。因此要保证起重机不会翻倒，平衡重的大小 W 应在这两者之间，即 $7.5<W<110\mathrm{kN}$。

② 取 $W=30\mathrm{kN}$，求满载时的约束力 F_A、F_B

正常工作时，起重机既没有向右、也没有向左倾倒的可能，这时起重机在图 2-26 所示的各力作用下处于平衡状态。由平面平行力系的平衡方程：

$$\sum M_A(\boldsymbol{F})=0,\ -G\cdot 2+W\cdot(6-2)+F_B\cdot 4-P\cdot(12+2)=0$$

$$\sum F_y=0,\ F_A+F_B-W-G-P=0$$

可得

$$F_A=45\mathrm{kN}、F_B=255\mathrm{kN}$$

可见正常工作时，轨道约束力都大于零。轮子 A、B 对轨道的压力的大小就等于轨道对轮子 A、B 的约束力 F_A、F_B。

第六节　物体系统平衡、超静定问题简介

一、物体系统的平衡问题

工程中，经常遇到由若干个物体组成的物体系统，简称为物系。研究物体系统的平衡问题时，必须综合考察整体与局部的平衡。当物体系统平衡时，组成该系统的任何一个局部系统以至任何一个物体也必然处于平衡状态，因此在求解物体系统的平衡问题时，不仅要研究整个系统的平衡，而且要研究系统内某个局部或单个物体的平衡。在画物体系统、局部、单个物体的受力图时，特别要注意施力体与受力体、作用力与反作用力的关系，由于力是物体之间相互的机械作用，因此，对于受力图上的任何一个力，必须明确它是哪个物体所施加的，决不能凭空臆造。一般应先考虑以整个系统为研究对象，虽不能求出全部未知力，但可求出其中的一部分；然后再选择单个物体（或小系统）为研究对象，以选择已知力和待求的未知力共同作用的物体为好。选择研究对象时，还要尽量使计算过程简单，尽可能避免解联立方程组。

二、静定和超静定

力系确定以后，根据静平衡条件所能写出的独立平衡方程数目是一定的。例如，平面汇交力系有两个独立平衡方程，平面任意力系有三个独立平衡方程。根据静平衡方程能够确定

的未知力的个数也是一定的，据此，静平衡问题可分为以下两类。

1. 静定问题

研究对象中所包含独立平衡方程的数目等于所要求的未知量的数目时，全部未知量可由静平衡方程求得，这类问题称为静定问题，即在静力学范围内有确定的解。静定问题是刚体静力学所研究的主要问题。

2. 超静定（静不定）**问题**

若能写出的独立平衡方程数目小于未知量数目时，仅用静力学方法就不能求出全部未知量，这类问题称为静不定问题或超静定问题，即在静力学范围内没有确定的解。这类问题不属于刚体静力学的研究范围，将在材料力学部分讨论其求解方法。

超静定问题中，未知量数目与独立平衡方程总数之差称为超静定次数或超静定度数。下面给出几个静定与超静定问题的例子。

设用两根绳子悬挂一重物，如图 2-27(a) 所示。未知的约束反力有两个，而物体受平面汇交力系作用，共有两个独立的平衡方程，独立平衡方程数目与未知量个数相等，所以该问题为静定问题；若用三根绳子悬挂重物，如图 2-27(b) 所示，力作用线汇交于一点，有三个未知力，但只有两个独立平衡方程，因此是一次超静定问题。图 2-27(c) 所示的梁，有三个未知的约束反力，梁受平面任意力系作用，有三个独立平衡方程，因此属于静定问题；图 2-27(d) 所示的梁有 5 个未知的约束反力，独立平衡方程数目只有 3 个，因此该问题属于 2 次超静定问题。图 2-27(e) 所示的悬臂梁，未知的约束反力有 3 个，梁受平面任意力系作用，有 3 个独立的平衡方程，因此属于静定问题；图 2-27(f) 有 4 个未知约束反力，独立平衡方程数目只有三个，因此是一次超静定问题。

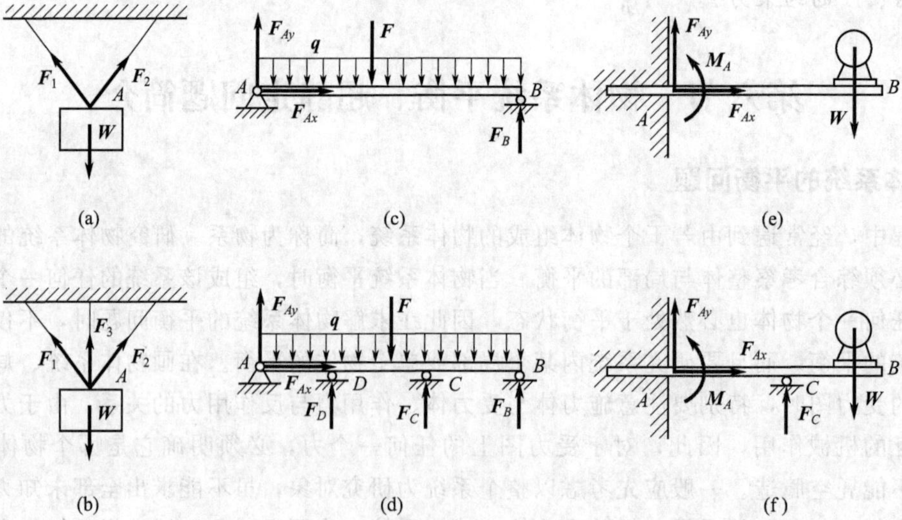

图 2-27

【例 2-13】 组合梁如图 2-28(a) 所示。已知 $a=1\text{m}$，$q=6\text{kN/m}$，$F=4\text{kN}$，$\theta=30°$ 试求 A、C 处的约束力。

解 ① 研究整体梁 ABC，进行受力分析，受力图如图 2-28(b) 所示，共有 4 个未知量 F_{Ax}、F_{Ay}、M_A 和 F_C，但平面任意力系只能列 3 个独立的平衡方程。故无法全部解出，需要进行局部分析。

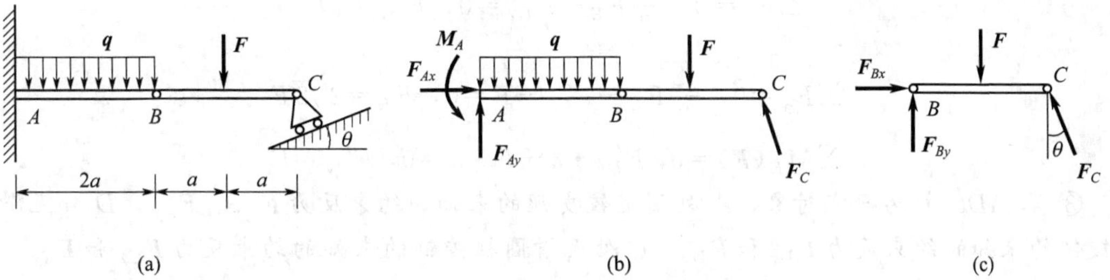

(a)　(b)　(c)

图 2-28

② 从 B 处拆开，研究梁 BC，如图 2-28(c)。研究对象共有 3 个未知量 F_{Bx}、F_{By} 和 F_C，方程也是 3 个，可以求解，列方程可避开不需求的未知力 F_{Bx} 和 F_{By}。

具体解法如下。

研究梁 BC，如图 2-28(c)，列平衡方程：

$$\sum M_B(\boldsymbol{F})=0,\ F_C\cos\theta\cdot 2a-Fa=0,F_C=2.3\text{kN}$$

研究梁 ABC，如图 2-28(b)，列平衡方程

$$\sum F_x=0,\ F_{Ax}-F_C\sin\theta=0,\ F_{Ax}=1.15\text{kN}$$

$$\sum F_y=0,\ F_{Ay}-2qa-F+F_C\cos\theta=0,\ F_{Ay}=14\text{kN}$$

$$\sum M_A(\boldsymbol{F})=0,\ M_A-2qa\cdot a-F\cdot 3a+F_C\cos\theta\cdot 4a=0,\ M_A=16\text{kN}\cdot\text{m}$$

【例 2-14】 桁架构架由杆 AC、BC 和 DH 组成，如图 2-29(a) 所示。杆 DH 上的销子 E 可在杆 BC 的光滑槽内滑动，不计各杆的重量。在水平杆 DH 的一端作用铅垂力 $\boldsymbol{F}$，试求铅直杆 AC 上铰链 A、C、D 和 B 所受的力。

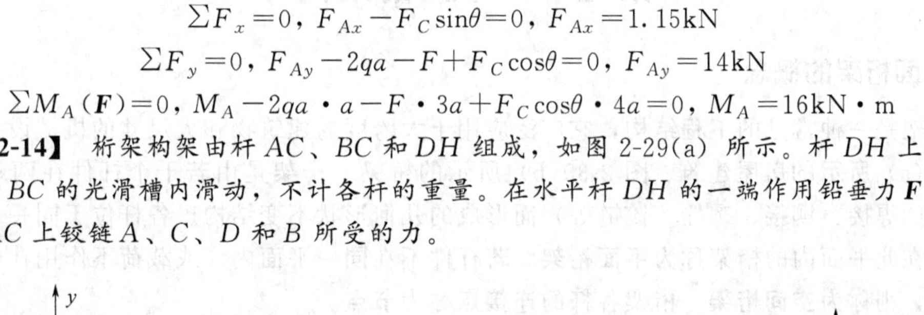

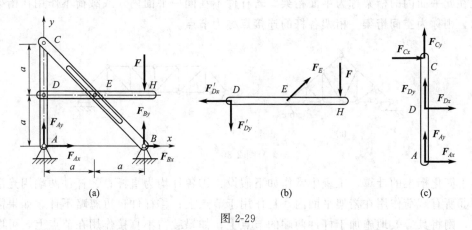

(a)　(b)　(c)

图 2-29

解 ① 取整体为研究对象，有主动力载荷 F，A、B 处固定铰支座的未知的约束反力 F_{Ax}、F_{Ay}、F_{Bx} 和 F_{By}，如图 2-29(a) 所示。列平衡方程：

$$\sum F_x=0,\ F_{Ax}+F_{Bx}=0$$

$$\sum F_y=0,\ F_{Ay}+F_{By}-F=0,\ F_{Ay}=0$$

$$\sum M_A(\boldsymbol{F})=0,\ F_{By}\cdot 2a-F\cdot 2a=0,\ F_{By}=F$$

② 取 DH 杆为研究对象，有主动力载荷 $\boldsymbol{F}$，D 处无滑圆柱铰链的未知的约束反力 $\boldsymbol{F}'_{Dx}$ 和 $\boldsymbol{F}'_{Dy}$，光滑接触面 E 处一个未知约束力 $\boldsymbol{F}_E$，如图 2-29(b) 所示。列平衡方程：

$$\sum F_x=0,\ \frac{\sqrt{2}}{2}F_E-F'_{Dx}=0,\ F'_{Dx}=2F$$

$$\sum F_y=0,\ \frac{\sqrt{2}}{2}F_E-F'_{Dy}-F=0,\ F_E=2\sqrt{2}F$$

$$\sum M_E(\boldsymbol{F})=0,\ F'_{Dy}\cdot a-F\cdot a=0,\ F'_{Dy}=F$$

③ 取 ADC 杆为研究对象，A 处固定铰支座的未知的约束反力 $\boldsymbol{F}_{Ax}$、$\boldsymbol{F}_{Ay}$，D 处无滑圆柱铰链的未知的约束反力 $\boldsymbol{F}_{Dx}$ 和 $\boldsymbol{F}_{Dy}$，C 处无滑圆柱铰链的未知的约束反力 $\boldsymbol{F}_{Cx}$ 和 $\boldsymbol{F}_{Cy}$，如图 2-29(c) 所示。列平衡方程：

$$\sum F_x=0,\ F_{Ax}+F_{Dx}+F_{Cx}=0,\ F_{Cx}=-F$$

$$\sum F_y=0,\ F_{Ay}+F_{Cy}+F_{Dy}=0,\ F_{Cy}=-F$$

$$\sum M_A(\boldsymbol{F})=0,\ F_{Ay}\cdot 2a+F_{Dx}\cdot a=0,\ F_{Ax}=-F$$

对于求解结果中，正负符号不代表大小，仅代表方向，若符号为正，说明假设方向正确；若符号为负，说明假设与实际方向相反。

第七节　平面桁架简介

一、平面桁架的概念

桁架是一种常见的工程结构，它广泛应用于大跨度的建筑物和大尺寸的机械设备中，如图 2-30(a) 所示的房屋建筑、图 2-30(b) 所示的桥梁。**桁架**是由若干个杆件在两端按一定方式（如焊接、铆接、螺栓、铰链等）而形成的几何形状不变结构。各杆位于同一平面内且载荷也在此平面内的桁架称为**平面桁架**。若杆件不在同一平面内，或载荷不作用在桁架所在平面内，则称为**空间桁架**。桁架各杆的连接点称为**节点**。

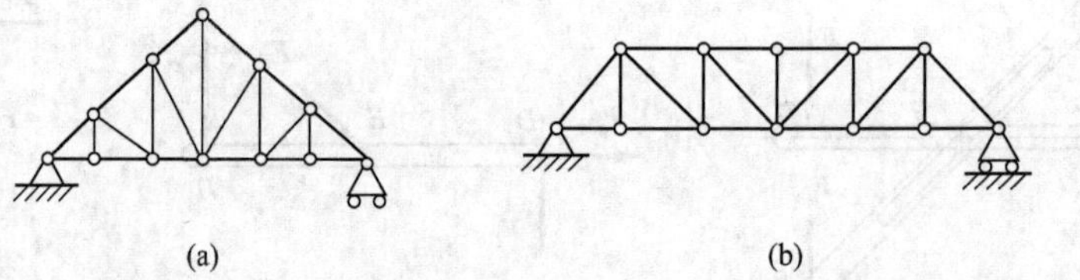

图 2-30

为了简化桁架的计算，工程中常作如下假设：①各杆均为直杆；②杆件两端用光滑铰链连接；③所有载荷作用在桁架平面内，且作用于节点上；④杆件自重忽略不计。如果需要考虑自重，则将其等效地施加于杆件两端的节点上；如果载荷不直接作用在节点上，可以对承载杆作受力分析，确定杆端受力，再将其作为等效节点载荷施加于节点上。

在以上假设下，每一个杆件都是二力杆，故所受的力沿其轴线，或为拉力，或为压力。

为了便于分析，在受力图中，总是假定杆件承受拉力，若计算结果为负值，则表示杆件承受压力。

二、计算平面简单桁架杆件内力的节点法

桁架各杆均为二力杆，且杆的轴线又为直线，因此杆件横截面上的内力根据平衡条件均应为沿轴线方向的力，称为轴力。求解桁架各杆轴力的值并确定属于拉力或压力是

进行桁架受力分析的主要目的。在求解简单桁架杆件内力（轴力）特别是需要求解所有杆件内力时，采用节点法是较为适宜的。所谓节点法，即取桁架各结点为隔离体进行受力分析。由于节点受力图均为汇交力系，故节点法所应用的是平面汇交力系的平衡条件。即：

$$\left.\begin{aligned}\sum F_x=0\\ \sum F_y=0\end{aligned}\right\}$$

因此，每个节点只能求解两个未知力。在简单桁架中，实现这一点并不困难，因为简单桁架是由基础或一个基本铰接三角形开始，依次增加二元体组成，其最后一个节点只连接两根杆件。分析时，可先由整体平衡条件求出它的反力，然后再从最后一个节点开始。依次考虑各节点的平衡，即可使每个节点出现的未知力不超过两个，从而直接求出各杆的内力。

【例 2-15】 平面桁架的尺寸和支座如图 2-31(a) 所示。在节点 D 处受一集中力 $\boldsymbol{F}$ 作用，$F=10\text{kN}$。试求桁架各杆件的内力。

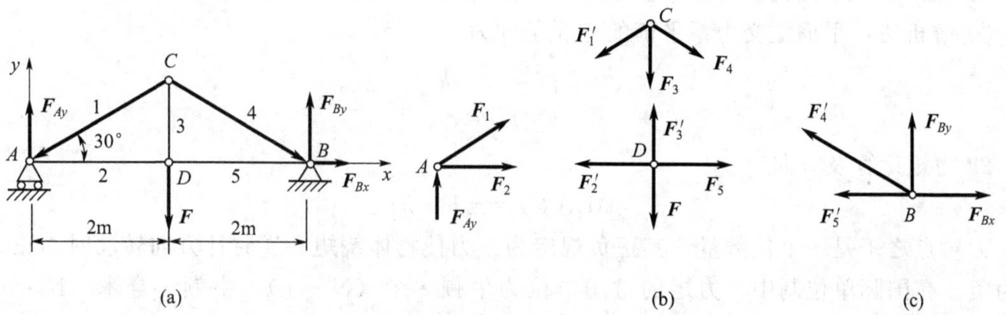

图 2-31

解 ① 求支座反力。以整个桁架为研究对象，其受力如图 2-31(a) 所示。列平衡方程：

$$\sum F_x=0，F_{Bx}=0$$

$$\sum F_y=0，F_{Ay}+F_{By}-F=0$$

$$\sum M_A(\boldsymbol{F})=0，F_{By}\cdot 4-F\cdot 2=0$$

解得：

$$F_{Bx}=0，F_{Ay}=F_{By}=5\text{kN}$$

② 研究节点 A。其受力如图 2-31(b) 所示，列出平衡方程：

$$\sum F_x=0，F_2+F_1\cos 30^\circ=0$$

$$\sum F_y=0，F_{Ay}+F_1\sin 30^\circ=0$$

解得：

$$F_1=-10\text{kN}，F_2=8.66\text{kN}$$

③ 研究节点 C。其受力如图 2-31(b) 所示，列出平衡方程：

$$\sum F_x=0，F_4\cos 30^\circ-F_1'\cos 30^\circ=0$$

$$\sum F_y=0，-F_3-(F_1'+F_4)\sin 30^\circ=0$$

解得：

$$F_3=10\text{kN}, F_4=-10\text{kN}$$

④ 研究节点 D。只有一个杆的内力 $\boldsymbol{F}_5$，未知，其受力如图 2-31(b) 所示，列出平衡方程

$$\sum F_x=0, F_5-F_2'=0$$

解得：

$$F_5=8.66\text{kN}$$

⑤ 计算结果校核。计算出各杆的内力后，可用剩余节点的平衡方程校核已得的结果。画出节点 B 的受力图，如图 2-31(c) 所示，列出平衡方程：$\sum F_x=0$，$\sum F_y=0$ 将 $F_4=-10\text{kN}$，$F_5'=8.66\text{kN}$ 代入，若平衡方程满足，则计算正确，否则不正确。

小结

1. 平面汇交力系的平衡方程

① 几何法：平面汇交力的平衡条件对于几何法为力多边形自行封闭。

② 解析法：平面汇交力系平衡的充要条件为

$$\begin{cases}\sum F_x=0\\\sum F_y=0\end{cases}$$

2. 力矩计算及方向

$$M_O(\boldsymbol{F})=\pm F\cdot h$$

力对点之矩是一个代数量，其正负规定为：力使物体绕矩心逆时针方向转动时为正；反之为负。在国际单位制中，力矩的常用单位为牛顿·米（N·m）、牛顿·毫米（N·mm）或千牛顿·米（kN·m）。

3. 力偶及方向

由两个大小相等、方向相反且不共线的平行力组成的力系称为力偶。其方向正负判断：即使物体逆时针转动规定为正，顺时针转动规定为负。

4. 平面力偶系平衡的充分必要条件为所有各分力偶矩的代数和为零，即：

$$\sum_{i=1}^{n}M_i=0$$

5. 平面任意力系平衡，其充分必要条件为：

$$\begin{cases}\sum F_x=0\\\sum F_y=0\\\sum M_O(\boldsymbol{F})=0\end{cases}$$

6. 平面平行力系平衡，其充分必要条件为：

$$\begin{cases}\sum F_x=0 \quad \text{或} \quad \sum F_y=0\\\sum M_O(\boldsymbol{F})=0\end{cases}$$

7. 静定与超静定的概念

在静力平衡问题中，若未知量的数目等于独立平衡方程的数目，则全部未知量都能由静力平衡方程求出，这类问题称为静定问题，显然上节中所举各例都是静定问题。

如果未知量的数目多于独立平衡方程的数目，则由静力平衡方程就不能求出全部未知

量，这类问题称为超静定问题。

8. 平面简单桁架

节点法：取桁架各节点为研究对象进行受力分析，应用的是平面汇交力系的平衡条件，即

$$\begin{cases}\sum F_x=0\\ \sum F_y=0\end{cases}$$

思考题

2-1　力矩和力偶的正负符号的判断方法？

2-2　如思考题2-2图所示三铰拱，在构件 CB 上分别作用一力偶 $\boldsymbol{M}$，如图（a）所示，或力 $\boldsymbol{F}$，如图（b）所示。当求铰链 A、B、C 的约束反力时，能否将力偶 $\boldsymbol{M}$ 或 $\boldsymbol{F}$ 分别移到构件 AC 上？为什么？

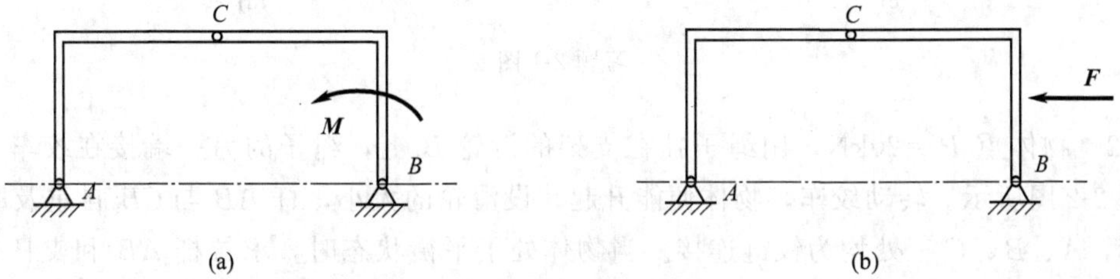

思考题 2-2 图

2-3　简述平面任意力系简化结果的四种情况。

2-4　简述静定和超静定的概念。并判断思考题2-4图所示结果。

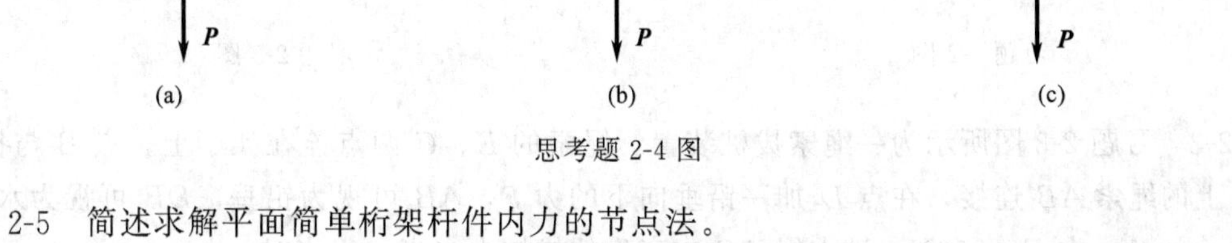

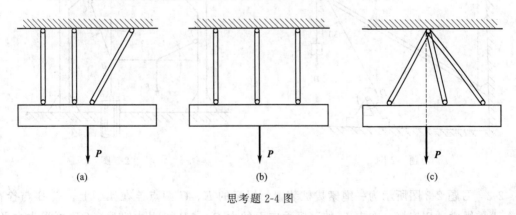

思考题 2-4 图

2-5　简述求解平面简单桁架杆件内力的节点法。

习题

2-1　试求习题2-1图中所示力 $\boldsymbol{F}$ 对 O 点的矩。

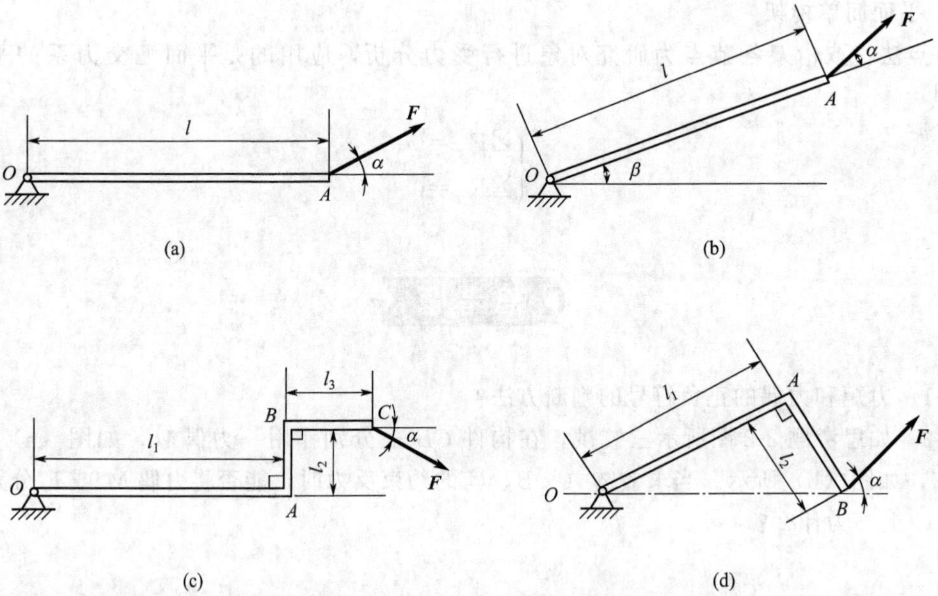

习题 2-1 图

2-2　物体重 $P=20\mathrm{kN}$，用绳子挂在支架的滑轮 B 上，绳子的另一端接在绞车 D 上，如习题 2-2 图所示。转动绞车，物体便能升起。设滑轮的大小，杆 AB 与 CB 自重及摩擦略去不计，A、B、C 三处均为铰链连接。当物体处于平衡状态时，求拉杆 AB 和支杆 CB 所受的力。

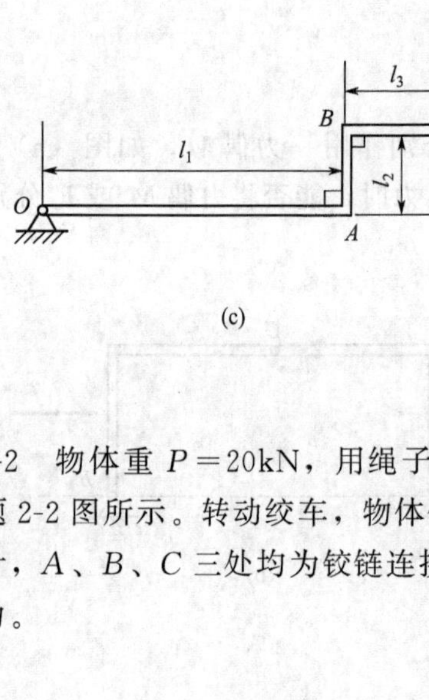

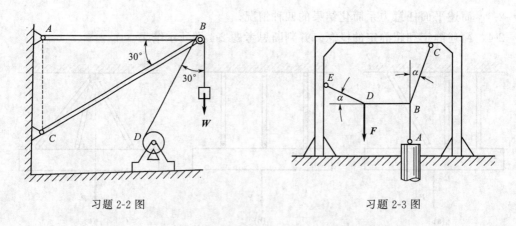

习题 2-2 图

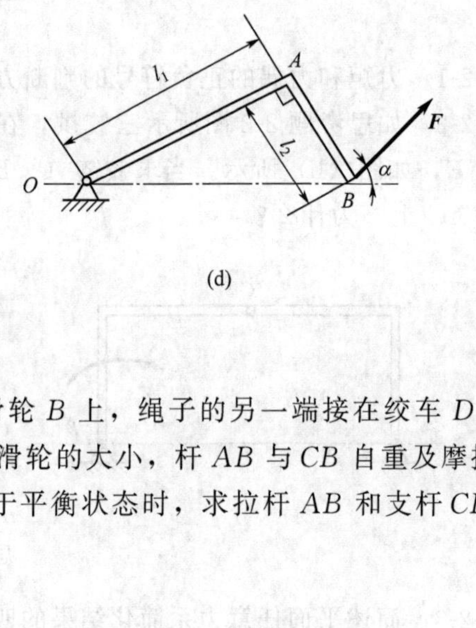

习题 2-3 图

2-3　习题 2-3 图所示为一绳索拔桩装置。绳索的 E、C 两点拴在架子上，点 B 与拴在桩 A 上的绳索 AB 连接，在点 D 加一铅垂向下的力 $\boldsymbol{F}$，AB 可视为铅垂，DB 可视为水平。已知 $\alpha=0.1$，力 $F=800\mathrm{N}$。试求绳 AB 中产生的拔桩力（当 α 很小时，$\tan\alpha\approx\alpha$）。

2-4　齿轮箱两个外伸轴上作用的力偶如习题 2-4 图所示。为保持齿轮箱平衡，试求螺栓 A、B 处所提供的约束力的铅垂分力。

2-5　四连杆机构如习题 2-5 图所示，已知 $OA=0.4\mathrm{m}$，$OB=0.6\mathrm{m}$，$M_1=1\mathrm{N\cdot mm}$ 各杆重量不计。机构在图示位置处于平衡，试求力偶矩 M_2 的大小和杆 AB 所受的力。

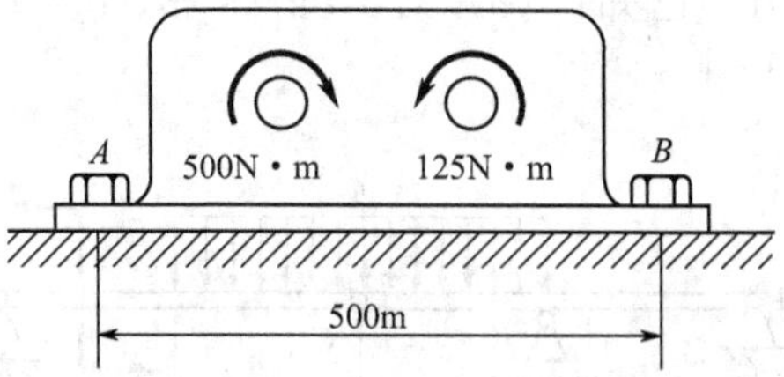

习题 2-4 图

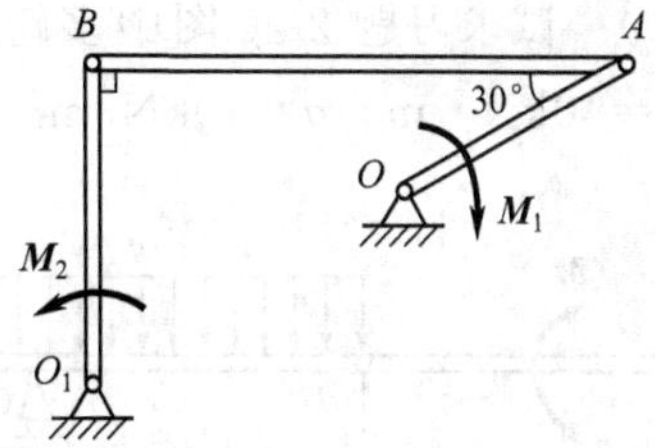

习题 2-5 图

2-6　在习题 2-6 图所示的平面任意力系中，$F_1=40\sqrt{2}$N，$F_2=80$N，$F_3=40$N，$F_4=110$N，$M=2000$N·mm。各力作用位置及方向如习题 2-6 图所示，图中尺寸的单位为 mm。求：①力系向点 O 简化的结果；②合力的大小、方向及合力作用线方程。

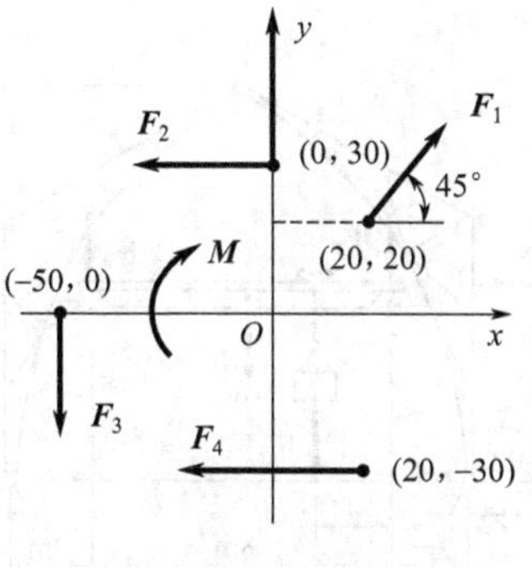

习题 2-6 图

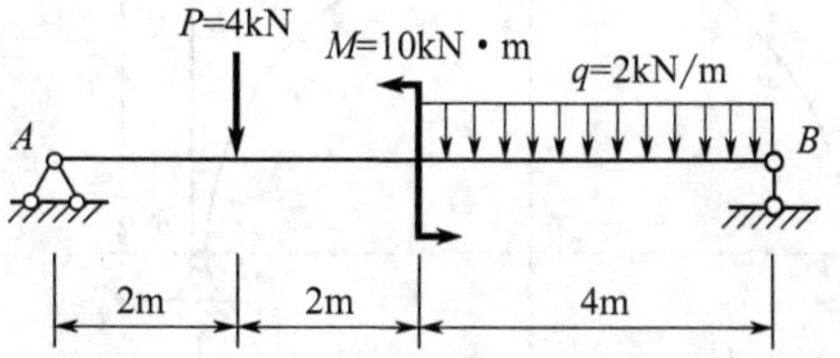

习题 2-7 图

2-7　求如习题 2-7 图所示简支梁的支座 A、B 的约束反力。

2-8　习题 2-8 图所示水平横梁 AB，A 端为固定铰链支座，B 端为一滚动支座。梁的长为 $4a$，梁重 P，作用在梁的中点 C。梁的 AC 段上受均布载荷 q 作用，力偶矩 $M=Pa$。试求 A 和 B 处的支座反力。

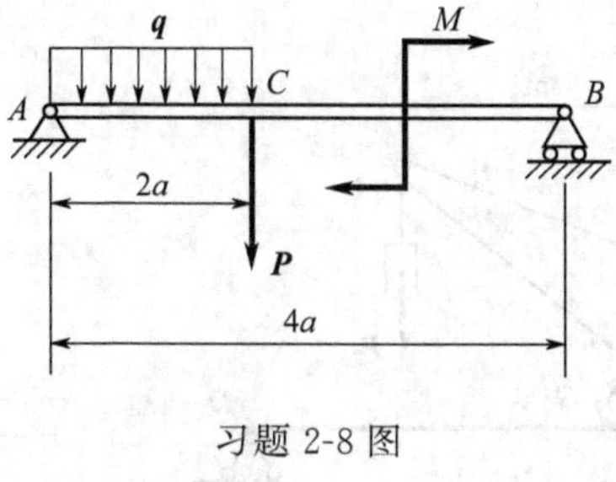

习题 2-8 图

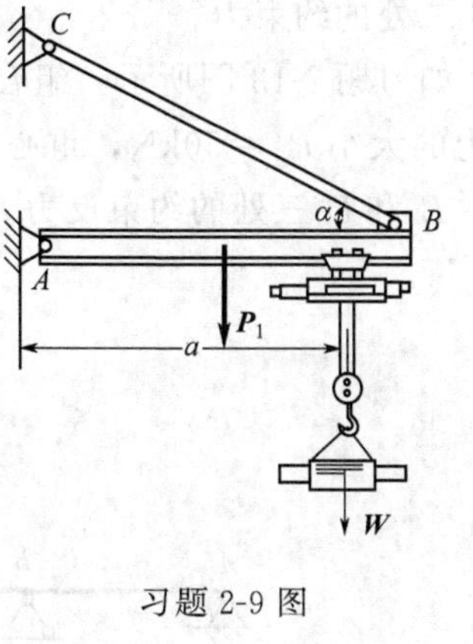

习题 2-9 图

2-9　悬臂吊车如习题 2-9 图所示。横梁 AB 长为 $l=2.5$m，自重 $P_1=1.2$kN。拉杆 BC 倾斜角 $\alpha=30°$，自重不计。电葫芦连同重物共重 $W=7.5$kN。当电葫芦在图示位置时，$a=$

2m。试求此时拉杆 BC 的拉力和铰链 A 处的约束反力。

2-10 试求习题 2-10 图中多跨梁的支座反力。已知：(a) $M=8\text{kN}\cdot\text{m}$，$q=4\text{kN/m}$；(b) $M=40\text{kN}\cdot\text{m}$，$q=10\text{kN/m}$。

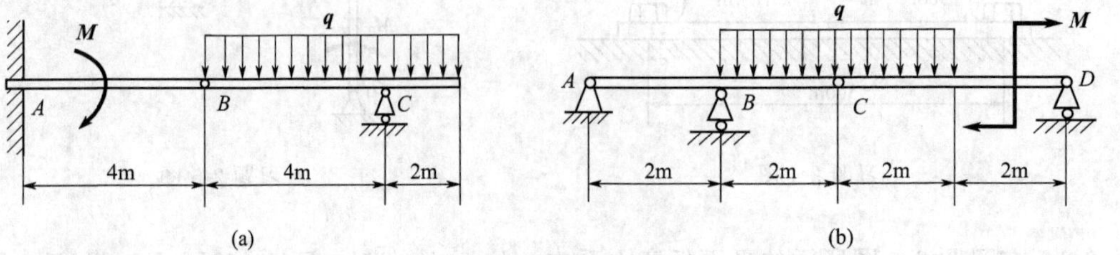

习题 2-10 图

2-11 三铰拱的顶部受集度为 $\boldsymbol{q}$ 的均布载荷作用，结构尺寸如习题 2-11 图所示，不计各构件的自重。试求 A、B 两处的约束反力。

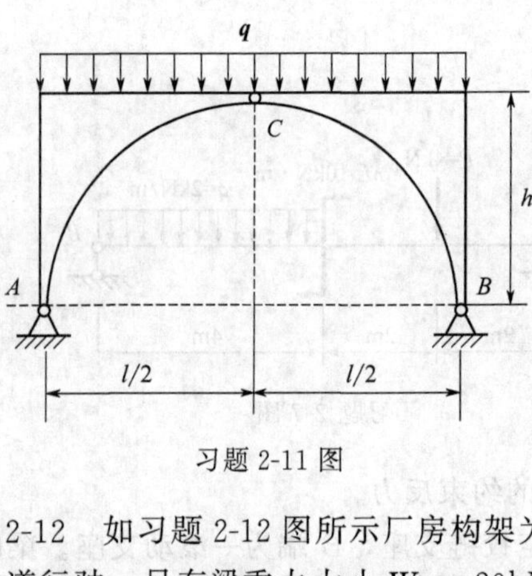

习题 2-11 图

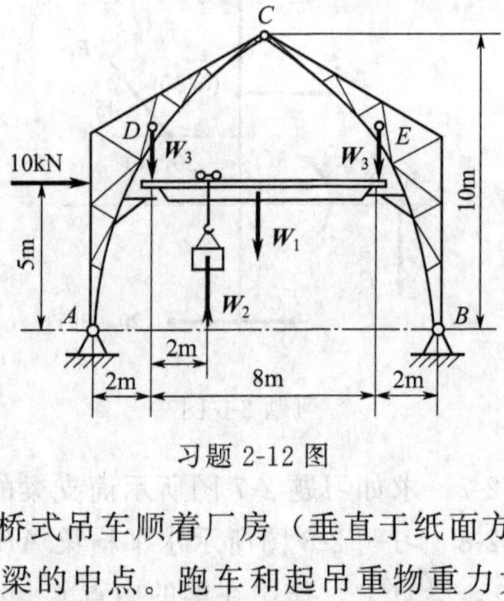

习题 2-12 图

2-12 如习题 2-12 图所示厂房构架为三铰拱架。桥式吊车顺着厂房（垂直于纸面方向）沿轨道行驶，吊车梁重力大小 $W_1=20\text{kN}$，其重心在梁的中点。跑车和起吊重物重力大小 $W_2=10\text{kN}$。每个拱架重力大小 $W_3=60\text{kN}$，其重心在点 D、E，正好与吊车梁的轨道在同一铅垂线上。风压的合力为 10kN，方向水平。试求当跑车位于离左边轨道的距离等于 2m 时，A、B 二处的约束力。

2-13 如习题 2-13 图所示，组合梁由 AC 和 DC 两段铰接构成，起重机放在梁上。已知起重机重力的大小 $P_1=50\text{kN}$，重心在铅直线 EC 上，起重载荷 $P_2=10\text{kN}$。如不计梁自重，求支座 A、B 和 D 三处的约束反力。

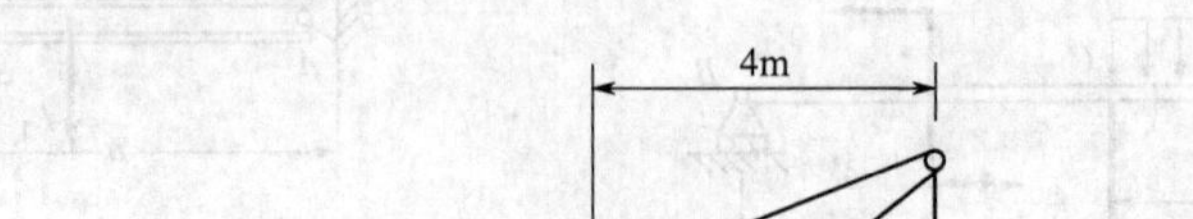

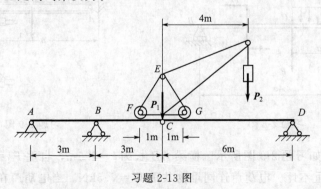

习题 2-13 图

2-14　习题 2-14 图示构架中，物体 W 重 1200N，由细绳跨过滑轮 E 而水平系于墙上，尺寸如图。不计杆和滑轮的自重，求 A 和 B 处的约束力。

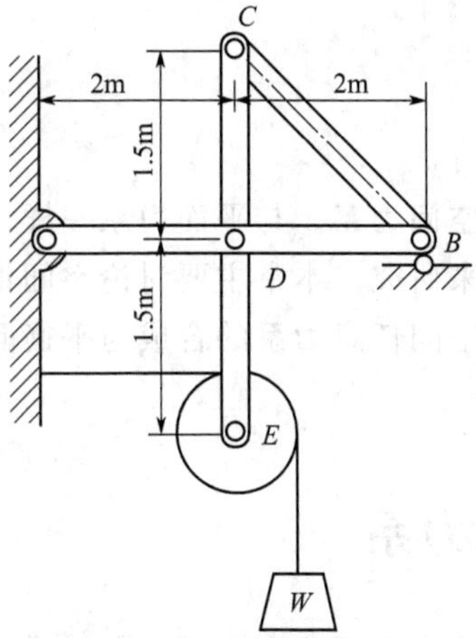

习题 2-14 图

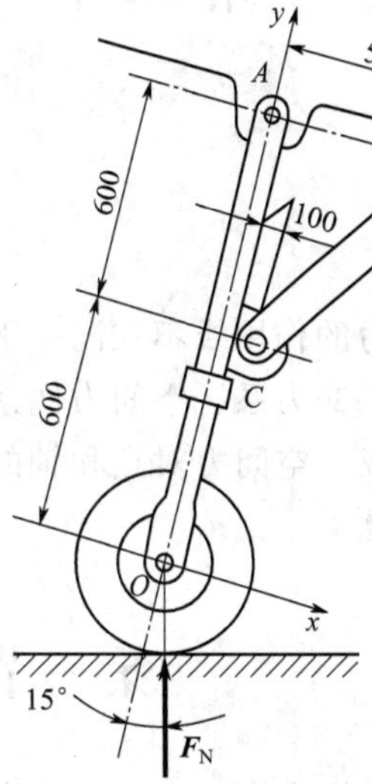

习题 2-15 图

2-15　飞机起落架，尺寸如习题 2-15 图所示，A、B、C 均为铰链，杆 OA 垂直于 AB 连线。当飞机等速直线滑行时，地面作用于轮上的铅直正压力 $F_N=30\text{kN}$，水平摩擦力和各杆自重都比较小，可略去不计。求 A、B 两处的约束反力。

2-16　在习题 2-16 图所示构架中，A、C、D、E 处为铰链连接，BD 杆上的销钉 B 置于 AC 杆光滑槽内，力 $F=200\text{N}$，力偶矩 $M=100\text{N}\cdot\text{m}$，各尺寸如图，不计各构件自重，求 A、B、C 处所受力。

2-17　习题 2-17 图所示结构，各杆的自重均不计。载荷 $P=10\text{kN}$，A 处为固定端，B、D 处为铰链。求固定端 A 处及铰链 B、C 处的约束力。

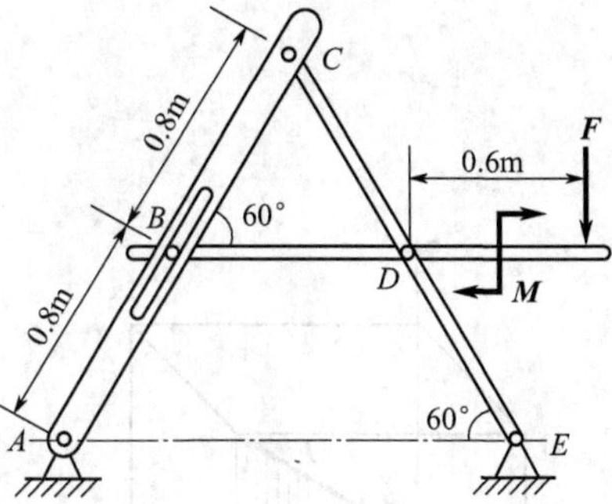

习题 2-16 图

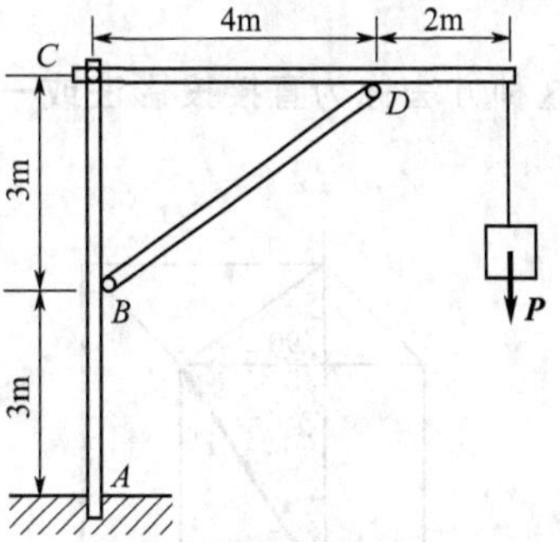

习题 2-17 图

第三章 空间力系

当力系中各力的作用线不在同一平面的力系，称为**空间力系**。与平面力系一样，空间力系可以分为空间汇交力系、空间力偶系和空间任意力系来研究。本章主要讨论空间汇交力系中力的投影与合成，空间力对点和轴的矩，空间力偶和空间任意力系的合成与平衡问题，以及与重心有关问题。

第一节 空间汇交力系

各力的作用线汇交为一点，但不在同一平面的力系称为**空间汇交力系**。在讨论空间汇交力系之前先说明一下力在空间坐标轴上投影的概念。一般有两种方法：直接投影法和间接投影法。

一、力在空间直角坐标轴上的投影

1. 直接投影法

若力 $\boldsymbol{F}$ 与 x、y、z 轴的正向夹角分别为 α、β、γ 为已知，如图 3-1 所示，则力 $\boldsymbol{F}$ 在三个轴上的投影就等于力 $\boldsymbol{F}$ 的大小乘以力 $\boldsymbol{F}$ 与各轴正向夹角的余弦，即：

$$\left.\begin{aligned} F_x &= F\cos\alpha \\ F_y &= F\cos\beta \\ F_z &= F\cos\gamma \end{aligned}\right\} \tag{3-1}$$

这种方法称为**直接投影法**或**一次投影法**。

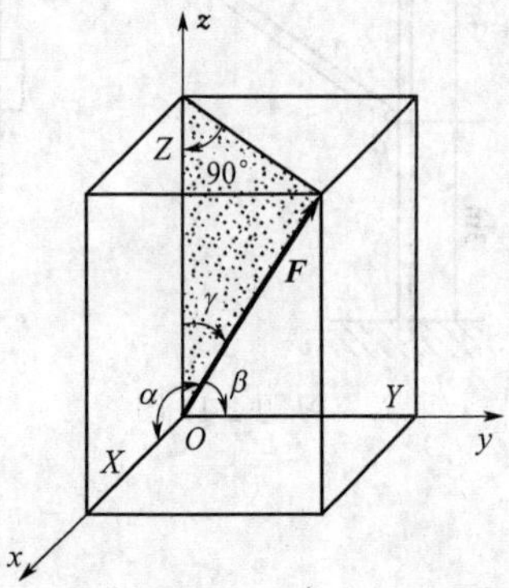

图 3-1

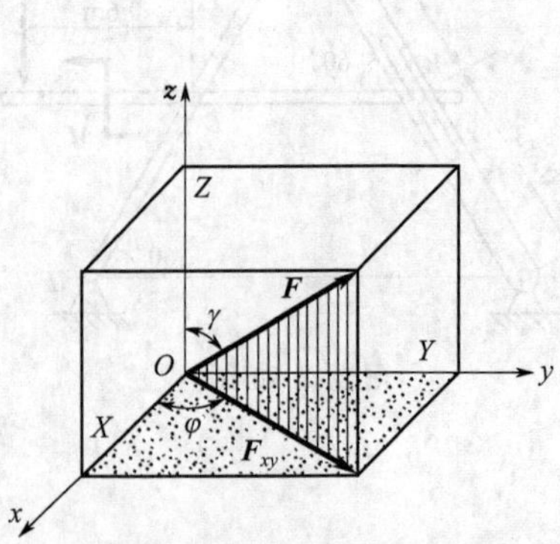

图 3-2

2. 二次投影法

当力 $\boldsymbol{F}$ 与坐标轴 x、y 间的夹角不易确定时，可把力 $\boldsymbol{F}$ 先投影到坐标平面 Oxy 上，得到力，然后再把这个力投影到 x、y 轴上。在图 3-2 中，已知 $\boldsymbol{F}$ 与 z 轴正向夹角 γ 和 $\boldsymbol{F}_{xy}$ 与 x 轴的夹角 φ，则力 $\boldsymbol{F}$ 在三个坐标轴上的投影分别为：

$$\left.\begin{aligned}F_x&=F\sin\gamma\cos\varphi\\F_y&=F\sin\gamma\sin\varphi\\F_z&=F\cos\gamma\end{aligned}\right\}\tag{3-2}$$

我们把这种方法称为**二次投影法**。

若以 F_x，F_y，F_z，表示力 $\boldsymbol{F}$ 沿直角坐标轴 x、y、z 的正交分量，以 $\boldsymbol{i}$、$\boldsymbol{j}$、$\boldsymbol{k}$ 分别表示沿 x、y、z 坐标轴方向的单位矢量，如图 3-3 所示，则：

$$\boldsymbol{F}=\boldsymbol{F}_x+\boldsymbol{F}_y+\boldsymbol{F}_z=F_x\boldsymbol{i}+F_y\boldsymbol{j}+F_z\boldsymbol{k}\tag{3-3}$$

如果已知力 $\boldsymbol{F}$ 在空间直角坐标系上的三个投影 F_x，F_y，F_z，则力 $\boldsymbol{F}$ 的大小和方向余弦为：

$$F=\sqrt{F_x^2+F_y^2+F_z^2}\tag{3-4}$$

$$\left.\begin{aligned}\cos(\boldsymbol{F},\boldsymbol{i})&=\frac{F_x}{F}\\\cos(\boldsymbol{F},\boldsymbol{j})&=\frac{F_y}{F}\\\cos(\boldsymbol{F},\boldsymbol{k})&=\frac{F_z}{F}\end{aligned}\right\}\tag{3-5}$$

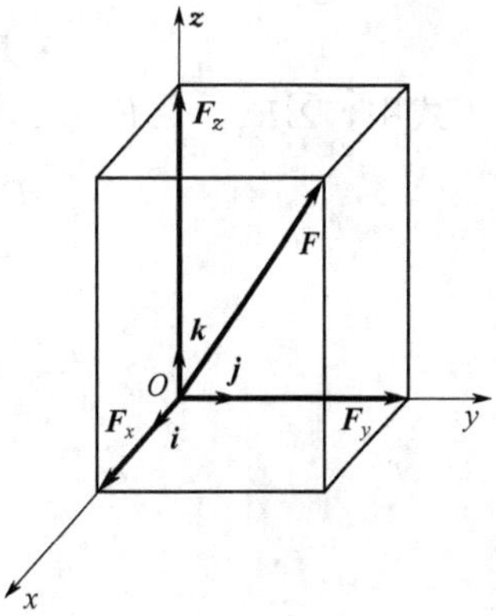

图 3-3

【例 3-1】 如图 3-4 所示，已知圆柱斜齿轮所受的啮合力 $F_n=1410\text{N}$，齿轮压力角 $\alpha=20°$，螺旋角 $\beta=25°$。试计算斜齿轮所受的径向力 $\boldsymbol{F}_r$、轴向力 $\boldsymbol{F}_a$ 和圆周力 $\boldsymbol{F}_t$。

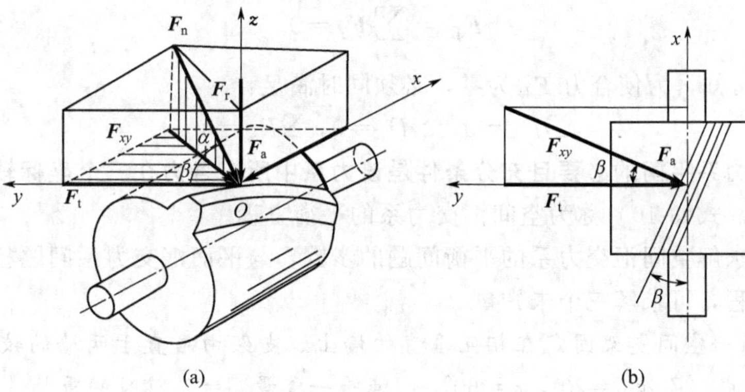

图 3-4

解 取坐标系如图所示，使 x、y、z 分别沿齿轮的轴向、圆周的切线方向和径向。先把啮合力 $\boldsymbol{F}_n$ 向 z 轴和坐标平面 xOy 投影，得：

$$F_z=-F_r=-F_n\sin\alpha$$
$$F_{xy}=F_n\cos\alpha$$

采用二次投影法，把 $\boldsymbol{F}_{xy}$ 在 x、y 轴上投影：

$$F_x=F_a=-F_{xy}\sin\beta=-F_n\cos\alpha\sin\beta$$
$$F_y=F_t=-F_{xy}\cos\beta=-F_n\cos\alpha\cos\beta$$

解得 $F_r=-482\text{N}$，$F_a=-560\text{N}$，$F_t=-1201\text{N}$

题中负值表示力的方向与坐标轴的方向相反。

二、空间汇交力系的合成与平衡条件

将平面汇交力系的合成法则扩展到空间汇交力系，可得结论：**空间汇交力系可以合成一个合力，其合力等于各分力的矢量和，作用线通过汇交点**，即：

$$\boldsymbol{F}_R=\boldsymbol{F}_1+\boldsymbol{F}_2+\cdots+\boldsymbol{F}_n=\sum_{i=1}^{n}\boldsymbol{F}_i \tag{3-6}$$

由式(3-3) 可得：

$$\boldsymbol{F}_R=\sum F_x\cdot\boldsymbol{i}+\sum F_y\cdot\boldsymbol{j}+\sum F_z\cdot\boldsymbol{k} \tag{3-7}$$

式中，$\sum F_x$、$\sum F_y$、$\sum F_z$为合力 F_R沿 x、y、z 轴上的投影。合力的大小和方向余弦为：

$$F_R=\sqrt{(\sum F_x)^2+(\sum F_y)^2+(\sum F_z)^2} \tag{3-8}$$

$$\left.\begin{aligned}\cos(\boldsymbol{F}_R,\boldsymbol{i})&=\frac{\sum F_x}{F_R}\\ \cos(\boldsymbol{F}_R,\boldsymbol{j})&=\frac{\sum F_y}{F_R}\\ \cos(\boldsymbol{F}_R,\boldsymbol{k})&=\frac{\sum F_z}{F_R}\end{aligned}\right\} \tag{3-9}$$

式中，$(\boldsymbol{F}_R,\boldsymbol{i})$、$(\boldsymbol{F}_R,\boldsymbol{j})$、$(\boldsymbol{F}_R,\boldsymbol{k})$ 分别为 $\boldsymbol{F}_R$与 x、y、z 轴的正向夹角。

由于空间汇交力系可以合成一个合力，因此，**空间汇交力系平衡的必要且充分条件为该力系的合力等于零**，即：

$$\boldsymbol{F}_R=\sum_{i=1}^{n}\boldsymbol{F}_i=0 \tag{3-10}$$

由式(3-8) 可知，为使合力 $\boldsymbol{F}_R$为零，必须同时满足：

$$\sum F_x=0,\ \sum F_y=0,\ \sum F_z=0 \tag{3-11}$$

即空间汇交力系平衡的必要且充分条件是该力系中所有各力在三个坐标轴上的投影的代数和分别等于零。式(3-10) 称为空间汇交力系的平衡方程。

应用解析法求解空间汇交力系的平衡问题的步骤，与平面汇交力系问题相同，只不过需列出三个平衡方程，可求解三个未知量。

【例 3-2】 有一空间支架固定在相互垂直的墙上。支架由垂直于两墙的铰接二力杆 OA、OB 和钢绳 OC 组成。已知 $\theta=30°$，$\varphi=60°$，O 点吊一重量 $G=1.2\text{kN}$ 的重物［图 3-5(a)］。试求两杆和钢绳所受的力。图中 O、A、B、D 四点都在同一水平面上，杆和绳的重量都忽略不计。

解 ① 选研究对象，画受力图。取铰链 O 为研究对象，设坐标系为 $Dxyz$，受力如图 3-5(b) 所示。

② 列平衡方程式，求未知量，即：

$$\begin{aligned}\sum F_x=0,&\quad F_B-F\cos\theta\sin\varphi=0\\ \sum F_y=0,&\quad F_A-F\cos\theta\cos\varphi=0\\ \sum F_z=0,&\quad F\sin\theta-G=0\end{aligned}$$

解上述方程得：

$$F=\frac{G}{\sin\theta}=\frac{1.2}{\sin30°}=2.4\text{kN}$$

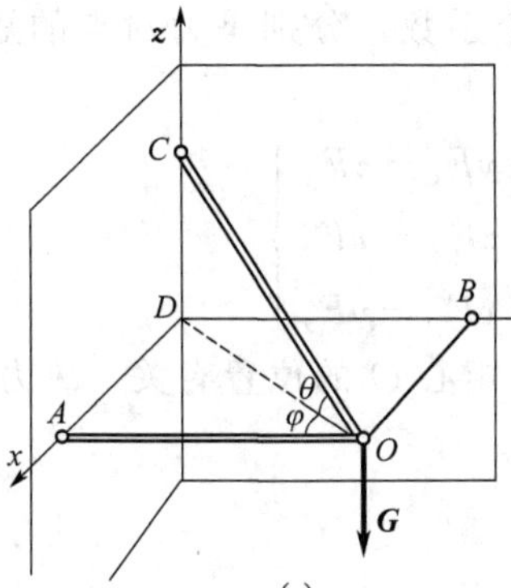

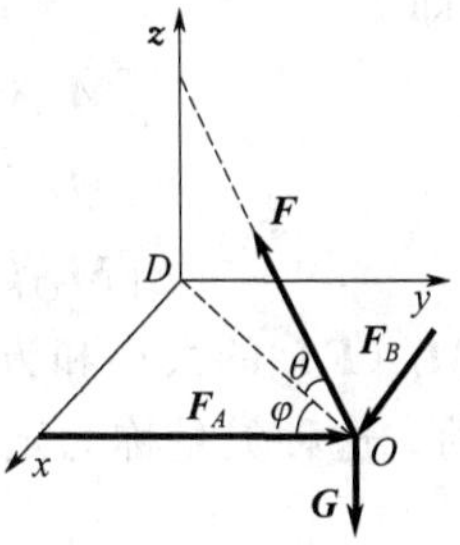

图 3-5

$$F_A = F\cos\theta\cos\varphi = 2.4 \times \cos30°\cos60° = 1.04\text{kN}$$

$$F_B = F\cos\theta\sin\varphi = 2.4 \times \cos30°\sin60° = 1.8\text{kN}$$

第二节　力对点和轴的矩及空间力偶

一、力对点之矩矢

从平面力系力对点之矩可知，力除了能使物体移动外，还能使物体转动。扳手拧紧螺母、杠杆、滑轮等简单机械，就是加力使物体产生转动效应的实例。若力为空间的力如图 3-6 所示，空间力 $\boldsymbol{F}$，使刚体在 OAB 平面内绕 O 点转动，这就是空间力 $\boldsymbol{F}$ 对 O 点的矩。在空间，力对点之矩矢的概念不仅包括力矩的大小和转向，还包括力与矩心所组成的平面的方位。方位不同，即使力矩大小一样，作用效果将完全不同。因此，在研究空间力系时，力对点之矩矢有三个要素：力矩的大小和转向、力与矩心所确定平面的方位。

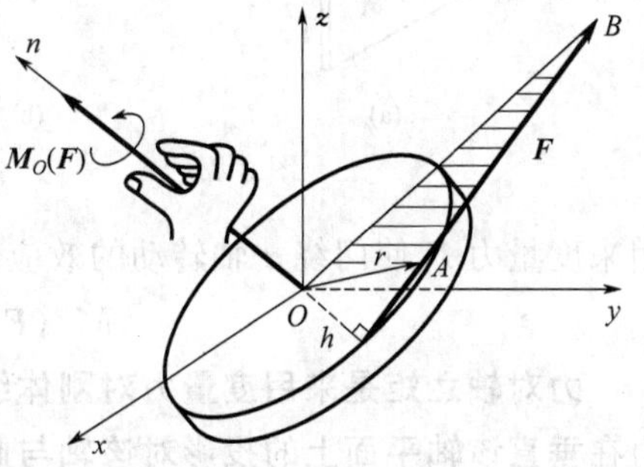

图 3-6

力 $\boldsymbol{F}$ 对点 O 的矩的矢量记作 $\boldsymbol{M}_O(\boldsymbol{F})$：

$$\boldsymbol{M}_O(\boldsymbol{F}) = \boldsymbol{r} \times \boldsymbol{F} \tag{3-12}$$

式中，$\boldsymbol{r}$ 表示力 $\boldsymbol{F}$ 作用点 $\boldsymbol{A}$ 的矢径。则矢积 $\boldsymbol{r}\times\boldsymbol{F}$ 的模等于三角形 OAB 面积的 2 倍，其方向与力矩矢 $\boldsymbol{M}_O(\boldsymbol{F})$ 一致。即**力对点的矩矢等于矩心到该力作用点的矢径与该力的矢量积。**

设 $\boldsymbol{i}$、$\boldsymbol{j}$、$\boldsymbol{k}$ 分别为坐标轴 x、y、z 方向的单位矢量。力在三个坐标轴上的投影分别为 F_x、F_y、F_z，则矢径 $\boldsymbol{r}$ 和力 $\boldsymbol{F}$ 分别为：

$$\boldsymbol{r} = x\boldsymbol{i} + y\boldsymbol{j} + z\boldsymbol{k}$$

$$\boldsymbol{F} = F_x\boldsymbol{i} + F_y\boldsymbol{j} + F_z\boldsymbol{k}$$

代入式(3-12)，并采用行列式形式，得：

$$\boldsymbol{M}_O(\boldsymbol{F}) = \boldsymbol{r}\times\boldsymbol{F} = \begin{vmatrix} i & j & k \\ x & y & z \\ F_x & F_y & F_z \end{vmatrix}$$

$$= (yF_z - zF_y)\boldsymbol{i} + (zF_x - xF_z)\boldsymbol{j} + (xF_y - yF_x)\boldsymbol{k} \tag{3-13}$$

可以看出，单位矢量 $\boldsymbol{i}$、$\boldsymbol{j}$、$\boldsymbol{k}$ 前面的三个系数，分别是力对点的矩矢 $\boldsymbol{M}_O(\boldsymbol{F})$ 在 x、y、z 轴上的投影，即：

$$\left.\begin{aligned}[\boldsymbol{M}_O(\boldsymbol{F})]_x=yF_z-zF_y\\ [\boldsymbol{M}_O(\boldsymbol{F})]_y=zF_x-xF_z\\ [\boldsymbol{M}_O(\boldsymbol{F})]_z=xF_y-yF_x\end{aligned}\right\} \tag{3-14}$$

由于力矩矢量 $\boldsymbol{M}_O(\boldsymbol{F})$ 的大小和方向都与矩心 O 的位置有关，故力矩矢的始端必须在矩心，不可任意挪动，这种矢量称为定位矢量。

二、力对轴之矩

在工程和生活中，常会遇到刚体绕定轴转动的情形，如门绕铰链的转动，齿轮绕主轴的转动等。为了度量力对绕定轴转动刚体的作用效应，需要了解力对轴之矩的概念。以开关门为例，如图 3-7(a) 所示，门轴 z 轴为固定轴，在 A 点作用一力 $\boldsymbol{F}$，为度量此力对刚体的转动效应，可将该力 $\boldsymbol{F}$ 分解为两个互相垂直的分力：一个是与转轴平行的分力 $\boldsymbol{F}_z$；另一个是在与转轴垂直平面上的分力 $\boldsymbol{F}_{xy}$。其中分力 $\boldsymbol{F}_z$ 平行 z 轴，不能使门转动，故它对 z 轴之矩为零；只有分力 $\boldsymbol{F}_{xy}$ 才能产生使门绕 z 轴转动的效应。

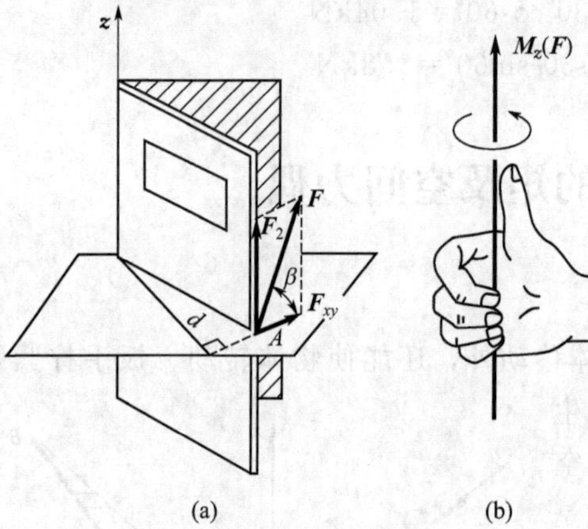

图 3-7

若以 d 表示 $\boldsymbol{F}_{xy}$ 作用线到 z 轴与平面的交点 O 的距离，则 $\boldsymbol{F}_{xy}$ 对 O 点之矩，就可以用来度量力 $\boldsymbol{F}$ 使门绕 z 轴转动的效应，记作：

$$M_z(\boldsymbol{F})=M_O(\boldsymbol{F}_{xy})=\pm F_{xy}d \tag{3-15}$$

力对轴之矩是来用度量力对刚体绕定轴转动效应的。它是一个代数量，其绝对值等于此力在垂直该轴平面上的投影对该轴与此平面的交点的矩。其正负代表其转动作用的方向。从 z 轴正向看，逆时针方向转动为正，顺时针方向转动为负［或用右手法则确定其正负，如图 3-7(b)］。力对轴之矩的单位是 N·m。

力对轴之矩等于零的情况：

① 当力的作用线与轴平行（$F_{xy}=0$）；

② 当力与轴相交时（$d=0$）。

以上两种情况可解释为当力与轴共面时，力对该轴之矩等于零。

根据合力矩定理，力对轴之矩还可用解析式表达，如图 3-8 所示。力 $\boldsymbol{F}$ 在三个坐标轴上的投影分别为 $\boldsymbol{F}_x$，$\boldsymbol{F}_y$，$\boldsymbol{F}_z$。力作用点 A 的坐标为 x、y、z，得：

$$M_z(\boldsymbol{F})=M_O(\boldsymbol{F}_{xy})=M_O(\boldsymbol{F}_x)+M_O(\boldsymbol{F}_y)$$

即：

$$M_z(\boldsymbol{F})=xF_y-yF_x \tag{3-16}$$

同理可得力 $\boldsymbol{F}$ 对其他两轴的矩。以下三式是计算力对轴之矩的解析式。

$$\left.\begin{aligned}M_x(\boldsymbol{F})&=yF_z-zF_y\\M_y(\boldsymbol{F})&=zF_x-xF_z\\M_z(\boldsymbol{F})&=xF_y-yF_x\end{aligned}\right\}\qquad(3\text{-}17)$$

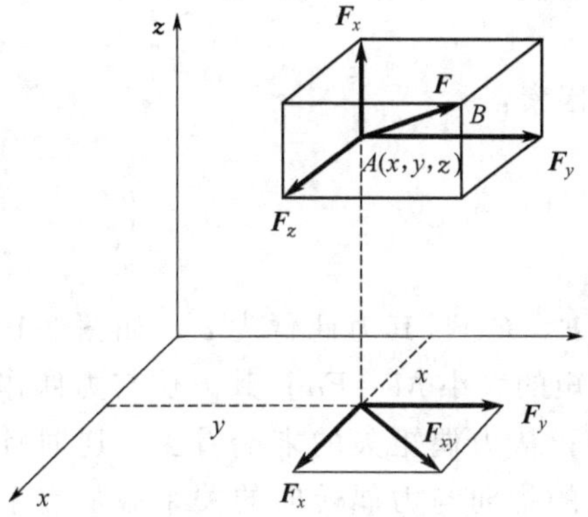

图 3-8

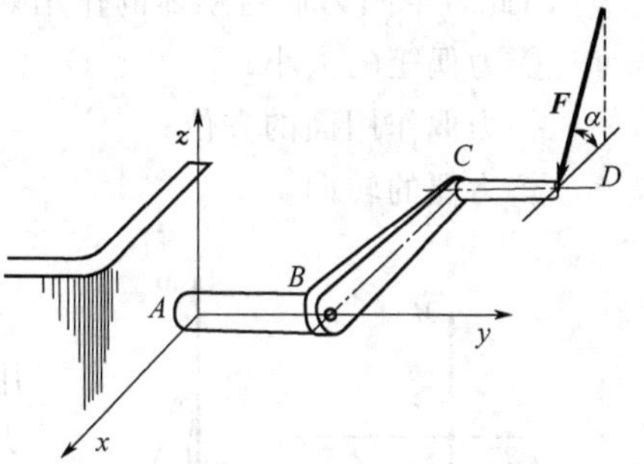

图 3-9

【例 3-3】 如图 3-9 所示手摇曲柄上 $\boldsymbol{F}$ 对 x、y、z 轴之矩。已知 $\boldsymbol{F}$ 为平行于 xz 平面的力，$F=100\text{N}$，$\alpha=60°$，$AB=20\text{cm}$，$BC=40\text{cm}$，$CD=15\text{cm}$，A、B、C、D 处于同一水平面上。

解　力 $\boldsymbol{F}$ 在 x 和 z 轴上有投影：

$$F_x=F\cos\alpha，F_z=-F\sin\alpha$$

计算 $\boldsymbol{F}$ 对 x、y、z 各轴的力矩：

$$M_x(\boldsymbol{F})=-F_z(AB+CD)=-100\times\sin60°(0.2+0.15)=-30.31\text{N}\cdot\text{m}$$

$$M_y(\boldsymbol{F})=-F_z\cdot BC=-100\times\sin60°\times0.4=-34.64\text{N}\cdot\text{m}$$

$$M_z(\boldsymbol{F})=-F_x(AB+CD)=-100\times\cos60°(0.2+0.15)=-17.5\text{N}\cdot\text{m}$$

三、力对点的矩矢与力对轴之矩的关系

比较式(3-14) 与式(3-17)，可以看出，**力对点的矩矢在通过该点的某轴上的投影，等于力对该轴的矩**。即：

$$\left.\begin{aligned}[\boldsymbol{M}_O(\boldsymbol{F})]_x&=M_x(\boldsymbol{F})\\[\boldsymbol{M}_O(\boldsymbol{F})]_y&=M_y(\boldsymbol{F})\\[\boldsymbol{M}_O(\boldsymbol{F})]_z&=M_z(\boldsymbol{F})\end{aligned}\right\}\qquad(3\text{-}18)$$

若力对通过点 O 的直角坐标轴 x、y、z 的矩已知，则可求出该力对点 O 的矩的大小和方向余弦：

$$|\boldsymbol{M}_O(\boldsymbol{F})|=\sqrt{[M_x(\boldsymbol{F})]^2+[M_y(\boldsymbol{F})]^2+[M_z(\boldsymbol{F})]^2}$$

$$\left.\begin{aligned}\cos(\boldsymbol{M}_O,\boldsymbol{i})&=\frac{M_x(\boldsymbol{F})}{|\boldsymbol{M}_O(\boldsymbol{F})|}\\\cos(\boldsymbol{M}_O,\boldsymbol{j})&=\frac{M_y(\boldsymbol{F})}{|\boldsymbol{M}_O(\boldsymbol{F})|}\\\cos(\boldsymbol{M}_O,\boldsymbol{k})&=\frac{M_z(\boldsymbol{F})}{|\boldsymbol{M}_O(\boldsymbol{F})|}\end{aligned}\right\}\qquad(3\text{-}19)$$

四、空间力偶

1. 力偶矩以矢量表示

与平面力偶相比较，空间力偶对刚体的作用除了与力偶矩大小有关外，还与其作用面的方位及力偶的转向有关，可用**力偶矩矢**来度量。

因此，空间力偶对刚体的作用效果决定于下列三个因素：

① 力偶矩的大小；

② 力偶作用面的方位；

③ 力偶的转向。

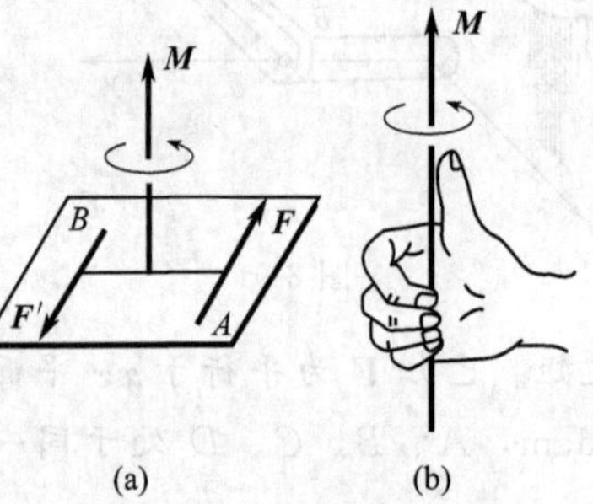

图 3-10

设有空间力偶（$\boldsymbol{F}$，$\boldsymbol{F}'$），其力偶臂为 d，如图 3-10（a）所示。那么力偶矩的大小 $M=Fd$；其方位与力偶作用面的法线方位相同；从力偶矩矢的末端看去，逆时针力偶为正；力偶矩矢的指向与力偶转向的关系服从右手螺旋规则［如图 3-10(b)］。力偶可在同平面内任意移转，并可搬移到平行平面内，故力偶矩矢为自由矢量。

2. 空间力偶系的合成与平衡条件

任意多个空间分布的力偶可合成为一个合力偶，合力偶矩矢等于各分力偶矩矢的矢量和，即：

$$\sum \boldsymbol{M}=\boldsymbol{M}_1+\boldsymbol{M}_2+\cdots+\boldsymbol{M}_n=\sum_{i=1}^{n}\boldsymbol{M}_i \tag{3-20}$$

合力偶矩矢的解析表达式为：

$$\boldsymbol{M}=M_x\boldsymbol{i}+\boldsymbol{M}_y\boldsymbol{j}+M_z\boldsymbol{k} \tag{3-21}$$

其中 $\boldsymbol{M}_x$，$\boldsymbol{M}_y$，$\boldsymbol{M}_z$ 为合力偶矩矢在 x、y、z 轴上的投影。

若空间有若干个力偶，其力偶矩矢都可向三个轴投影，投影后的同轴的力偶矩代数求和，分别可得到$\sum M_x$、$\sum M_y$、$\sum M_z$，设 $\boldsymbol{i}$、$\boldsymbol{j}$、$\boldsymbol{k}$ 分别为 x、y、z 三个坐标轴的单位矢量。其合力偶矩矢的大小和方向余弦可用下列公式求出，即：

$$\sum M=\sqrt{(\sum M_x)^2+(\sum M_y)^2+(\sum M_z)^2}$$

$$\left.\begin{aligned}\cos(\boldsymbol{M},\boldsymbol{i})&=\frac{\sum M_x}{M}\\ \cos(\boldsymbol{M},\boldsymbol{j})&=\frac{\sum M_y}{M}\\ \cos(\boldsymbol{M},\boldsymbol{k})&=\frac{\sum M_z}{M}\end{aligned}\right\} \tag{3-22}$$

由于空间力偶系可以用一个合力偶来代替，因此，空间力偶系平衡的必要和充分条件是：**该力偶系的合力偶矩等于零，亦即所有力偶矩矢的矢量和等于零**，即：

$$\sum_{i=1}^{n}\boldsymbol{M}_i=0 \tag{3-23}$$

由式(3-22)，即：

$$\sum M=\sqrt{(\sum M_x)^2+(\sum M_y)^2+(\sum M_z)^2}=0$$

欲使式(3-23)成立，必须同时满足：

$$\left.\begin{aligned}\sum M_x=0\\\sum M_y=0\\\sum M_z=0\end{aligned}\right\}\tag{3-24}$$

第三节　空间任意力系的简化及平衡问题

当空间力系中各力的作用线在空间任意分布时，称其为**空间任意力系**。

一、空间任意力系的简化

如图 3-11 所示，刚体上有（$\boldsymbol{F}_1$，$\boldsymbol{F}_2$，…，$\boldsymbol{F}_n$）空间任意力系作用，其对简化中心 O 点简化。与平面任意力系的简化方法一样，应用力的平移定理，依次将作用于刚体上的每个力向简化中心 O 点平移，同时附加一个相应的力偶。

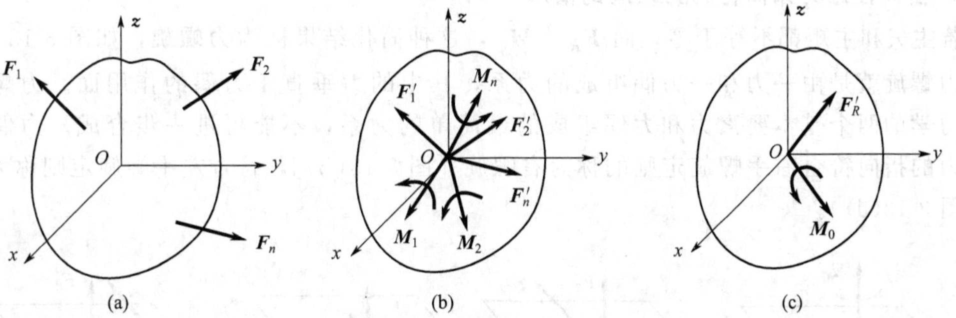

图 3-11

这样，原来的空间任意力系被简化成空间汇交力系和空间力偶系两个简单力系。根据空间汇交力系和空间力偶系的简化与合成，得：

$$\boldsymbol{F}'_R=\sum F'_x\boldsymbol{i}+\sum F'_y\boldsymbol{j}+\sum F'_z\boldsymbol{k}\tag{3-25}$$

$$\boldsymbol{M}_O=\boldsymbol{M}_1+\boldsymbol{M}_2+\cdots+\boldsymbol{M}_n=\sum_{i=1}^{n}\boldsymbol{M}_i\tag{3-26}$$

可得结论如下：**空间任意力系向任一点 O 简化，可得一个合力和一个合力偶。这个力的大小和方向等于该力系的主矢，作用线通过简化中心 O；这个合力偶的矩矢等于该力系对简化中心的主矩。主矢与简化中心的位置无关，主矩一般与简化中心的位置有关。**

由式(3-8)、式(3-9)和式(3-22)即可求出此力系主矢和主矩的大小和方向余弦。

二、空间任意力系的简化结果分析

现分别讨论可能出现的几种情况。

1. 空间任意力系简化为一合力偶的情形

若主矢 $\boldsymbol{F}'_R=0$，主矩 $\boldsymbol{M}_O\neq0$，可得一合力偶。其合力偶矩矢等于原力系对简化中心的主矩。

2. 空间任意力系简化为一合力的情形

若主矢 $\boldsymbol{F}'_R\neq0$，而主矩 $\boldsymbol{M}_O=0$，可得一合力。其合力的作用线通过简化中心 O，其大

小和方向等于原力系的主矢。

若主矢 $\boldsymbol{F}'_R \neq 0$，主矩 $\boldsymbol{M}_O \neq 0$，且 $\boldsymbol{F}'_R \perp \boldsymbol{M}_O$ [图 3-12(a)]。这时，力 $\boldsymbol{F}'_R$ 和力偶矩矢为 $\boldsymbol{M}_O$ 的力偶（$\boldsymbol{F}'_R$，$\boldsymbol{F}_R$）在同一平面内 [图 3-12(b)]，可将力 $\boldsymbol{F}'_R$ 与力偶（$\boldsymbol{F}''_R$，$\boldsymbol{F}''_R$）进一步合成，得作用于点 O' 的一个力 $\boldsymbol{F}_R$ [图 3-12(c)]。此力即为原力系的合力，其大小和方向等于原力系的主矢。其作用线离简化中心 O 的距离为：

$$d=\frac{|\boldsymbol{M}_O|}{F_R} \tag{3-27}$$

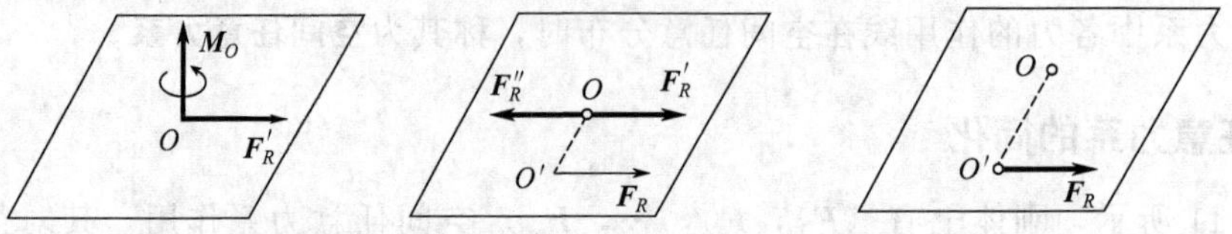

图 3-12

3. 空间任意力系简化为力螺旋的情形

若主矢和主矩都不等于零，而 $\boldsymbol{F}'_R /\!/ \boldsymbol{M}_O$，这种简化结果称为**力螺旋**，如图 3-13 所示。所谓力螺旋就是由一力和一力偶组成的力系，其中的力垂直于力偶的作用面。力螺旋是由静力学的两个基本要素力和力偶组成的最简单的力系，不能再进一步合成。力偶的转向和力的指向符合右手螺旋定则的称为右螺旋 [图 3-13(b)]，符合左手螺旋定则称为左螺旋 [图 3-13(d)]。

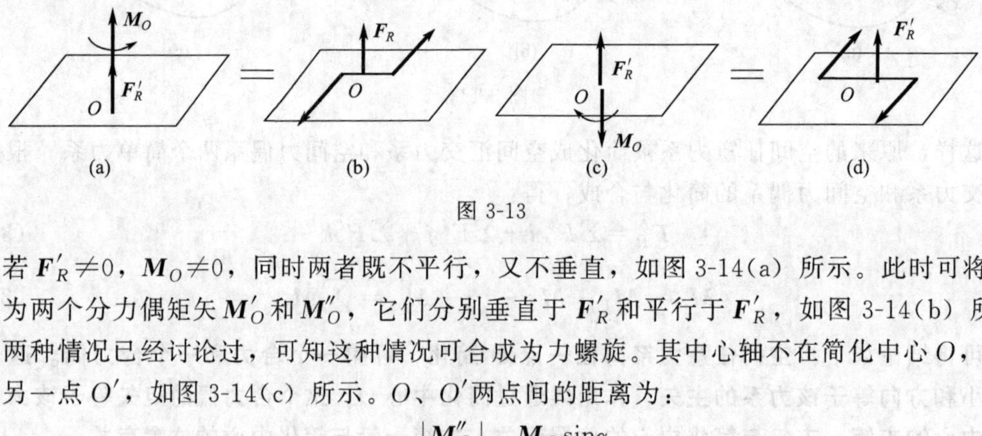

图 3-13

若 $\boldsymbol{F}'_R \neq 0$，$\boldsymbol{M}_O \neq 0$，同时两者既不平行，又不垂直，如图 3-14(a) 所示。此时可将 $\boldsymbol{M}_O$ 分解为两个分力偶矩矢 $\boldsymbol{M}'_O$ 和 $\boldsymbol{M}''_O$，它们分别垂直于 $\boldsymbol{F}'_R$ 和平行于 $\boldsymbol{F}'_R$，如图 3-14(b) 所示。上述两种情况已经讨论过，可知这种情况可合成为力螺旋。其中心轴不在简化中心 O，而是通过另一点 O'，如图 3-14(c) 所示。O、O' 两点间的距离为：

$$d=\frac{|\boldsymbol{M}''_O|}{\boldsymbol{F}'_R}=\frac{\boldsymbol{M}_O\sin\alpha}{\boldsymbol{F}'_R} \tag{3-28}$$

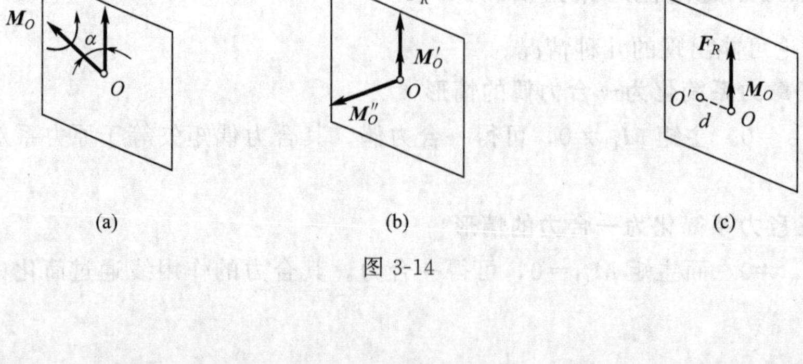

图 3-14

4. 空间任意力系简化为平衡的情形

若主矢 $\boldsymbol{F}'_R=0$，主矩 $\boldsymbol{M}_O=0$，空间任意力系平衡。

三、空间任意力系的平衡方程

空间任意力系平衡的必要和充分条件是：**该力系的主矢和对任一点的主矩都等于零**。即：

$$\boldsymbol{F}'_R=0 \qquad \boldsymbol{M}_O=0 \tag{3-29}$$

因此，空间任意力系的平衡方程为：

$$\left.\begin{aligned}\sum F_x=0,\quad \sum M_x(\boldsymbol{F})=0\\ \sum F_y=0\quad \sum M_y(\boldsymbol{F})=0\\ \sum F_z=0,\quad \sum M_z(\boldsymbol{F})=0\end{aligned}\right\} \tag{3-30}$$

式(3-30) 表达了空间任意力系平衡的必要和充分条件为：**各力在三个坐标轴上投影的代数和以及各力对三个坐标轴之矩的代数和都必须分别等于零**。

利用该六个独立平衡方程式，可以求解六个未知量。

从空间任意力系的平衡规律可以看出一些特殊情况的平衡规律，例如空间汇交力系、空间平行力系等。以空间平行力系为例，推导其平衡方程。各力作用线互相平行的空间力系称为空间平行力系（图 3-15）。取坐标系 $Oxyz$，令 z 轴与力系中各力平行，则不论力系是否平衡，都自然满足 $\sum F_x=0$，$\sum F_y=0$，$\sum M_z(\boldsymbol{F})=0$。

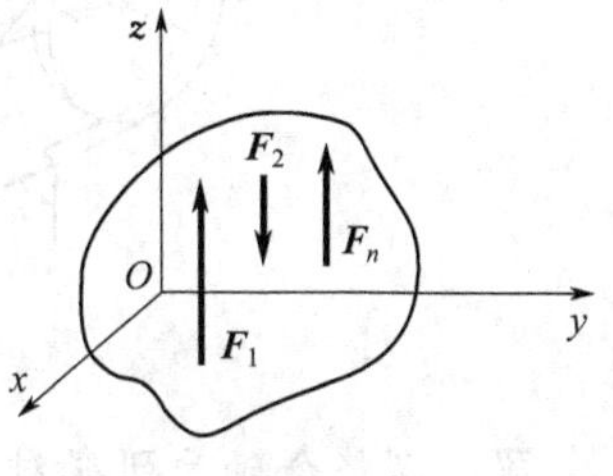

图 3-15

于是空间平行力系的平衡方程为：

$$\sum F_z=0,\quad \sum M_x(\boldsymbol{F})=0,\quad \sum M_y(\boldsymbol{F})=0 \tag{3-31}$$

【例 3-4】 传动轴如图 3-16 所示，以 A、B 两轴承支承。圆柱直齿轮的节圆直径 $d=17.3\text{mm}$，压力角 $\alpha=20°$，在法兰盘上作用一力偶，其力偶矩 $M=1030\text{N}\cdot\text{m}$。如轮轴自重和摩擦不计，求传动轴匀速转动时 A、B 两轴承的反力及齿轮所受的啮合力 $\boldsymbol{F}$。

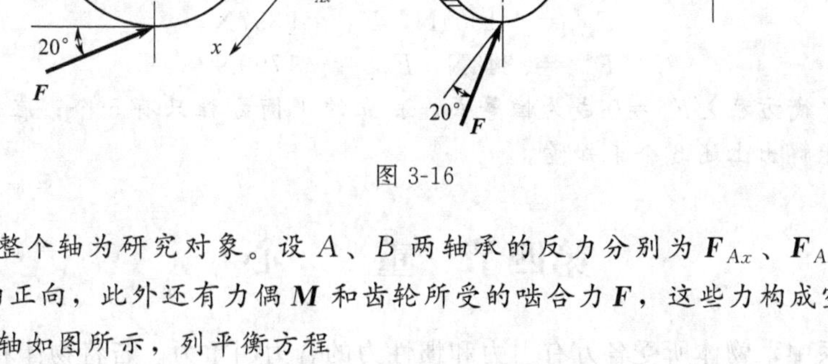

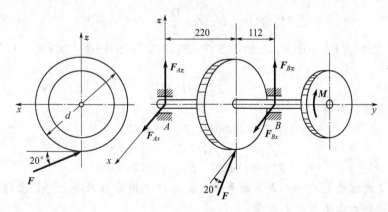

图 3-16

解 ① 取整个轴为研究对象。设 A、B 两轴承的反力分别为 $\boldsymbol{F}_{Ax}$、$\boldsymbol{F}_{Az}$、$\boldsymbol{F}_{Bx}$、$\boldsymbol{F}_{Bz}$，并沿 x、z 轴的正向，此外还有力偶 $\boldsymbol{M}$ 和齿轮所受的啮合力 $\boldsymbol{F}$，这些力构成空间一般力系。

② 取坐标轴如图所示，列平衡方程

$$\sum M_y(\boldsymbol{F})=0, \qquad -M+F\cos20°\times d/2=0$$
$$\sum M_x(\boldsymbol{F})=0, \qquad F\sin20°\times220+F_{Bz}\times332=0$$
$$\sum M_z(\boldsymbol{F})=0, \qquad -F_{Bx}\times332+F\cos20°\times220=0$$
$$\sum F_x=0, \qquad F_{Ax}+F_{Bx}-F\cos20°=0$$
$$\sum F_z=0, \qquad F_{Az}+F_{Bz}+F\sin20°=0$$

联立求解以上各式，得 $F=12.67\text{kN}$，$F_{Bz}=-2.87\text{kN}$，$F_{Bx}=7.89\text{kN}$，$F_{Ax}=4.02\text{kN}$，$F_{Az}=-1.46\text{kN}$

【例 3-5】 在图 3-17(a) 中，皮带的拉力 $F_2=2F_1$，曲柄上作用有铅垂力 $F=2000\text{N}$。已知皮带轮的直径 $D=400\text{mm}$，曲柄长 $R=300\text{mm}$，皮带 1 和皮带 2 与铅垂线间夹角分别为 α 和 β，$\alpha=30°$，$\beta=60°$ [参见图 3-17(b)]，其他尺寸如图所示。求皮带拉力和轴承反力。

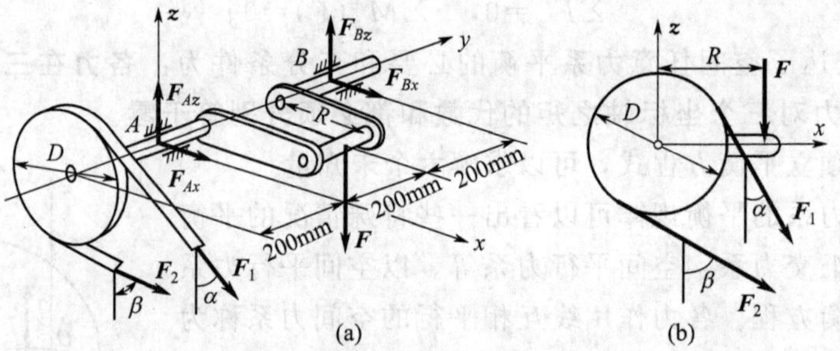

图 3-17

解 以整个轴为研究对象。在轴上作用有皮带的拉力 $\boldsymbol{F}_1$、$\boldsymbol{F}_2$，作用在曲柄上的力 $\boldsymbol{F}$，轴承反力 $\boldsymbol{F}_{Ax}$、$\boldsymbol{F}_{Az}$、$\boldsymbol{F}_{Bx}$ 和 $\boldsymbol{F}_{Bz}$。轴受空间任意力系作用，选坐标轴如图所示，列出平衡方程：

$$\sum F_x=0,\ F_1\sin30°+F_2\sin60°+F_{Ax}+F_{Bx}=0$$
$$\sum F_y=0,\ 0=0$$
$$\sum F_z=0,\ -F_1\cos30°-F_2\cos60°-F+F_{Az}+F_{Bz}=0$$
$$\sum M_x(\boldsymbol{F})=0,\ F_1\cos30°\times200+F_2\cos60°\times200-F\times200+F_{Bz}\times400=0$$
$$\sum M_y(\boldsymbol{F})=0,\ FR-\frac{D}{2}(F_2-F_1)=0$$
$$\sum M_z(\boldsymbol{F})=0,\ F_1\sin30°\times200+F_2\sin60°\times200-F_{Bz}\times400=0$$

又有

$$F_2=2F_1$$

联立上述方程，解得：

$$F_1=3000\text{N},\ F_2=6000\text{N}$$
$$F_{Ax}=-1004\text{N},\ F_{Az}=9397\text{N}$$
$$F_{Bx}=3348\text{N},\ F_{Bz}=-1799\text{N}$$

此题中，平衡方程 $\sum F_y=0$ 成为恒等式，独立的平衡方程只有 5 个；在题设条件 $F_2=2F_1$ 之下，才能解出上述 6 个未知量。

第四节 重 心

在非惯性系中，物体所受各万有引力和惯性力的合力叫重力。若将物体看成由无数的质点组成，由于距离地心较远，诸质点所受的地心引力作用可看成一组空间平行力系，这个力系的合力的大小就是物体的重力。不论物体如何放置，其重力的合力作用线相对于物体总是通过一个确定的点，这个点称为物体的**重心**。在不改变物体形状的情况下，物体的重心与其所在位置和如何放置无关。均匀重力场时，重心等同于物理上的质心（物体的质量中心）。有规则形状、质量分布均匀的物体的重心在它的几何中心上。

一、重心坐标的一般公式

在空间坐标系中，有物体总重量为 P，重心在 C 处。ΔP_i 为组成物体的微元体的重量，其重心位置为 C_i 且 $P=\sum\Delta P_i$。x_c，y_c，z_c是物体重心坐标，x_i，y_i，z_i是 ΔP_i 的重心坐标，如图 3-18 所示。分别对 x、y 轴取矩，根据合力矩定理可推导出物体重心位置坐标 x_c，y_c。再将物体连同坐标轴绕 y 轴转 90°，使 z 轴处于水平位置，对 z 轴取矩，则可得位置坐标 z_c。

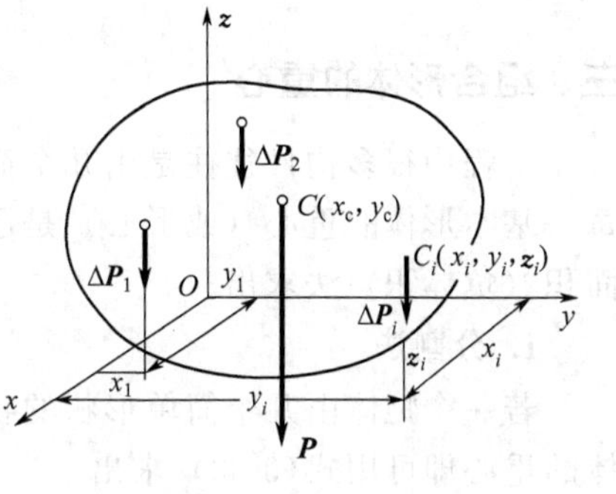

图 3-18

即：

$$-P_{y_c}=-(P_1y_1+P_2y_2+\cdots+P_ny_n)=-\sum P_iy_i$$

$$P_{x_c}=P_1x_1+P_2x_2+\cdots+P_nx_n=\sum P_ix_i$$

$$-P_{z_c}=-(P_1z_1+P_2z_2+\cdots+P_nz_n)=-\sum P_iz_i$$

$$-P_{y_c}=-P_iy_i,\ -P_{x_c}=-P_ix_i,\ -P_{z_c}=-P_iz_i$$

整理可得：

$$x_c=\frac{\sum\Delta P_ix_i}{P},\quad y_c=\frac{\sum\Delta P_iy_i}{P},\quad z_c=\frac{\sum\Delta P_iz_i}{P} \tag{3-32}$$

对于均质物体，若微元体的体积为 ΔV_i，密度为 ρ_i，则 $P_i=\rho_i g\Delta V_i$。其中 $\rho_i=$常量。若物体不仅是均质的，而且是等厚板或壳，有 $\Delta V_i=\Delta A_ih$，h 为厚度，ΔA_i 为微元面积。于是重心（或形心）坐标公式为：

$$x_c=\frac{\sum\Delta A_ix_i}{A},\quad y_c=\frac{\sum\Delta A_iy_i}{A},\quad z_c=\frac{\sum\Delta A_iz_i}{A} \tag{3-33}$$

二、简单几何形体的重心

很多常见的物体往往具有一定的对称性，如具有对称面、对称轴或对称中心，此时，重心必在物体的对称面、对称轴或对称中心上。均质简单几何形体的重心一般可通过积分求得。机械设计手册中，可查得常用基本几何形体的形心位置，表 3-1 列出了其中的几种。

表 3-1 基本形体的形心位置

图　　形	形心位置	图　　形	形心位置
三角形 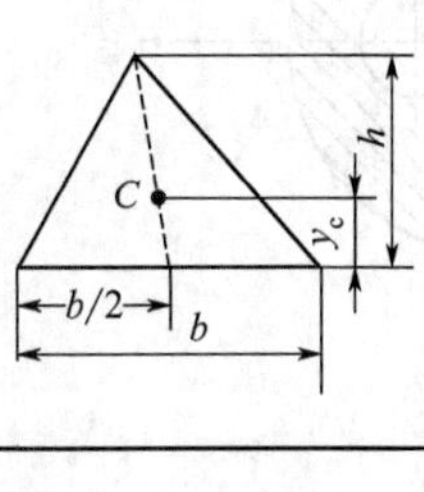	$y_c=\frac{h}{3}$ $A=\frac{1}{2}bh$	抛物线 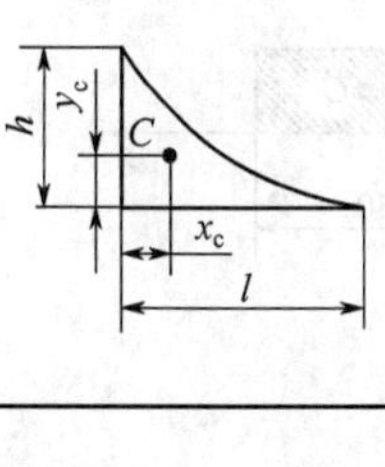	$x_c=\frac{1}{4}l$ $y_c=\frac{3}{10}b$ $A=\frac{1}{3}hl$

续表

图形	形心位置	图形	形心位置
梯形 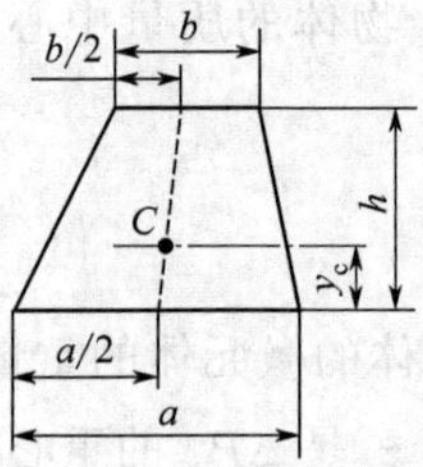	$y_c=\dfrac{h(a+2b)}{3(a+b)}$ $A=\dfrac{h}{2}(a+b)$	扇形 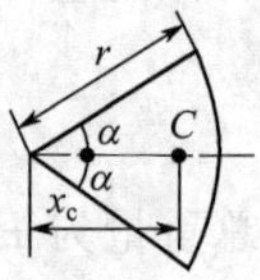	$x_c=\dfrac{2r\sin\alpha}{3\alpha}$ $A=\alpha r^2$ 半圆的 $\alpha=\dfrac{\pi}{2}$ $x_c=\dfrac{r}{3\pi}$

三、组合形体的重心

工程中很多构件往往是由几个简单的基本形体组合而成的，即所谓组合体。若组合体中每一基本形体的重心（或形心）是已知的，则整个组合体的重心（或形心）可用分割法或负面积（负体积）法求出。

1. 分割法

若一个物体由几个简单形状的物体组合而成，而这些物体的重心是已知的，那么整个物体的重心即可用式(3-32) 求出。

【例 3-6】 试求Z形截面重心的位置，其尺寸如图 3-19 所示。

解 将Z形截面看作由Ⅰ、Ⅱ、Ⅲ三个矩形面积组合而成，每个矩形的面积和重心位置可方便求出。取坐标轴如图 3-19。

Ⅰ：$A_1=300\text{mm}^2$，$x_1=15\text{mm}$，$y_1=45\text{mm}$

Ⅱ：$A_2=400\text{mm}^2$，$x_2=35\text{mm}$，$y_2=30\text{mm}$

Ⅲ：$A_3=300\text{mm}^2$，$x_3=45\text{mm}$，$y_3=5\text{mm}$

按式(3-33) 求得该截面重心的坐标 x_c、y_c 为：

$$x_c=\frac{\sum \Delta A_i x_i}{A}=\frac{300\times15+400\times35+300\times45}{300+400+300}=32\ (\text{mm})$$

$$y_c=\frac{\sum \Delta A_i y_i}{A}=\frac{300\times45+400\times30+300\times5}{300+400+300}=27\ (\text{mm})$$

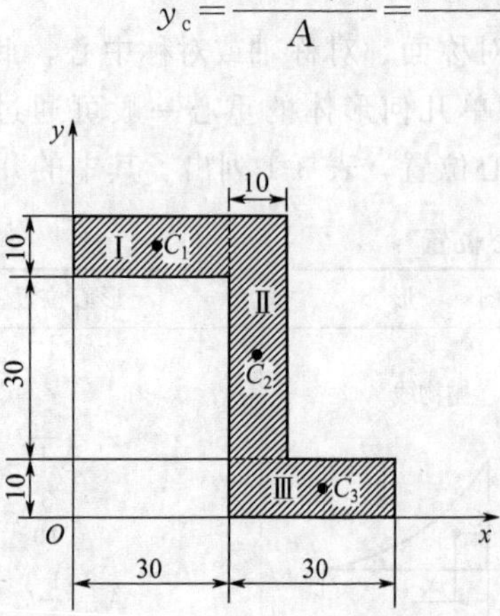

图 3-19

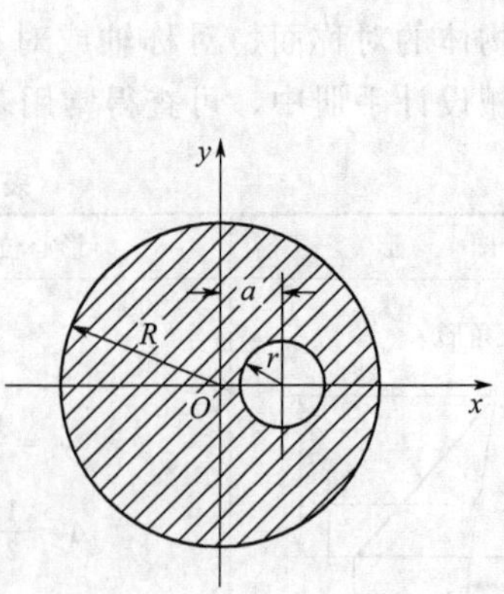

图 3-20

2. 负面积法（负体积法）

若在物体或薄板内切去一部分（例如有空穴或孔的物体），则这类物体的重心，仍可应用与分割法相同的公式来求得，只是切去部分的体积或面积应取负值。今以【例 3-7】说明。

【例 3-7】 求图 3-20 所示图形的形心，已知大圆的半径为 R，小圆的半径为 r，两圆的中心距为 a。

解 取坐标系如图 3-20 所示，因图形对称于 x 轴，其形心在 x 轴上，故 $y_c=0$。

图形可看作由两部分组成，挖去的面积以负值代入，两部分图形的面积和形心坐标为

$$A_1=\pi R^2,\ x_1=y_1=0$$

$$A_2=-\pi r^2,\ x_2=a,\ y_2=0$$

可得：

$$x_c=\frac{A_1x_1+A_2x_2}{A_1+A_2}=\frac{\pi R^2\times 0+(-\pi r^2)\times a}{\pi R^2+(-\pi r^2)}=-\frac{ar^2}{R^2-r^2}$$

小结

1. 空间力系的合成

（1）空间汇交力系合成为一个通过其汇交点的合力，其合力矢为：

$$\boldsymbol{F}_R=\boldsymbol{F}_1+\boldsymbol{F}_2+\cdots+\boldsymbol{F}_n=\sum_{i=1}^{n}\boldsymbol{F}_i$$

（2）空间力偶系合成结果为一合力偶，其合力偶矩矢为：

$$\sum\boldsymbol{M}=\boldsymbol{M}_1+\boldsymbol{M}_2+\cdots+\boldsymbol{M}_n=\sum_{i=1}^{n}\boldsymbol{M}_i$$

（3）空间任意力系向点 O 简化得一个作用在简化中心 O 的力 $\boldsymbol{F}'_R$ 和一个力偶，力偶矩矢为 $\boldsymbol{M}_O$，而：

$$\boldsymbol{F}_R{}'=\sum F'_x\cdot\boldsymbol{i}+\sum F'_y\cdot\boldsymbol{j}+\sum F'_z\cdot\boldsymbol{k}$$

$$\boldsymbol{M}_O=\boldsymbol{M}_1+\boldsymbol{M}_2+\cdots+\boldsymbol{M}_n=\sum_{i=1}^{n}\boldsymbol{M}_i$$

2. 空间任意力系简化的最终结果，列表如表 3-2。

表 3-2 空间任意力系简化的最终结果

主矢	主矩		最后结果	说明
$\boldsymbol{F}'_R=0$	$\boldsymbol{M}_O=0$		平衡	
	$\boldsymbol{M}_O\neq 0$		合力偶	此时主矩与简化中心的位置无关
$\boldsymbol{F}'_R\neq 0$	$\boldsymbol{M}_O=0$		合力	合力作用线通过简化中心
	$\boldsymbol{M}_O\neq 0$	$\boldsymbol{F}'_R\perp\boldsymbol{M}_O$	合力	合力作用线离简化中心 O 的距离为 $d=\frac{\lvert\boldsymbol{M}_O\rvert}{F'_R}$
		$\boldsymbol{F}'_R/\!/\boldsymbol{M}_O$	力螺旋	力螺旋的中心轴通过简化中心
		$\boldsymbol{F}'_R$ 与 $\boldsymbol{M}_O$ 成 α 角	力螺旋	力螺旋的中心轴离简化中心 O 的距离为 $d=\frac{\boldsymbol{M}_O\sin\alpha}{R'}$

3. 空间任意力系的平衡方程

空间汇交力系和空间平行力系可以看成是空间任意力系的特殊情况，它们的平衡方程可从以下六个方程中导出。

$$\sum F_x=0,\ \sum M_x(\boldsymbol{F})=0$$
$$\sum F_y=0,\ \sum M_y(\boldsymbol{F})=0$$
$$\sum F_z=0,\ \sum M_z(\boldsymbol{F})=0$$

4. 重心

重心是物体重力合力的作用点，重心公式可由合力矩定理导出。对于均质物体来说，重心与几何形状的中心（形心）是重合的，所以求均质物体重心位置即求其形心的坐标。

$$x_c=\frac{\sum \Delta P_i x_i}{P},\ y_c=\frac{\sum \Delta P_i y_i}{P},\ z_c=\frac{\sum \Delta P_i z_i}{P}$$

思考题

3-1　如图所示已知一正方体，各边长 a，沿对角线 BH 作用一个力 $\boldsymbol{F}$，则该力在 x、y、z 轴上的投影 $\boldsymbol{F}_x$、$\boldsymbol{F}_y$、$\boldsymbol{F}_z$ 是多少？

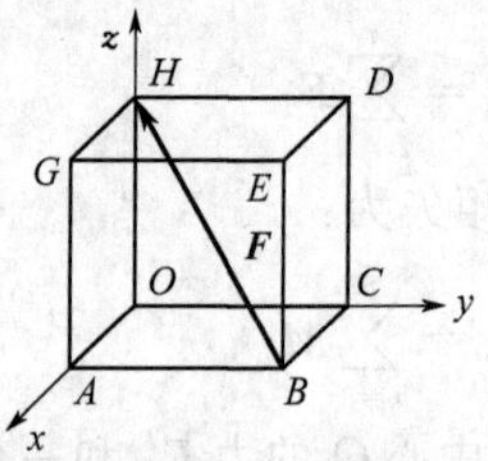

思考题 3-1 图

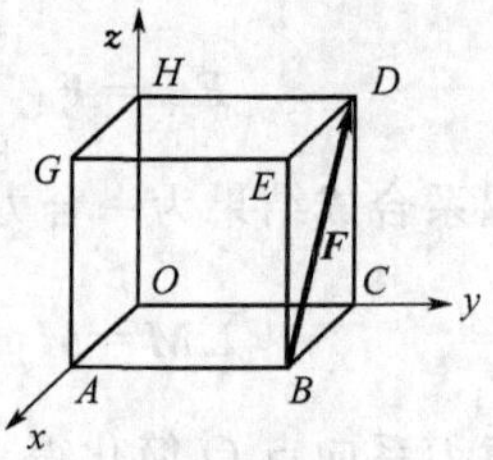

思考题 3-2 图

3-2　如图，已知一正方体，各边长 a，沿对角线 BD 作用一个力 $\boldsymbol{F}$，则该力对对 x、y、z 轴的矩 $\boldsymbol{M}_x$、$\boldsymbol{M}_y$、$\boldsymbol{M}_z$ 是多少？

3-3　空间力对点之矩矢为 $\boldsymbol{M}_O(\boldsymbol{F})=\boldsymbol{r}\times\boldsymbol{F}$，当力 $\boldsymbol{F}$ 沿其作用线滑动时，则力 $\boldsymbol{F}$ 对原来点的矩矢改变吗？为什么？

3-4　下述各空间力系中，独立的平衡方程的个数分别是几个？

① 各力的作用线都通过某一点。

② 各力的作用线都垂直于某一固定平面。

③ 各力的作用线都通过两个固定点。

④ 各力的作用线位于某一固定平面相平行的平面内。

⑤ 各力的作用线为任意位置。

3-5　若空间力系对某两点 A、B 的力矩为零，即 $\sum\limits_{i=1}^{n}\boldsymbol{M}_A(\boldsymbol{F}_i)=0$，$\sum\limits_{i=1}^{n}\boldsymbol{M}_B(\boldsymbol{F}_i)=0$，则此力矩方程可以得到六个对轴的力矩方程，此力系平衡吗？

习题

3-1 如图，正方形匀质平板的重量为 18kN，其重心在 O 点。平板由三根绳子悬挂于 A、B、C 三点并保持水平。试求各绳所受的拉力。

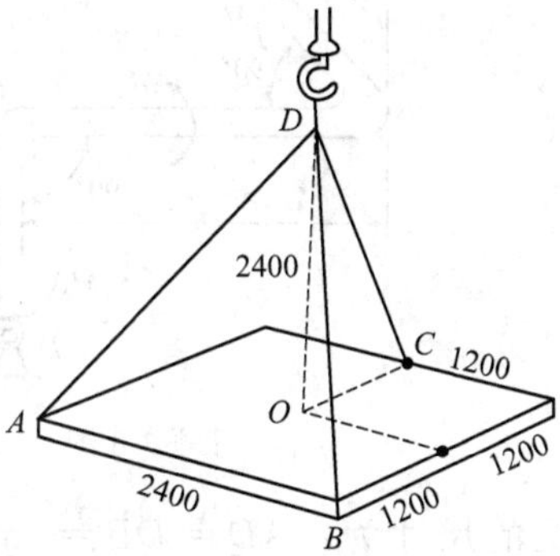

习题 3-1 图

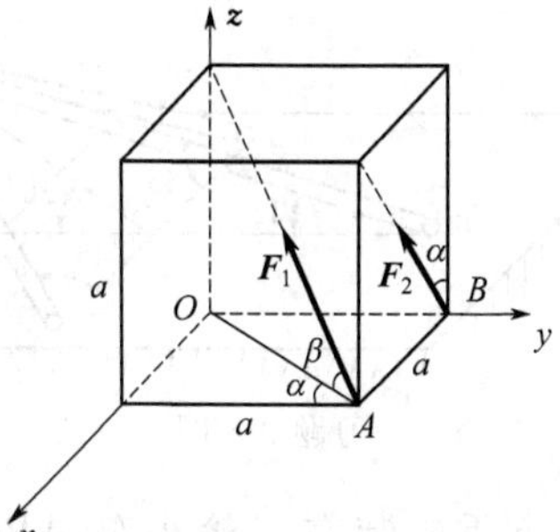

习题 3-2 图

3-2 正方体的边长为 a，在其顶角 A 和 B 处分别作用力 $\boldsymbol{F}_1$ 和 $\boldsymbol{F}_2$，如图所示。求此两力在 x，y，z 轴上的投影和对 x，y，z 轴的矩。

3-3 图所示三圆盘 A、B 和 C 的半径分别为 150mm、100mm 和 50mm。三轴 OA、OB 和 OC 在同一平面内，$\angle AOB$ 为直角。在这三圆盘上分别作用力偶，它们的大小分别等于 10N、20N 和 F。不计物系重量，求能使此物体平衡的力 $\boldsymbol{F}$ 的大小和角 θ。

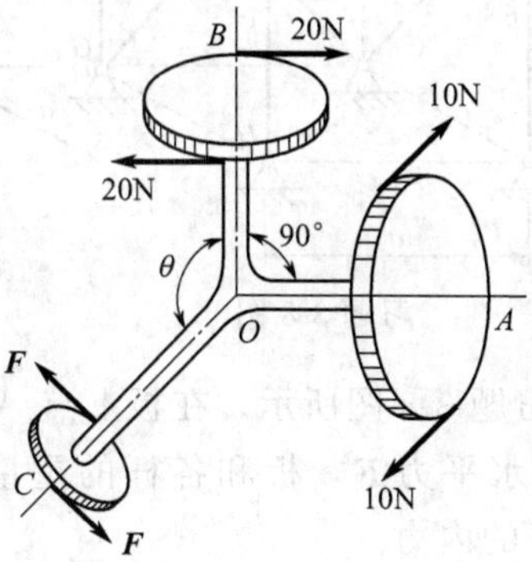

习题 3-3 图

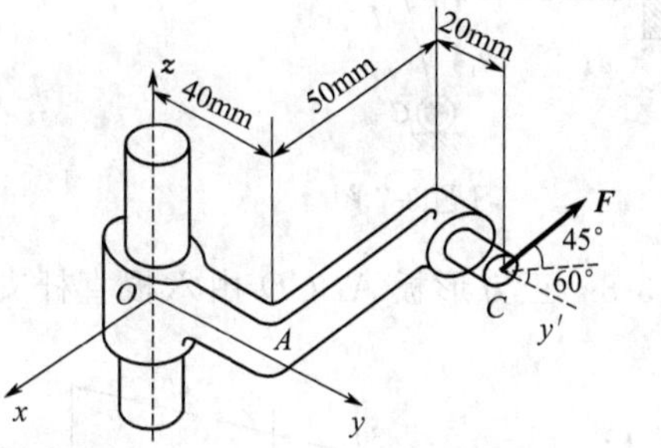

习题 3-4 图

3-4 托架 A 套在转轴 z 上，在点 C 作用一力 $F=2000$N。图中点 C 在 Oxy 平面内，$\boldsymbol{F}$ 与 Oxy 面夹角为 45°，Cy 平行于 Oy，且 $\boldsymbol{F}$ 在 Oxy 面的投影与 Cy 夹角为 60°。尺寸如习题 3-4 图所示，试求力 $\boldsymbol{F}$ 对 x，y，z 轴之矩。

3-5 空间构架由三根无重直杆构成，D 端为求铰链有重物作用，物重 $P=10$kN。A、B 和 C 端则用球铰链固定在水平地板上。各杆角度如图所示。试求 CD、AD 和 BD 三个杆所受的内力。

3-6 无重曲杆 $ABCD$，$\angle B$、$\angle C$ 为直角，且平面 ABC 与平面 BCD 垂直。杆的 D 端

为球铰支座，A 端受轴承支持，如习题 3-6 图所示。在曲杆上作用三个力偶，力偶所在平面分别垂直于 AB、BC 和 CD 三段杆的轴线。已知力偶矩 $\boldsymbol{M}_2$ 和 $\boldsymbol{M}_3$，求使曲杆处于平衡的力偶矩 $\boldsymbol{M}_1$ 和支座反力。

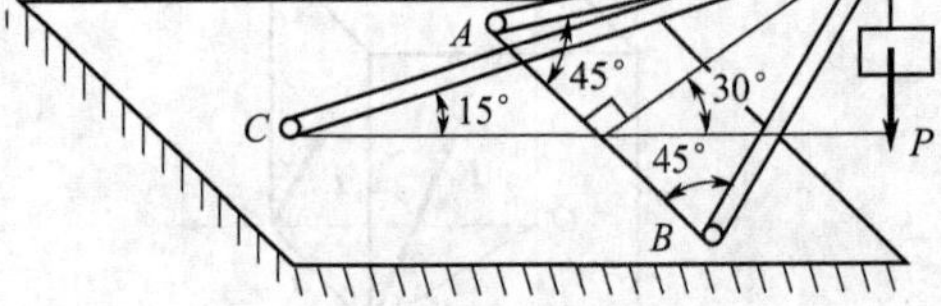

习题 3-5 图

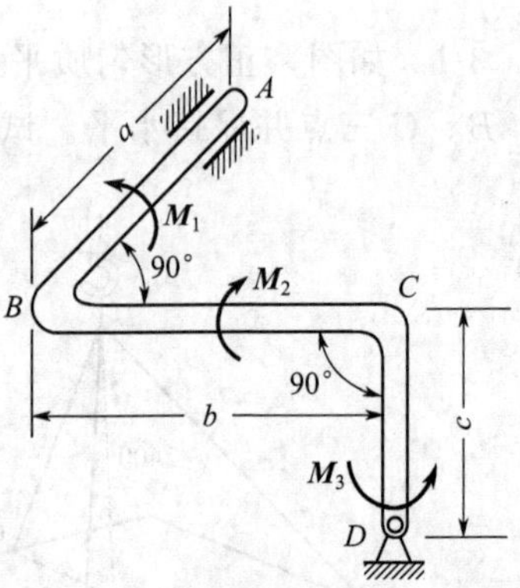

习题 3-6 图

3-7　起重机装在三轮小车 ABC 上。已知起重机的尺寸为：$AD=DB=1\text{m}$，$CD=1.5\text{m}$，$CM=1\text{m}$，$KL=4\text{m}$。机身连同平衡锤 $\boldsymbol{F}$ 共重 $P_1=100\text{kN}$，作用在 G 点，G 点在平面 MNF 之内，到机身轴线 MN 的距离 $GH=0.5\text{m}$，如图所示。所举重物 $P_2=30\text{kN}$。求当起重机的平面 LMN 平行于 AB 时车轮对轨道的压力。

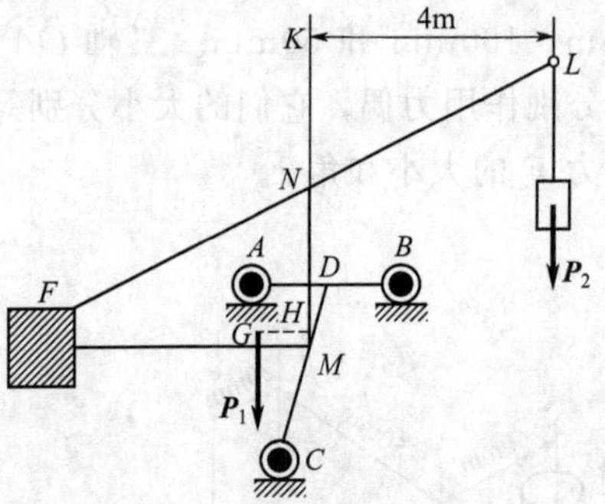

习题 3-7 图

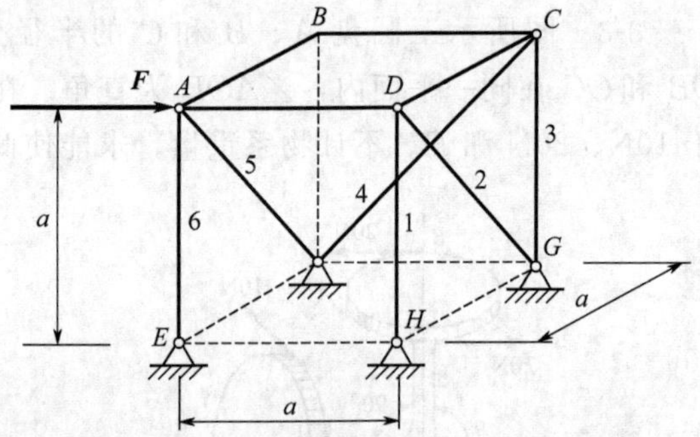

习题 3-8 图

3-8　正方形板 $ABCD$ 由六根直杆支撑，各杆尺寸如习题 3-8 图所示。在板上点 A 处沿 AD 边作用水平力 $\boldsymbol{F}$，板和各杆的重量都不计。求各杆的内力。

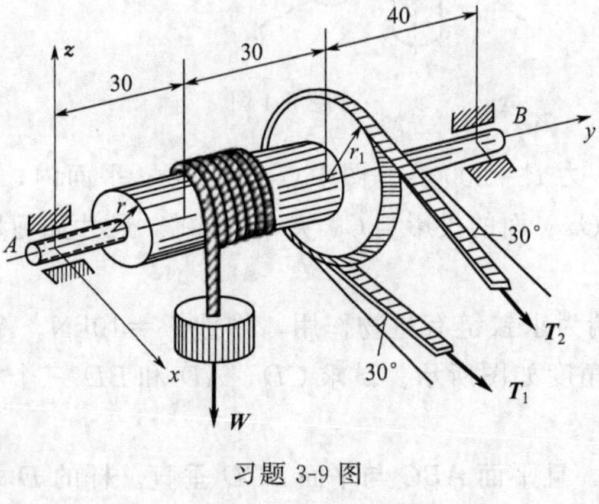

习题 3-9 图

3-9　如图所示圆柱重 $W=10\text{kN}$，用电机链条传动而匀速提升。链条两边都和水平方向成 30°角。已知鼓轮半径 $r=10\text{cm}$，链轮半径 $r_1=20\text{cm}$，链条主动边（紧边）的拉力 $\boldsymbol{T}_1$ 大小是从动边（松边）拉力 $\boldsymbol{T}_2$ 大小的 2 倍。若不计其余物体重量，求向心轴承 A 和 B 的约束力和链的拉力大小（图中长度单位 cm）。

3-10　求对称工字形钢截面的重心，尺

寸如习题 3-10 图所示。

3-11　求物体的重心，尺寸如习题 3-11 图所示。

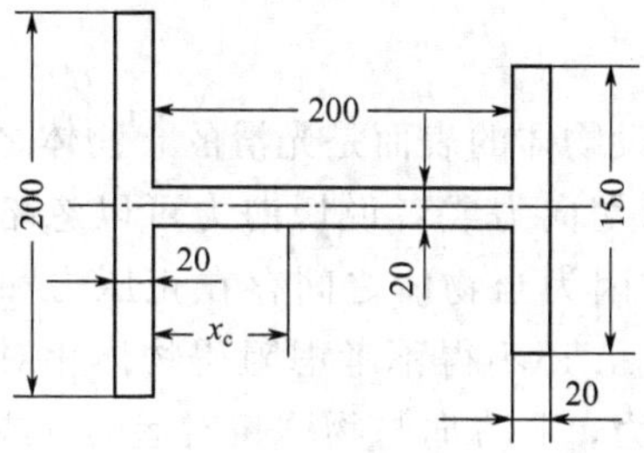

习题 3-10 图

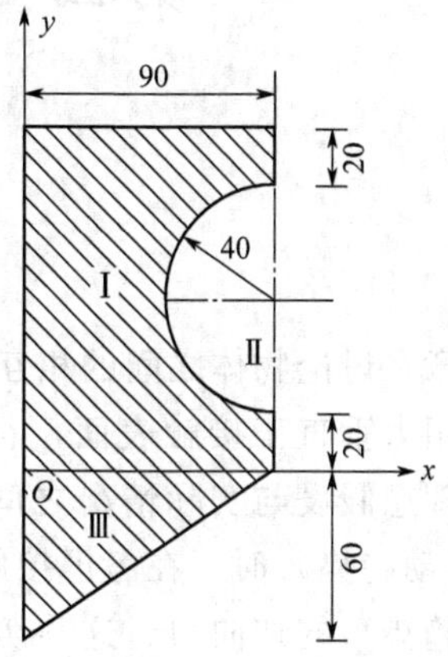

习题 3-11 图

第四章 摩 擦

前几章在讨论物体之间的相互作用时，常常假设物体的表面是光滑的，物体之间的作用力和反作用力垂直于接触表面，且接触表面上没有切向力或者说切向力可以忽略不计。但是，这个理想假设与实际情况之间存在一点偏差，因为当物体之间存在正压力和相对运动（或相对运动趋势）时，在考虑接触面正应力的同时，还不得不考虑阻碍物体相对运动（或相对运动趋势）的切向力。这种切向力就叫做**摩擦力**，其方向与物体相对运动（或相对运动趋势）的方向相反。

摩擦是自然界中普遍存在的现象之一，它在人类生活中的许多方面起着重要作用。例如，对于某些类型的机器和部件，希望摩擦力的阻碍效果最小化，希望降低能耗、减小磨损、提高精度等，如动力传输齿轮、管道运输、车削加工机械等；在某些情况下，希望摩擦力的效果最大化，如动力传输皮带、刹车盘等。此外，在特定情况下摩擦力还要根据需要实现优化组合，如汽车轮胎与地面之间摩擦力既是驱动力和制动力，也是汽车运行的阻力。我们研究摩擦的目的，就是要利用其有利的一面，减小或限制不利的一面。

根据发生的情况和状态，摩擦一般可分为以下几种。

① **干摩擦**：当两固体间直接接触时是干摩擦；

② **湿摩擦**：固体间存在液体时是湿摩擦；

③ **流体摩擦**：当流体（液体或气体）中相邻层以不同速度运动时是流体摩擦，如石油管道内壁的石油附着层与流动的石油之间存在速度差而产生摩擦；

④ **内摩擦（内耗）**：所有固体材料在承受循环载荷时，都会发生有限的弹性变形或塑性变形，伴随着这种变形在材料内部必然会产生的摩擦叫做内摩擦，如高速行驶汽车轮胎发生内摩擦产生大量的热会导致爆胎。

干摩擦是日常生活中最常见的摩擦形式，也是研究其他种类摩擦的基础，因此在刚体静力学中主要学习干摩擦。

第一节 摩 擦 力

在固体水平面放置一重量为 G 的物块，并在该物块上加一水平方向的力 $\boldsymbol{P}$，力 $\boldsymbol{P}$ 的大小由 0 逐渐增加到可使物块发生滑动并获得一定的速率，如图 4-1(a) 所示。假设接触面不是完全光滑的，物块受到重力 $\boldsymbol{G}$、水平面的支持力 $\boldsymbol{F}_N$和水平力 $\boldsymbol{P}$ 之外，还不可避免地受到水平的摩擦力 $\boldsymbol{F}_S$，那么就可以得到这个自由体的受力图［图 4-1(b)］。图 4-1(c) 是接触面的放大示意图，可以帮助我们在视觉上理解摩擦的产生。

如果我们在实验过程中，把摩擦力 $\boldsymbol{F}_S$作为水平力 $\boldsymbol{P}$ 的一个函数，并记录下这两个力的大小，就可以获得水平力 $\boldsymbol{P}$ 与摩擦力 $\boldsymbol{F}_S$之间的关系图，如图 4-1(d)。开始当 $\boldsymbol{P}$ 等于 0 时，

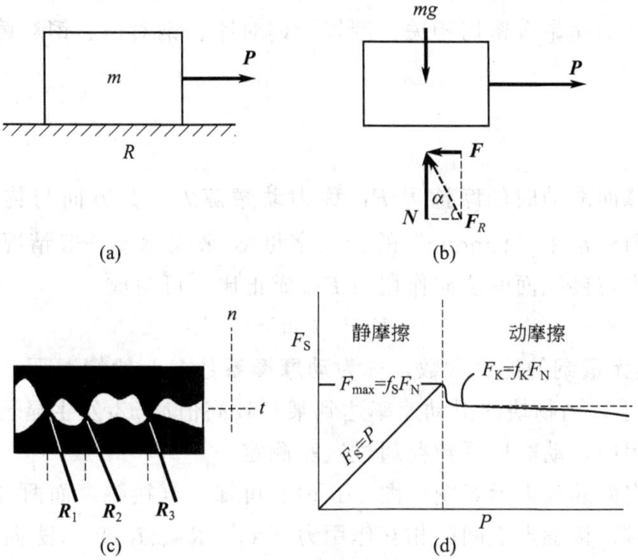

图 4-1

$\boldsymbol{F}_S$也等于 0；随着 $\boldsymbol{P}$ 的增加，摩擦力 $\boldsymbol{F}_S$也随之增加，且两者大小相等 $F_S=P$，这时物块仍保持相对静止，为平衡状态；当物块达到滑动的临界状态时，摩擦力也达到最大值 $F_{\max}$；当物块开始滑动后，摩擦力 $\boldsymbol{F}_S$突然发生轻微的下降而转为动摩擦力 $\boldsymbol{F}_K$。这里的 $\boldsymbol{F}_{\max}$和 $\boldsymbol{F}_K$将在下一节中详细讲解。

显然，在发生相对运动前后摩擦力的变化规律是截然不同的。因此，干摩擦问题又可分为：①到达滑动的临界状态之前，物块未发生相对运动时称为**静摩擦**，这时物块处于平衡状态；②到达滑动的临界状态之后，有相对运动发生时称为**动摩擦**。

一、静滑动摩擦

一静置在水平面上的物块（重量为 G）受到可变的水平力 $\boldsymbol{P}$ 的作用（图 4-2）。当 $\boldsymbol{P}$ 由小到大逐渐增加而不超过某一临界值时，由于实际接触面并非理想光滑，物块始终保持静止，只是沿力 $\boldsymbol{P}$ 的方向有滑动的趋势。根据水平方向力的平衡条件可知，在接触面之间必然存在一个阻碍物块运动的切向力 $\boldsymbol{F}_S$，力 $\boldsymbol{F}_S$ 称为**静摩擦力**或**静滑动摩擦力**。这时的物块并未发生相对运动，因此静摩擦力的下角标常用"Static"的开头字母 S 来表示。$\boldsymbol{F}_S$ 的大小与水平力 $\boldsymbol{P}$ 相等，但方向相反，即与物块的运动趋势相反。若 $\boldsymbol{P}$ 继续增加，静摩擦力达到一最大值 $F_{\max}$后物块将开始滑动，图 4-1(d)中的竖直虚线也就成为静摩擦力转变为动摩擦力的分界线，$F_{\max}$称为**最大静摩擦力**。当摩擦力等于 $F_{\max}$时，称物块处于**临界平衡状态**。

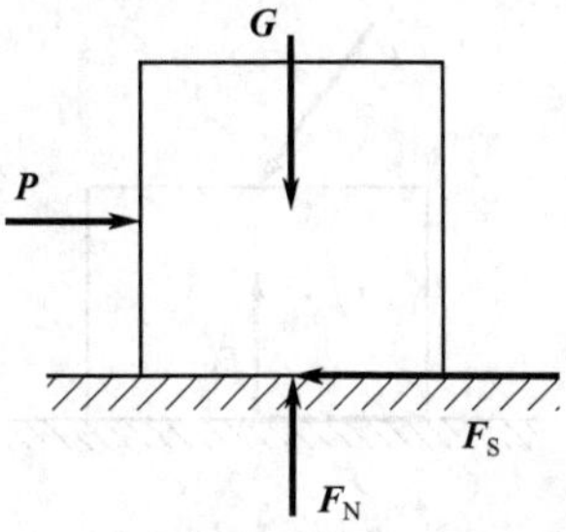

图 4-2

1781 年，法国学者库伦（Coulomb）通过大量的实验概括出关于静摩擦力的最大值定律：**静摩擦力的最大值 $\boldsymbol{F}_{\max}$与法向作用力 $\boldsymbol{F}_N$ 成正比**。可写成：

$$F_{\max}=f_S F_N \tag{4-1}$$

式中的 f_S是无量纲的比例常数，称为静摩擦系数。目前，摩擦系数必须经过实验测定并载于工程手册，没有办法通过计算得到，它与接触物体的材料、接触面的粗糙度、温度、湿度和物体相对运动的速率等密切相关。例如，钢对冰、钢对钢、钢对铸铁的摩擦系数分别为 0.03、0.15 和 0.3。

二、动滑动摩擦

当物块沿着支撑面滑动时的摩擦力 $\boldsymbol{F}_K$ 称为**动摩擦力**，其方向与物块相对运动方向相反，动摩擦力的下角标常用“Kinetic”的开头字母 K 来表示。一般情况下，动摩擦力小于最大静摩擦力，它也与接触面的法向作用力 $\boldsymbol{F}_N$ 成正比。可写成：

$$F_K = f_K F_N \tag{4-2}$$

式中的 f_K 也是无量纲的比例常数，称为**动摩擦系数**。一般情况下，随着物块滑动速率的增加，f_K 略有减小，当物块的滑动速率达到某一较高值后 f_K 发生显著下降［图 4-1(d)］。因此在实际工程应用中，动摩擦系数要通过实验测定。

根据接触物体表面的放大示意图［图 4-1(c)］可知，当接触表面两者的粗糙度（表面几何特征）发生变化时，接触点之间的相互作用力（$\boldsymbol{R}_1$、$\boldsymbol{R}_2$、$\boldsymbol{R}_3$）与法向方向 n 之间的夹角也会发生变化，这会导致这些力在水平方向上的合力也发生变化。因此，摩擦系数反映了接触面双方的粗糙度，不能认为摩擦系数是属于某一物体的。

第二节 摩擦角及自锁

一、摩擦角及自锁

一重量忽略不计的物块静置于一水平面上，受到一斜向下方的力 $\boldsymbol{F}$［图 4-3(a)］。由于物块处于静止状态，水平面对物块的支撑力可以表示为支撑面法向反力 $\boldsymbol{F}_N$ 和切向反力的合力［图 4-3(b)］，即 $\boldsymbol{F}_R = \boldsymbol{F}_S + \boldsymbol{F}_N$，称为**总反力**。总反力与支撑面的法线之间的夹角为 φ，可知 $\tan\varphi = F_S / F_N$。

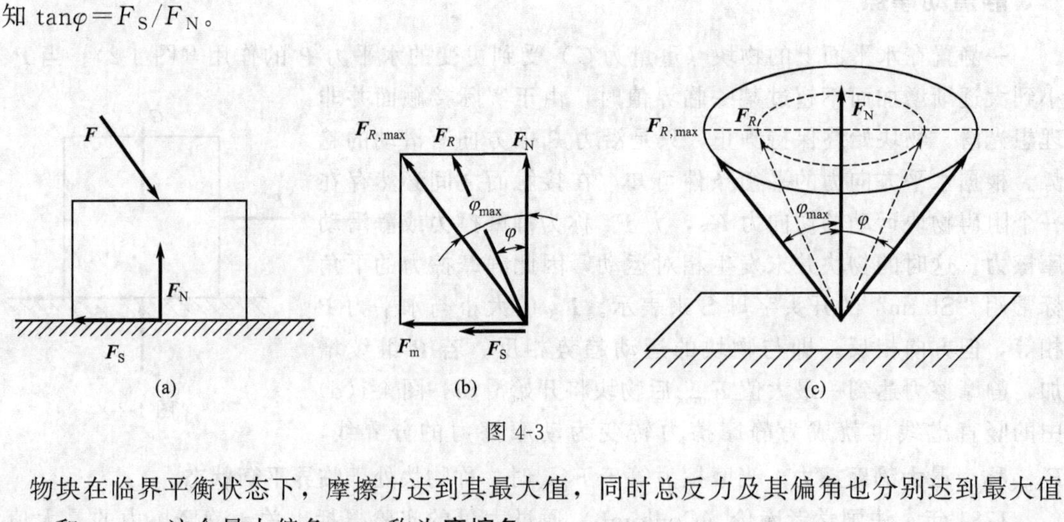

图 4-3

物块在临界平衡状态下，摩擦力达到其最大值，同时总反力及其偏角也分别达到最大值 $F_{R,\max}$ 和 $\varphi_{\max}$，这个最大偏角 $\varphi_{\max}$ 称为**摩擦角**。

$$\tan\varphi_{\max} = \frac{F_{\max}}{F_N} = \frac{f_S F_N}{F_N} = f_S \tag{4-3}$$

由式(4-3) 可知，**摩擦角的正切等于摩擦系数**。显然，摩擦角的大小与外力的大小无关，它是由物块和支撑面之间的摩擦系数决定的。

在临界平衡状态下，改变外力在支撑面上投影的方向，则摩擦力 $\boldsymbol{F}_S$ 和总反力 $\boldsymbol{F}_R$ 的方向也随之改变。若外力绕接触点的法线转一圈，总反力 $\boldsymbol{F}_R$ 的作用线也将绕支撑面的法线转一圈并形成以接触点为顶点的锥面，这个锥面成为**摩擦锥**［图 4-3(c)］。若物块和支撑面为各向同性，那么各方向的摩擦角 φ_{max} 也应该相同。这时摩擦锥应是一个顶角为 $2\varphi_{max}$ 的圆锥面。

若想保持物块处于平衡状态，摩擦力就不能大于 F_{max}，即 $F_S \leqslant F_{max}$。根据平衡方程可得

$$0 \leqslant \varphi \leqslant \varphi_{max} \tag{4-4}$$

由于摩擦锥的这一性质，可得到如下重要结论：**如作用于物体的全部主动力的合力作用线在作用点处摩擦锥之外，则不论这个力怎么小，物体都不能保持平衡；反之，如主动力的合力作用线在摩擦锥之内，则不论这个力怎么大，物体总能处于平衡状态**。后一现象称为**自锁**。自锁现象被广泛应用于日常生活中，如汽车上的螺杆式千斤顶、楔子等。

二、影响摩擦的因素

进一步的实验表明，摩擦力与接触面的投影面积之间没有必然的联系。真实的接触面积要远远小于投影面积，因为仅仅接触表面较突出的部分承受了载荷。即使较小的法向作用力，仍然会导致接触点产生巨大的应力。随着法向作用力的增加，真实的接触面积也随着增加，同时接触点的材料伴随发生了材料屈服、破碎和撕裂等现象。

到目前为止，不能完全从机械的角度来全面解释干摩擦理论。例如，有研究表明，在物质如此近距离接触的条件下，分子引力也会成为影响摩擦的重要因素。影响干摩擦的因素还有在接触点位置产生的局部高温和黏附、接触面的相对硬度以及物体表面的氧化薄膜和污垢等。

第三节　考虑摩擦时物体系统的平衡问题

【例 4-1】 一重量为 200kg 的物块被放置在倾角为 30°的斜面上，经过定滑轮该物块与一质量为 m_0 的重物相连接，如图 4-4 所示。若要保证物块在斜面上既不向上滑动，也不向下滑动。试求重物 m_0 的质量范围。已知物块与斜面之间的摩擦系数为 0.3。

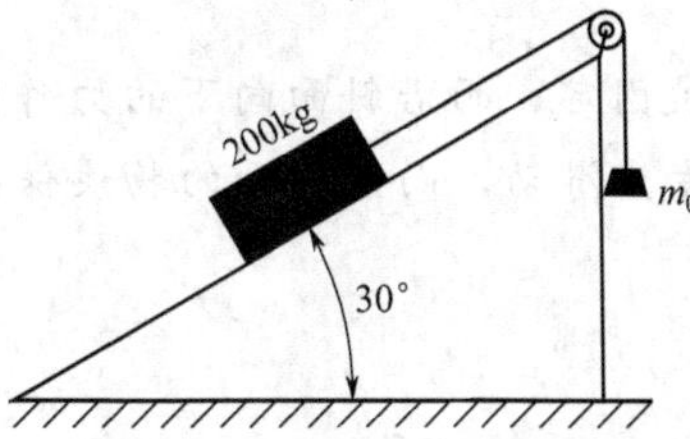

图 4-4

解　由题可知，物块可能存在向上和向下滑动两种可能。当物块处于向上或向下运动的临界状态时，与之相对应 m_0 分别达到最大值（$m_{0,max}$）和最小值（$m_{0,min}$）。因此可将问题分为滑动趋势向上和向下两种情况进行分析。已知物块的质量为 200kg，则其重量 $mg=200\times9.8=1960$N。

情况 1：滑动趋势向上时，摩擦力的方向与运动趋势方向相反，其受力分析图为图 4-5(a)，根据平衡方程

$$\sum F_y=0 \qquad N-1960\times\cos30°=0 \qquad N=1697.4\text{N}$$

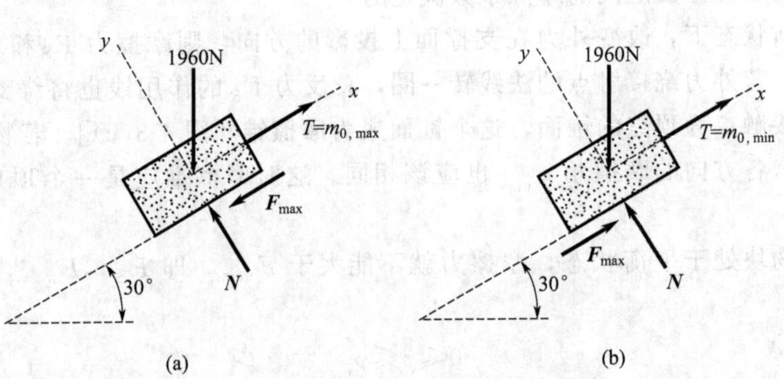

图 4-5

$$F_{max}=f_S\times N \qquad F_{max}=0.3\times1697.4=509.2\text{N}$$

$$\sum F_x=0 \qquad \sum F_x=m_{0,max}g-1960\times\sin30°-509.2=0 \qquad m_{0,max}=152\text{kg}$$

可得，重物 m_0 的最大值为 152kg。

情况 2：滑动趋势向下时，摩擦力的方向与运动趋势方向相反，其受力分析图为图 4-5(b)，根据平衡方程

$$\sum F_x=0 \qquad \sum F_x=m_{0,min}g-1960\times\sin30°+509.2=0 \qquad m_{0,min}=48\text{kg}$$

因此，重物 m_0 的质量范围为 48kg 和 152kg 之间。

【例 4-2】 三个质量分别为 30kg、50kg 和 40kg 的物块被放置在角度为 30°的斜面上，如图 4-6 所示。平行于斜面的力 ***P*** 作用于第二块物块上。为防止滑移，用绳索将最上方物块与固定支撑连接。各物块之间以及物块与斜面之间的摩擦系数如图中所示。若要保证所有物块不发生滑移，则力 ***P*** 的最大值是多少。

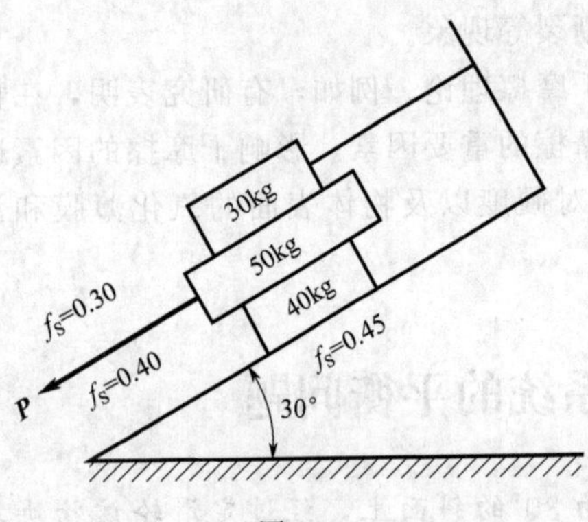

图 4-6

解　将每个物块看做一个自由体，考虑到摩擦力的方向与物块的滑动趋势相反，由上至下逐一画出每个物块的受力分析图，并为了简化问题建立与斜面平行的坐标系如图 4-7 所示。由于最上面的物块被固定，而沿斜面向下的力作用在中间的物块上，因此滑动只能有两种方式：①中间的物块发生滑动，而最下面的物块保持不动；②中间和最下面的物块一起滑动。

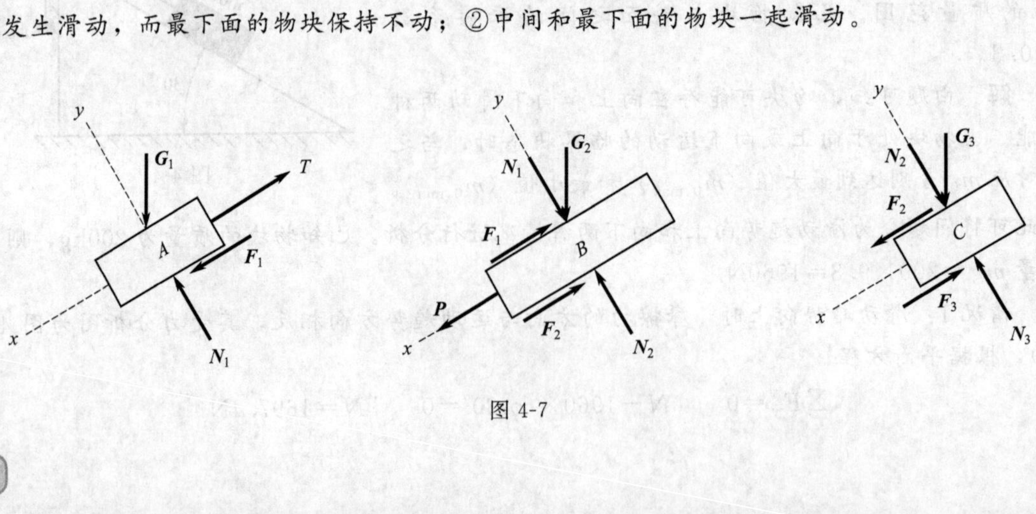

图 4-7

根据法向力（y 方向）的平衡条件$\sum F_y=0$，分别可得：

$$N_1-30\times9.8\times\cos30°=0 \qquad N_1=255\text{N} \tag{a}$$

$$N_2-N_1-50\times9.8\times\cos30°=0 \qquad N_2=680\text{N} \tag{b}$$

$$N_3-N_2-40\times9.8\times\cos30°=0 \qquad N_3=1019\text{N} \tag{c}$$

根据公式 $F_{max}=f_SN$ 可知

$$F_{1,\max}=0.3N_1=76.5\text{N} \quad F_{2,\max}=0.4N_2=272\text{N} \quad F_{3,\max}=0.45N_3=459\text{N} \tag{d}$$

情况 1：假设仅中间滑块处于滑动临界状态，则其上下表面的摩擦力都达到了最大值，根据$\sum F_x=0$ 可得

$$P-76.5-272+50\times9.8\times\sin30°=0 \qquad P=103.1\text{N}$$

根据最下面物块的平衡条件$\sum F_x=0$ 可得

$$F_3-272-40\times9.8\times\sin30°=0$$

由于计算结果 $F_3=468$N 大于最下面物块与斜面之间的最大摩擦力 $F_{3,\max}$，说明当 $P=103.1$N 时，最下面的物块与斜面之间的摩擦力不足约束滑动，体系的临界平衡状态已经破坏。

情况 2：根据最下面物块的受力分析图和平衡条件可得

$$\sum F_x=0 \quad F_3-F_2-40\times9.8\times\sin30°=0 \quad F_2=263\text{N}<F_{2,\max}$$

在根据中间物块的受力分析可得

$$\sum F_x=0 \qquad -P+F_1+F_2+50\times9.8\times\sin30°=0 \quad P=93.8\text{N}$$

那么，当 $P=93.8$N 时下面的两个物块成为一体处于滑动临界状态。

【例 4-3】 如图 4-8(a)，宽 a、高 H 的矩形柜放置在水平地面上。柜重 G、重心 C 在其几何中心（高度 $H/2$ 处）。柜与地面间的静摩擦和动摩擦系数分别为 f_S和 f_K。在柜的侧面施加水平向右的力 $\boldsymbol{F}$。①若柜子保持静止，求地面的约束反力；②水平力 $\boldsymbol{F}$ 的作用点高度可变，若要保证柜子滑动而不翻倒，求 h 的最大值。

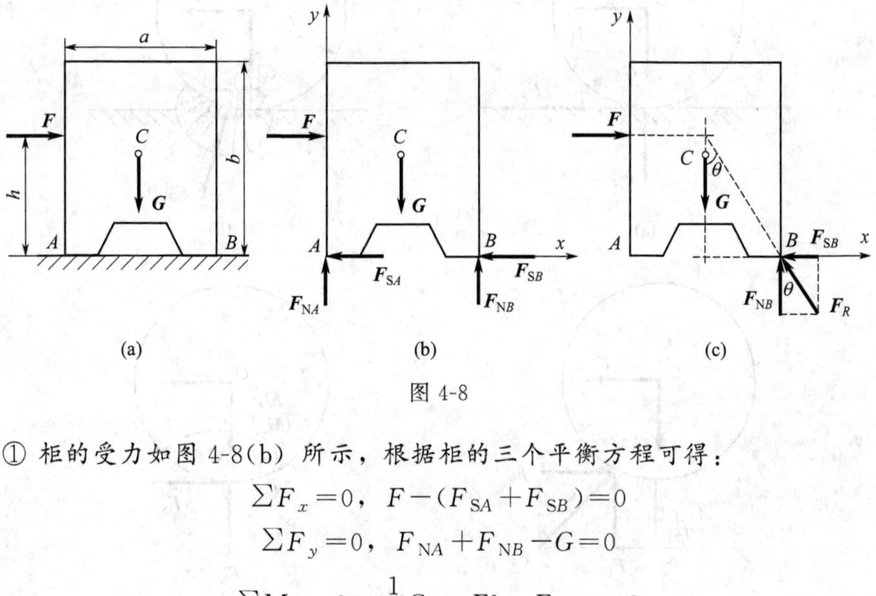

图 4-8

解 ① 柜的受力如图 4-8(b) 所示，根据柜的三个平衡方程可得：

$$\sum F_x=0,\ F-(F_{SA}+F_{SB})=0 \tag{a}$$

$$\sum F_y=0,\ F_{NA}+F_{NB}-G=0 \tag{b}$$

$$\sum M_B=0,\ \frac{1}{2}Ga-Fh-F_{NA}a=0 \tag{c}$$

由式(c) 和式(b) 求得：

$$F_{NA}=\frac{G}{2}-\frac{Fh}{a}，F_{NB}=\frac{G}{2}+\frac{Fh}{a}$$

根据平衡方程（a）只能求出 $F_{SA}+F_{SB}=F$，而不能把这两个力分别解出。从这一点上说，问题是静不定的。

② 假设柜子既处于翻倒滑动的临界状态，受力如图 4-8(c) 所示。柜子的底面 B 点受到的法向支撑力 $\boldsymbol{F}_{NB}$ 和摩擦力 $\boldsymbol{F}_{SB}$ 就可以用合力 $\boldsymbol{F}_R$ 来表示。那么，重力 $\boldsymbol{G}$、水平力 $\boldsymbol{F}$ 和地面约束力 $\boldsymbol{F}_R$ 这三者必汇交于一点，如图 4-8(c)。根据几何关系可得：

$$\tan\theta=f_S=\frac{a/2}{h}h=\frac{a}{2f_S}$$

因此，h 的最大值为 $\frac{a}{2f_S}$，使其能够保证柜子滑动而不翻倒。

第四节 滚动摩擦

假设一个承受载荷 $\boldsymbol{G}$ 的滚子静置在一个不光滑的水平面上，然后在滚子的中心施加一可变的水平力 $\boldsymbol{F}$［图 4-9(a)］。经验告诉我们，如果 $\boldsymbol{F}$ 较小的话，滚子不能发生滚动，仍然是静止状态。由水平方向力的平衡条件可知，滚子与地面之间必有一摩擦力，其方向与滚动方向或滚动趋势的方向相反，且大小相等。然而，在主动力 $\boldsymbol{F}$ 和摩擦力 $\boldsymbol{F}_S$ 组成的力偶作用下，滚子并未转动，这说明滚子与支撑面之间除了滑动摩擦力外必然存在另一力偶阻碍滚子发生转动，这个力偶就是**滚阻力偶**，常用 $\boldsymbol{M}_r$ 来表示，它是物体与支撑面之间的接触点处受力发生变形而产生的。

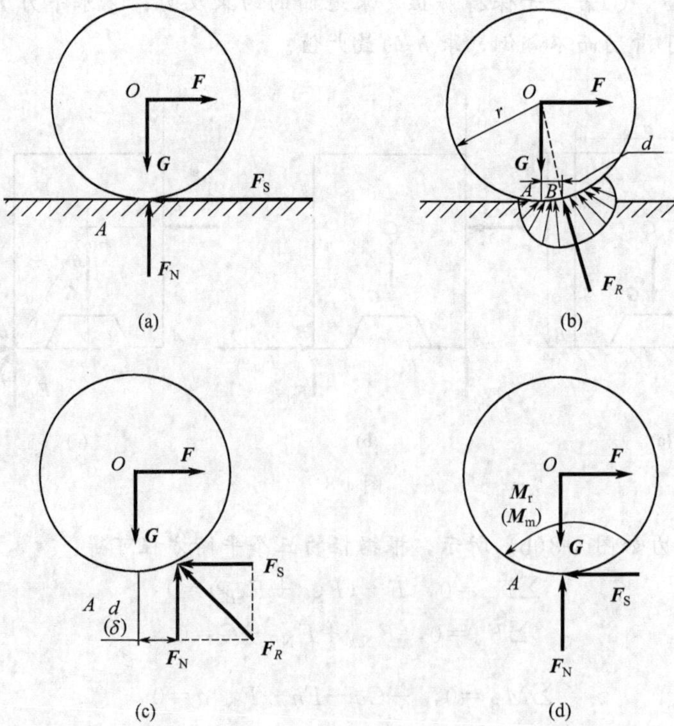

图 4-9

如图 4-9(b) 所示，滚子和支撑面之间的接触面由于形变而产生了非均匀分布的压强 P，其合力 $\boldsymbol{F}_R$ 的作用点并不在滚子表面的最低点 A，而是向前偏移一段距离 d 到点 B。由于滚子处于平衡状态，可知 $\boldsymbol{F}$、$\boldsymbol{G}$ 和 $\boldsymbol{F}_R$ 必交于一点，即滚子的圆心 O 点。由于 d 值非常小，根据滚子的受力分析图中几何关系［图 4-9(c)］可得：

$$\frac{d}{r}=\frac{F_S}{F_N}=\frac{F}{F_N} \tag{4-5}$$

另外，根据图 4-9(c) 可知 $\boldsymbol{F}$ 和 $\boldsymbol{F}_S$ 的大小相等、方向相反，并组成使滚子滚动的力偶，其力偶矩为 $F \cdot r$；$\boldsymbol{G}$ 和 $\boldsymbol{F}_N$ 组成阻碍滚子滚动的**滚阻力偶**，其力偶矩为 $M_r = F_N \cdot d$。

逐渐增大水平力 $\boldsymbol{F}$，由于滚子半径 r 和重量 $\boldsymbol{G}$ 不变，根据式(4-5) 可知 d 也会随着 $\boldsymbol{F}$ 增加而增大。当 $\boldsymbol{F}$ 增大到某一数值后，滚子达到滚动的临界状态时，滚阻力偶矩达到其最大值 M_{max}，d 也达到最大值 δ，即：

$$M_{max}=F_N \cdot \delta \tag{4-6}$$

由实验表明：最大滚动摩阻力偶矩 M_{max} 与滚子半径无关，而与支撑面的正压力（法向约束力）$\boldsymbol{F}_N$ 的大小成正比，这就是**滚动摩阻定律**，其中 δ 是比例常数，称为**滚动摩阻系数**，简称滚阻系数。由上式可知，滚动摩阻系数具有长度的量纲，单位一般用 mm。

滚动摩阻系数由实验测定，它与滚子和支撑面的材料硬度、湿度和温度等有关。表 4-1 是几种材料的滚动摩阻系数的值。

表 4-1　常用材料的滚动摩阻系数 $\boldsymbol{\delta}$　　单位：mm

材料名称	δ	材料名称	δ
铸铁与铸铁	0.5	淬火钢珠与淬火钢	0.01
钢质车轮与钢轨	0.05	有滚珠轴承的货车与钢轨	0.09
木与钢	0.3～0.4	无滚珠轴承的货车与钢轨	0.21
钢与黄铜	0.2	轮胎与路面	2～10

【例 4-4】 半径为 R 的滑轮 B 上作用有力偶，轮上绕有细绳拉住半径为 R、重为 P 的圆柱，如图 4-10 所示。斜面的倾斜角为 θ，圆柱与斜面间的滚动摩阻系数为 δ。求保持柱面

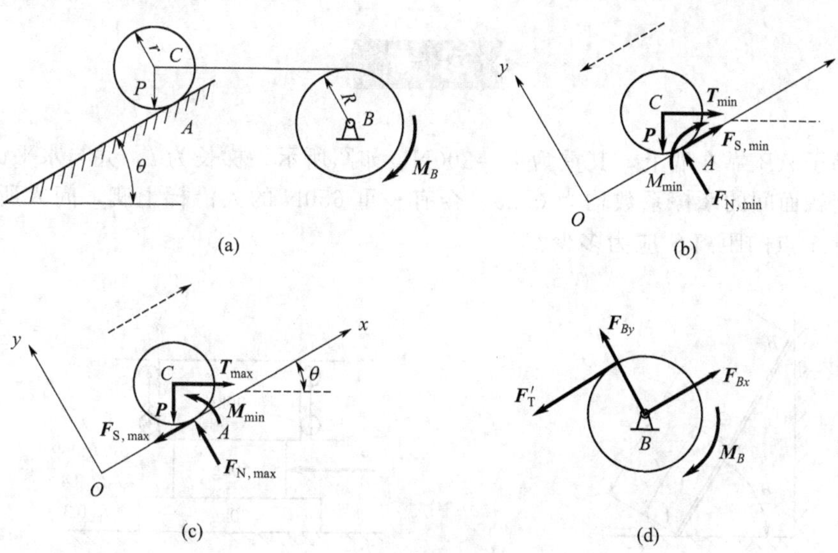

图 4-10

平衡时，力偶矩的最大值和最小值。

解 取圆柱为研究对象，当圆柱处于向下滚动的临界状态下，细绳拉力达到最小值 $F_{N,min}$，则斜面法向支撑力也达到最小值 T_{min}，滚阻力偶达到最小值 $M_{min}=\delta F_{N,min}$；当圆柱处于向上滚动的临界状态下，细绳拉力达到最大值 $F_{N,max}$，则斜面法向支撑力也达到最大值 T_{max}，滚阻力偶达到最大值 $M_{max}=\delta F_{N,max}$。

① 假设圆柱处于向下滚动的临界状态，则圆柱的受力分析如图 4-10(b)。列平衡方程

$$\sum M_A=0\quad P\cdot\sin\theta\cdot R-T_{min}\cdot\cos\theta\cdot R-M_{min}=0$$

$$\sum Y=0\quad F_{N,min}-T_{min}\sin\theta-P\cos\theta=0\quad F_{N,min}=T_{min}\sin\theta+P\cos\theta$$

根据临界补充方程 $M_{min}=\delta F_{N,min}$

联立求得最小拉力值 $$T_{min}=\frac{P(R\sin\theta-\delta\cos\theta)}{R\cos\theta+\delta\sin\theta}$$

② 假设圆柱处于向上滚动的临界状态，则圆柱的受力分析图如图 4-10(c)。列平衡方程

$$\sum M_A=0\quad P\cdot\sin\theta\cdot R-T_{max}\cdot\cos\theta\cdot R+M_{max}=0$$

$$\sum Y=0\quad F_{N,max}-T_{max}\sin\theta-P\cos\theta=0\quad F_{N,max}=T_{max}\sin\theta+P\cos\theta$$

根据临界补充方程 $M_{max}=\delta F_{N,max}$

联立求得最大拉力值 $$T_{max}=\frac{P(R\sin\theta+\delta\cos\theta)}{R\cos\theta-\delta\sin\theta}$$

③ 以滑轮 B 为研究对象，受力如图 4-10(d) 所示，列平衡方程：

$$\sum M_B(F)=0,\quad F'_T\cdot R-M_B=0$$

当细绳的拉力分别为 T_{min} 和 T_{max} 时，力偶矩 $\boldsymbol{M}_B$ 分别达到最小值和最大值，

$$M_{B,min}=F'_{T,min}\cdot R=T_{min}\cdot R=\frac{P\cdot R\cdot(R\sin\theta-\delta\cos\theta)}{R\cos\theta+\delta\sin\theta}$$

$$M_{B,max}=F'_{T,max}\cdot R=T_{max}\cdot R=\frac{P\cdot R\cdot(R\sin\theta+\delta\cos\theta)}{R\cos\theta-\delta\sin\theta}$$

即，M_B 的范围为：

$$\frac{P\cdot R\cdot(R\sin\theta-\delta\cos\theta)}{R\cos\theta+\delta\sin\theta}\leqslant M_B\leqslant\frac{P\cdot R\cdot(R\sin\theta+\delta\cos\theta)}{R\cos\theta-\delta\sin\theta}$$

习题

4-1 梯子 AB 靠在墙上，其重为 $P=200\text{N}$，如图所示。梯长为 l，并与水平面交角 $\theta=60°$。已知接触面间的摩擦系数均为 0.25。今有一重 650N 的人沿梯上爬，问人所能达到的最高点 C 到 A 点的距离 S 应为多少？

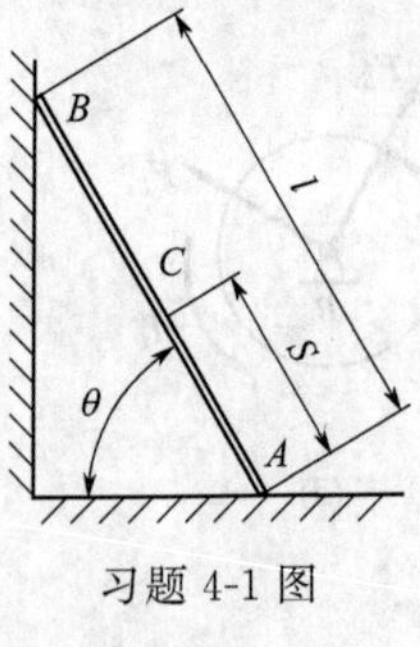

习题 4-1 图

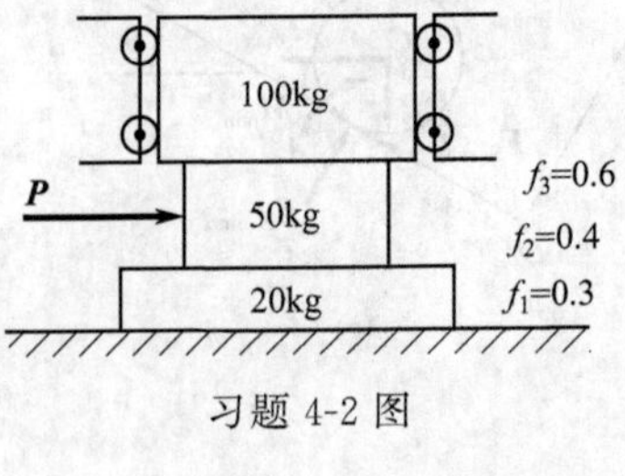

习题 4-2 图

4-2　三个物块的质量分别为100kg、50kg和20kg，物块之间以及物块与地面之间的摩擦系数由上至下分别为0.6、0.4和0.3，最上方物块的上下滑动的摩擦阻力可忽略不计，水平力 $\boldsymbol{P}$ 作用在中间的物块上，如图所示。求水平力 $\boldsymbol{P}$ 为多大时物块开始滑动。

4-3　一重100N的箱子置于倾角为15°的斜面上，已知箱子与斜面之间的静、动摩擦系数分别为 $f_S=0.25$ 和 $f_S=0.2$，在箱子上施加斜向上力 $\boldsymbol{P}$，如图所示。如果（a）$P=0$N、（b）$P=40$N，分别求出箱子与斜面之间的摩擦力，并标出方向；（c）若想使箱子开始滑动，求力 $\boldsymbol{P}$ 的最小值。

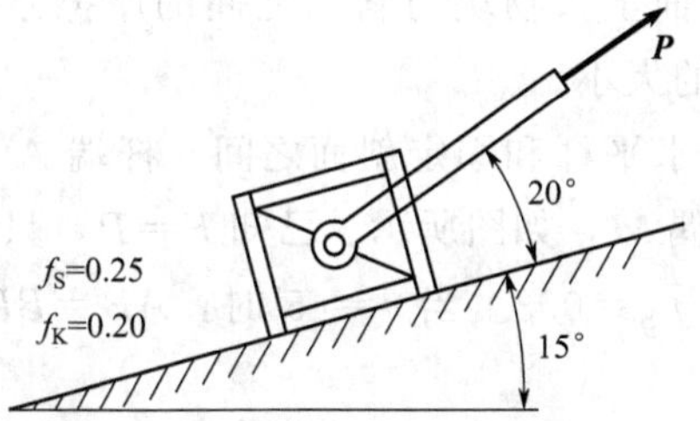

习题 4-3 图

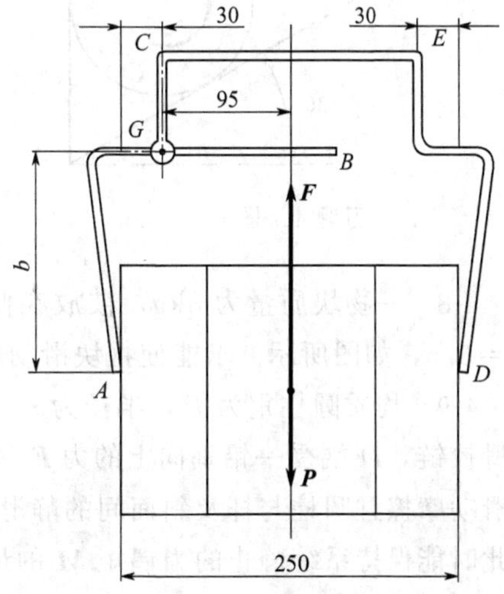

习题 4-4 图

4-4　砖夹的宽度为0.25m，曲杆 AGB 与 $GCED$ 在 G 点铰接，尺寸如图所示。设砖重 $P=120$N，提起砖的力 $\boldsymbol{F}$ 作用在砖夹的中心线上，砖夹与砖间的静摩擦因数 $f_S=0.5$。求距离 b 为多大才能把砖夹起。

4-5　如图所示，置于V形槽中的棒料上作用一力偶，力偶的矩 $M=15$N·m时，刚好能转动此棒料。已知棒料重 $P=400$N，直径 $D=0.25$m，不计滚动摩阻。求棒料与V形槽间的静摩擦系数 f_S。

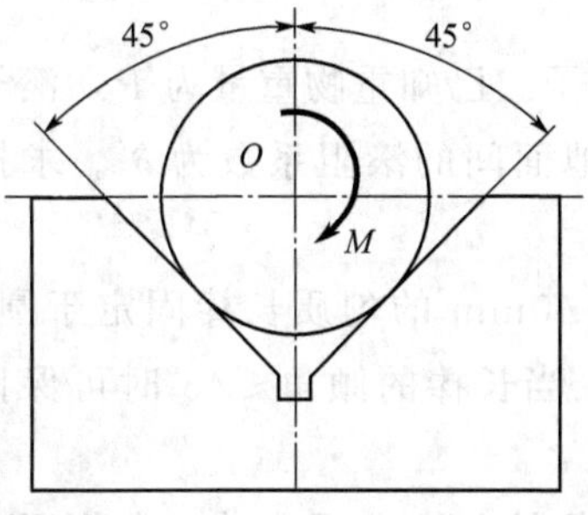

习题 4-5 图

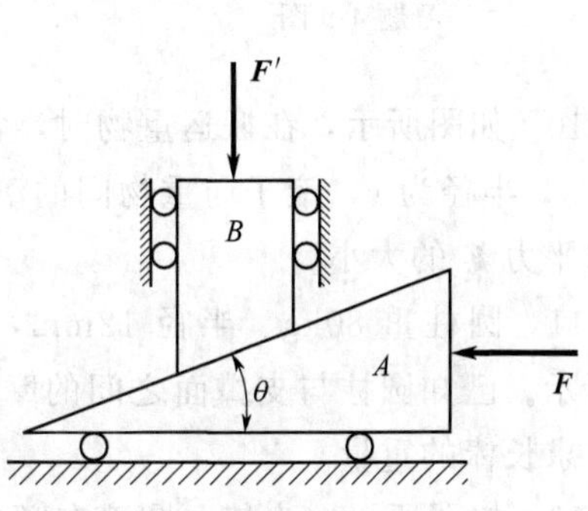

习题 4-6 图

4-6　尖劈顶重装置如图所示。在 B 块上受力 $\boldsymbol{F}'$ 的作用。A 与 B 块间的静摩擦系数

为 f_S（其他有滚珠处表示光滑）。如不计 A 和 B 块的重量，求使系统保持平衡的力 $\boldsymbol{F}$ 的值。

4-7 质量为 30kg 的匀质圆柱被静置在倾角为 30°的斜面上，并受到了竖直墙壁的阻挡，如图所示。圆柱的半径为 200mm，且圆柱与斜面及墙壁之间的静摩擦系数为 0.3。现施加一顺时针方向的力矩 $\boldsymbol{M}$ 使圆柱开始转动，求该力矩的最小值。

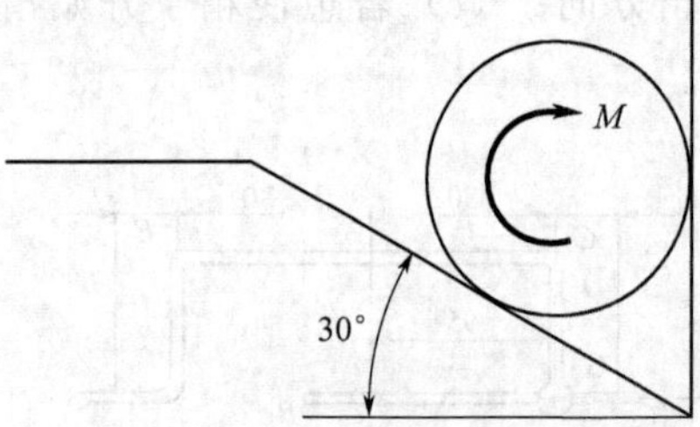

习题 4-7 图

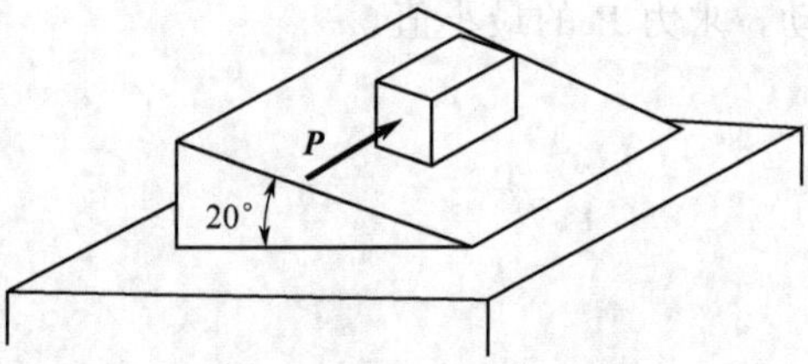

习题 4-8 图

4-8 一物块质量为 8kg，被放在倾斜角为 20°的斜面上，物块与斜面之间的摩擦系数 $f_S=0.5$，如图所示。求能使物块滑动的最小水平力 $\boldsymbol{P}$ 的大小。

4-9 均质圆柱重为 P，半径为 r，放在不计自重的水平杆和固定斜面之间，杆端 A 为光滑铰链，D 端受一铅垂向上的力 $\boldsymbol{F}$，圆柱上作用一力偶 $\boldsymbol{M}$，如图所示。已知 $F=P$，只考虑滑动摩擦且圆柱与杆及斜面间的静滑动摩擦系数皆为 $f_S=0.3$。当 $\theta=45°$时，$AB=BD$。求此时能保持系统静止的力偶矩 $\boldsymbol{M}$ 的最小值。

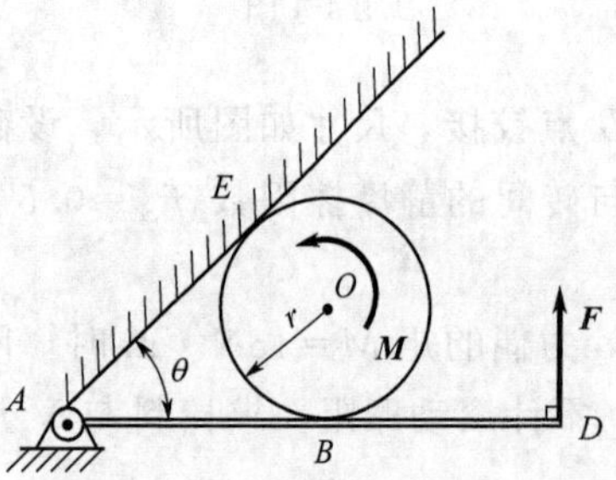

习题 4-9 图

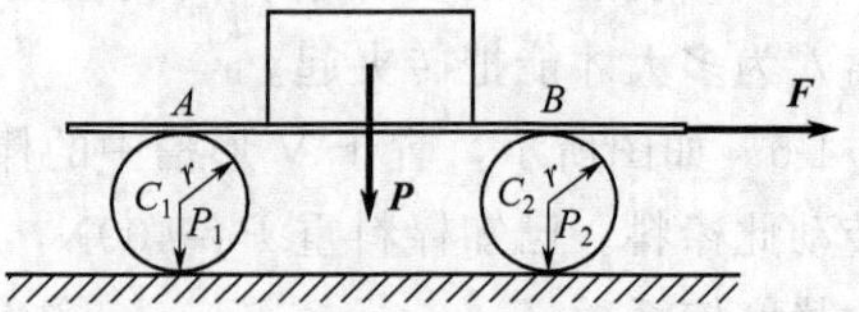

习题 4-10 图

4-10 如图所示，在搬运重物时，常在板下面垫以滚子。已知重物重量为 P，滚子重量 $P_1=P_2$，半径为 r，滚子与重物间的滚阻系数为 δ，与地面间的滚阻系数为 δ'。求拉动重物时水平力 $\boldsymbol{F}$ 的大小。

4-11 圆柱重 80kg、半径 12mm，现将一根长度为 40mm 的匀质长棒固定于圆柱上，如图所示。已知圆柱与支撑面之间的摩擦系数 $f_S=0.3$，当长棒的倾角≤45°时可保持体系平衡，求长棒的重量。

4-12 如图所示，为使两圆滚在倾角为 15°的斜面上保持匀速向下滚动，求作用在下面圆滚上力矩 $\boldsymbol{M}$ 的最小值。已知两圆滚的重量和半径都分别为 20kN 和 300mm，且圆滚之间接触面的动摩擦系数为 $f_K=0.5$，圆滚与斜面之间的滚阻系数为 $\delta=0.5$mm。

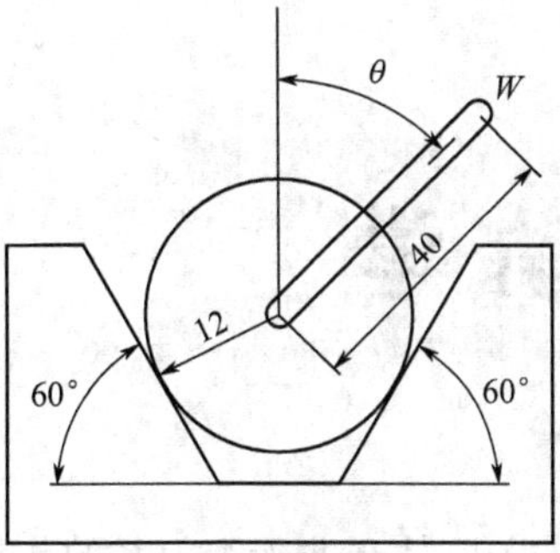

习题 4-11 图

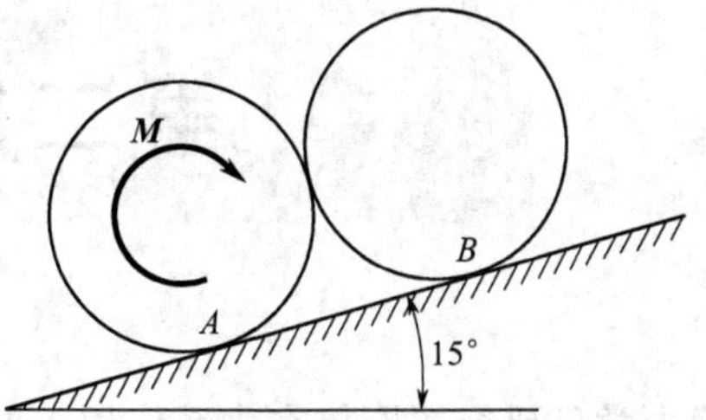

习题 4-12 图

第二篇 运动学

静力学已研究了刚体在力系作用下的平衡规律及应用，若刚体受非平衡力系的作用，刚体的运动状态将会改变。为便于研究，运动学仅从几何方面研究物体的运动（轨迹、运动方程、速度、加速度等），并提供物体运动分析的一般方法，但不考虑运动和作用力之间的关系。

运动学不仅直接为第三篇的动力学奠定基础，还可独立地分析某些机构和自动装置的运动。例如自动仪表中构件往往受力很小，不需要分析和计算力，只需研究它的运动是否满足一定要求。

物体的机械运动的变化总是依据所选参考物体不同而不同，这个参考的物体称参考体。即使同一物体的运动，采用不同的参考体来描述可得到不同的结果。运动学中，固结于参考体上的坐标系称为参考系，因此任何物体的运动都是相对一定的参考系而言的。对一般工程问题，若不特别说明，则参考系都与固定地面固结。

在分析物体的运动时，若物体的形状和大小不是主要因素，可把这个物体抽象为只有质量而无大小的几何点，称为质点。例如研究卫星的轨迹时，可将卫星视为质点，但在研究卫星相对其质心运动时，卫星则应视为具有一定尺寸的刚体。

本篇主要研究两个方面的问题：

① 简单运动，包括质点的运动、刚体的平移和定轴转动。

② 复合运动，包括点的复合运动和刚体的平面运动。

至于刚体其他更复杂的运动，如刚体绕定点运动、自由刚体的运动和刚体的合成运动，请参看有关书籍。

第五章 运动学基础

理论力学中运动学这一部分，只从几何学方面来研究物体的机械运动。即研究物体在空间的位置如何随时间变化，而不涉及力和质量等与运动变化有关的物理因素。物体的运动变化与这些物理量之间的关系将在动力学中研究。由于在运动学中不考虑物体的质量，所以，我们把所考察的物体抽象为点和刚体两种模型，相应地把运动学分为点的运动学和刚体运动学两部分，具体内容包括点和刚体的位置的确定及位置随时间的变化规律，点的运动轨迹，点和刚体的速度、加速度等。一个物体究竟应当作为点还是作为刚体看待，主要决定于所讨论的问题的性质，而不决定于物体的形状和大小。例如，研究人造卫星运行轨道时，可将其视为一个点；而研究卫星的运动姿态时，则又须将其视为一定尺寸的刚体。

物体的运动总是相对于某一物体而言的，这个物体称为参考体。将坐标系固连在参考体上，就构成了参考坐标系。物体相对于参考体的位置是由它在参考坐标系中的坐标来确定的。参考系实际上就代表参考体。以后常常只讲参考系，而不说它所代表的参考体。如果一个物体在某一参考系中的位置不随时间变化，则这物体相对于该参考系是静止的；如果它在某参考系中的位置随时间而改变，则这物体相对于该参考系是运动着的。在工程问题中，常常将参考系固连在地球上。对于不同的参考系，同一物体的运动情况通常不相同，这就是运动的相对性。

在运动学中，为了描述运动的变化，要区别“瞬时”和“时间间隔”两个概念。“瞬时”是指某一具体时刻；而“时间间隔”是两个瞬时之间的一段时间，即物体从一位置运动到另一位置所经历的时间。

第一节 矢 量 法

一、点的运动方程

选参考系上某固定点 O 为原点，一动点在瞬时 t 的位置为 M，自点 O 向动点 M 作矢量 $\boldsymbol{r}$，称 $\boldsymbol{r}$ 为点 M 相对原点 O 的位置矢量，简称矢径。如图 5-1 所示，当动点 M 运动时，矢径 $\boldsymbol{r}$ 的大小和方向都随时间在不断改变，并且是时间的单值连续函数，即：

$$\boldsymbol{r}=\boldsymbol{r}(t) \tag{5-1}$$

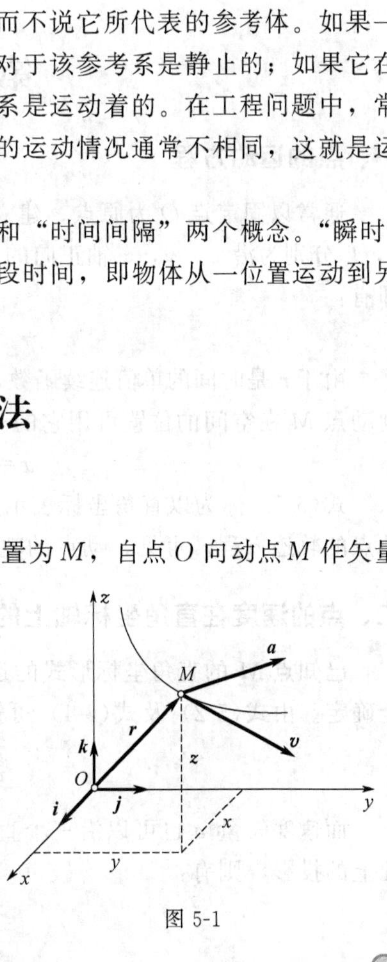

图 5-1

式(5-1) 称为以矢量表示的点的运动方程。对于给定的瞬时 t，动点在空间的位置就确定了。所以，若点的运动方程确定了，则动点的运动就完全确定了。

动点 M 在运动过程中，其矢径 $\boldsymbol{r}$ 的末端将在空间描绘出一条连续曲线，称为矢端曲线。矢径 $\boldsymbol{r}$ 的矢端曲线

就是动点 M 的运动轨迹。

二、点的速度

动点 M 的速度是矢量，其速度矢等于它的矢径 $\boldsymbol{r}$ 对时间 t 的一阶导数，即：

$$\boldsymbol{v}=\frac{\mathrm{d}\boldsymbol{r}}{\mathrm{d}t} \tag{5-2}$$

速度方位沿轨迹上 M 点的切线，指向点运动的一方，如图 5-1 所示。

速度的大小表明点运动的快慢，在国际单位制中，速度 v 的单位为 m/s。

三、点的加速度

点的加速度也是矢量，它表征了速度大小和方向的变化。在国际单位制中，加速度 $\boldsymbol{a}$ 的单位为 $\mathrm{m/s^2}$。

动点 M 的加速度矢，等于它的速度矢 $\boldsymbol{v}$ 对时间 t 的一阶导数，亦即它的矢径 $\boldsymbol{r}$ 对时间 t 的二阶导数，其方向一般指向轨迹的凹侧。

$$\boldsymbol{a}=\frac{\mathrm{d}\boldsymbol{v}}{\mathrm{d}t}=\frac{\mathrm{d}^2\boldsymbol{r}}{\mathrm{d}t^2} \tag{5-3}$$

有时为了方便，也可在字母上方加“·”表示该量对时间的一阶导数，加“··”表示该量对时间的二阶导数，即 $\boldsymbol{v}=\dot{\boldsymbol{r}}$、$\boldsymbol{a}=\dot{\boldsymbol{v}}=\ddot{\boldsymbol{r}}$。

第二节　直角坐标法

一、点的运动方程

通常以固定点 O 为原点，建立直角坐标系 $Oxyz$，设在瞬时 t，点 M 的矢径为 $\boldsymbol{r}$，取 $\boldsymbol{i}$，$\boldsymbol{j}$，$\boldsymbol{k}$ 分别为沿 x，y，z 轴正向的单位矢量，它们均为常矢量，把点 M 的矢径写成分解式，即有：

$$\boldsymbol{r}=x\boldsymbol{i}+y\boldsymbol{j}+z\boldsymbol{k} \tag{5-4}$$

由于 $\boldsymbol{r}$ 是时间的单值连续函数，因此 x，y，z 也是时间的单值连续函数。利用式(5-4)，则动点 M 在空间的位置可用它的三个直角坐标 x，y，z 表示，如图 5-1 所示，即：

$$x=x(t),\ y=y(t),\ z=z(t) \tag{5-5}$$

式(5-5) 称为以直角坐标表示的点的运动方程。从这组方程中消去时间 t 后，便可得到动点的轨迹方程。可见，动点的轨迹与时间无关。

二、点的速度在直角坐标轴上的投影

已知点 M 的直角坐标形式的运动方程 (5-5)，动点 M 对应于任意瞬时 t 的位置也就完全确定。由式(5-2) 及式(5-4) 可知，点 M 的速度有：

$$\boldsymbol{v}=\frac{\mathrm{d}\boldsymbol{r}}{\mathrm{d}t}=\frac{\mathrm{d}x}{\mathrm{d}t}\boldsymbol{i}+\frac{\mathrm{d}y}{\mathrm{d}t}\boldsymbol{j}+\frac{\mathrm{d}z}{\mathrm{d}t}\boldsymbol{k}$$

而速度矢量 $\boldsymbol{v}$ 也可以沿三个直角坐标轴分解，若以 v_x，v_y，v_z 表示速度 $\boldsymbol{v}$ 在 x，y，z 轴上的投影，则有：

$$\boldsymbol{v}=v_x\boldsymbol{i}+v_y\boldsymbol{j}+v_z\boldsymbol{k} \tag{5-6}$$

可见：

$$v_x=\frac{dx}{dt}=\dot{x},\ v_y=\frac{dy}{dt}=\dot{y},\ v_z=\frac{dz}{dt}=\dot{z} \tag{5-7}$$

式(5-7) 表明，动点的速度在直角坐标轴上的投影等于该点的对应坐标对时间的一阶导数。

有了速度的三个投影，可以求得速度的大小为：

$$v=\sqrt{v_x^2+v_y^2+v_z^2}=\sqrt{\dot{x}^2+\dot{y}^2+\dot{z}^2} \tag{5-8}$$

方向余弦分别为：

$$\cos(\boldsymbol{v},\boldsymbol{i})=\frac{v_x}{v},\ \cos(\boldsymbol{v},\boldsymbol{j})=\frac{v_y}{v},\ \cos(\boldsymbol{v},\boldsymbol{k})=\frac{v_z}{v} \tag{5-9}$$

式中，($\boldsymbol{v}$，$\boldsymbol{i}$)，($\boldsymbol{v}$，$\boldsymbol{j}$)，($\boldsymbol{v}$，$\boldsymbol{k}$) 分别表示速度矢量 $\boldsymbol{v}$ 与坐标轴 x，y，z 正向间的夹角。

三、点的加速度在直角坐标轴上的投影

由动点速度的分解式(5-6) 对时间 t 求导可得其加速度，即：

$$\boldsymbol{a}=a_x\boldsymbol{i}+a_y\boldsymbol{j}+a_z\boldsymbol{k} \tag{5-10}$$

$$a_x=\dot{v}_x=\ddot{x},\ a_y=\dot{v}_y=\ddot{y},\ a_z=\dot{v}_z=\ddot{z} \tag{5-11}$$

式(5-11) 表明，动点的加速度在直角坐标轴上的投影等于该点速度的对应投影对时间的一阶导数，也等于该点的对应坐标对时间的二阶导数。

加速度的大小和方向也可由它的三个投影 a_x、a_y 和 a_z 完全确定，其加速度的大小和方向余弦分别为：

$$a=\sqrt{a_x^2+a_y^2+a_z^2}=\sqrt{\ddot{x}^2+\ddot{y}^2+\ddot{z}^2} \tag{5-12}$$

$$\cos(\boldsymbol{a},\boldsymbol{i})=\frac{a_x}{a},\ \cos(\boldsymbol{a},\boldsymbol{j})=\frac{a_y}{a},\ \cos(\boldsymbol{a},\boldsymbol{k})=\frac{a_z}{a} \tag{5-13}$$

【例 5-1】 在图 5-2 所示的机构中，曲柄 OC 以等角速 ω 绕 O 轴逆时针转动，且 $\varphi=\omega t$，A、B 两滑块分别在水平和铅垂滑道内滑动。已知 $OC=AC=BC=l$，$MC=a$，求连杆 AC 上的点 M 的运动方程、运动轨迹、速度和加速度。

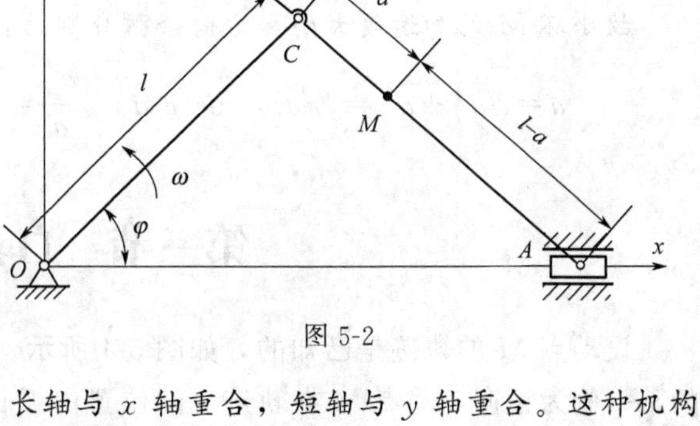

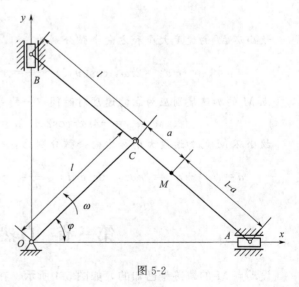

图 5-2

解 取坐标系 Oxy 如图 5-2 所示，可写出 M 点的运动方程为：

$$x=(OC+CM)\cos\varphi=(l+a)\cos\omega t$$

$$y=AM\sin\varphi=(l-a)\sin\omega t$$

消去时间 t，可得 M 点的轨迹方程为：

$$\frac{x^2}{(l+a)^2}+\frac{y^2}{(l-a)^2}=1$$

由此可见，M 点的运动轨迹为一椭圆，长轴与 x 轴重合，短轴与 y 轴重合。这种机构称为椭圆机构。

为求点的速度，将点的坐标对时间求一阶导数，得：

$$v_x=\dot{x}=-(l+a)\omega\sin\omega t,\ v_y=\dot{y}=(l-a)\omega\cos\omega t$$

故 M 点速度的大小为：

$$v=\sqrt{v_x^2+v_y^2}=\sqrt{(l+a)^2\omega^2\sin^2\omega t+(l-a)^2\omega^2\cos^2\omega t}=\omega\sqrt{l^2+a^2-2al\cos2\omega t}$$

其方向余弦为：

$$\cos(\boldsymbol{v},\boldsymbol{i})=\frac{v_x}{v}=-\frac{(l+a)\sin\omega t}{\sqrt{l^2+a^2-2al\cos2\omega t}},\ \cos(\boldsymbol{v},\boldsymbol{j})=\frac{v_y}{v}=\frac{(l-a)\cos\omega t}{\sqrt{l^2+a^2-2al\cos2\omega t}}$$

为求点的加速度，将点的坐标对时间求二阶导数，得：

$$a_x=\dot{v}_x=\ddot{x}=-(l+a)\omega^2\cos\omega t,a_y=\dot{v}_y=\ddot{y}=-(l-a)\omega^2\sin\omega t$$

故 M 点的加速度大小为：

$$a=\sqrt{a_x^2+a_y^2}=\sqrt{(l+a)^2\omega^4\cos^2\omega t+(l-a)^2\omega^4\sin^2\omega t}=\omega^2\sqrt{l^2+a^2+2al\cos2\omega t}$$

其方向余弦为：

$$\cos(\boldsymbol{a},\boldsymbol{i})=\frac{a_x}{a}=-\frac{(l+a)\cos\omega t}{\sqrt{l^2+a^2+2al\cos2\omega t}},\ \cos(\boldsymbol{a},\boldsymbol{j})=\frac{a_y}{a}=-\frac{(l-a)\sin\omega t}{\sqrt{l^2+a^2+2al\cos2\omega t}}$$

【例 5-2】 小环 M 同时套在细杆 OA 和半径为 r 的固定大圆圈上（图 5-3）。细杆绕大圆圈上的固定点 O 转动，它与水平直径的夹角 $\varphi=\omega t$，其中 ω 为常数，试求小环 M 的速度和加速度。

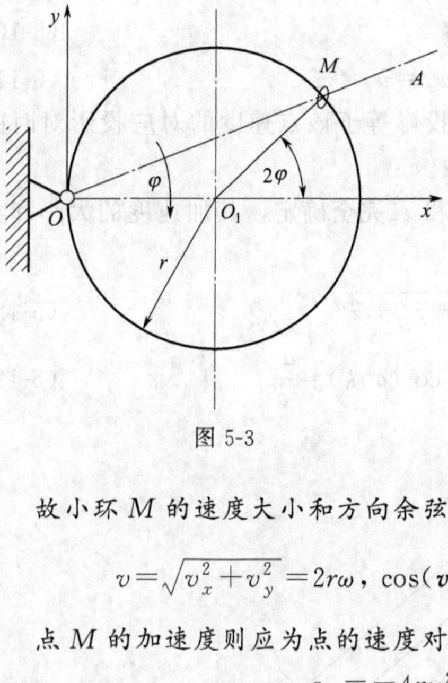

图 5-3

解　因小环 M 做平面曲线运动，取固定直角坐标系 Oxy 如图所示，则点 M 的直角坐标为：

$$x=\overline{OM}\cos\varphi=r+r\cos2\varphi=r(1+\cos2\omega t)$$

$$y=\overline{OM}\sin\varphi=2r\sin\varphi\cos\varphi=r\sin2\omega t$$

上式即为小环 M 在直角坐标系中的运动方程。

上式对时间求一阶导数得：

$$v_x=\dot{x}=-2r\omega\sin2\omega t,\ v_y=\dot{y}=2r\omega\cos2\omega t$$

故小环 M 的速度大小和方向余弦分别为：

$$v=\sqrt{v_x^2+v_y^2}=2r\omega,\ \cos(\boldsymbol{v},\boldsymbol{i})=\frac{v_x}{v}=-\sin2\varphi,\ \cos(\boldsymbol{v},\boldsymbol{j})=\frac{v_y}{v}=\cos2\varphi$$

点 M 的加速度则应为点的速度对时间取一阶导数，得：

$$a_x=-4r\omega^2\cos2\omega t,\ a_y=-4r\omega^2\sin2\omega t$$

故小环 M 的加速度大小和方向余弦分别为：

$$a=\sqrt{a_x^2+a_y^2}=4r\omega^2,\ \cos(\boldsymbol{a},\boldsymbol{i})=\frac{a_x}{a}=-\cos2\varphi,\ \cos(\boldsymbol{a},\boldsymbol{j})=\frac{a_y}{a}=-\sin2\varphi$$

第三节　自然坐标法

设动点 M 的轨迹是已知的，如图 5-4 所示。在轨迹上任选一点 O 为参考点，并设点 O 的某一侧为正向，动点 M 在轨迹上的位置由弧长确定，视弧长为代数量，用 s 表示，称它为动点 M 在轨迹上的弧坐标。当动点 M 沿已知轨迹运动时，弧坐标随时间而变，并可表示

为时间 t 的单值连续函数，即：

$$s=s(t) \tag{5-14}$$

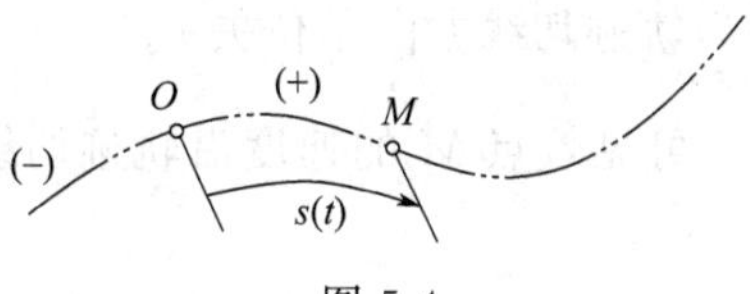

图 5-4

这个方程表明了点沿已知轨迹的运动规律，称为点的弧坐标形式的运动方程。如果已知点的运动方程式(5-14)，可以确定任一瞬时点的弧坐标 s 的值，也就确定了该瞬时动点在轨迹上的位置。

现在介绍自然轴系。在点的运动轨迹曲线上取极为接近的两点 M 和 M_1，两点间的弧长为 Δs，两点切线方向的单位矢量分别为 $\boldsymbol{\tau}$ 和 $\boldsymbol{\tau}_1$，其指向与弧坐标正向一致，如图 5-5 所示。将 $\boldsymbol{\tau}_1$ 平移至点 M，得 $\boldsymbol{\tau}_1'$，则 $\boldsymbol{\tau}_1'$ 和 $\boldsymbol{\tau}$ 决定一平面。令 M_1 无限趋近于点 M，则此平面趋于某一极限位置，此极限平面称为曲线在点 M 处的密切面。过点 M 并与切线垂直的平面称为法平面，法平面与密切面的交线称为主法线。主法线方向的单位矢为 $\boldsymbol{n}$，指向曲线内凹一侧。过点 M 且垂直于切线及主法线的直线称为副法线，其单位矢为 $\boldsymbol{b}$，指向由 $\boldsymbol{\tau}$、$\boldsymbol{n}$、$\boldsymbol{b}$ 构成的右手系确定，即：

$$\boldsymbol{b}=\boldsymbol{\tau}\times\boldsymbol{n}$$

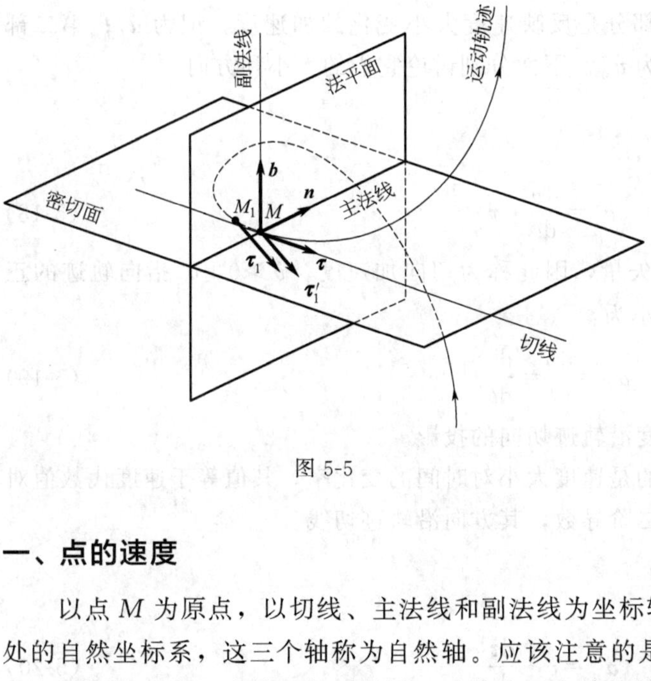

图 5-5

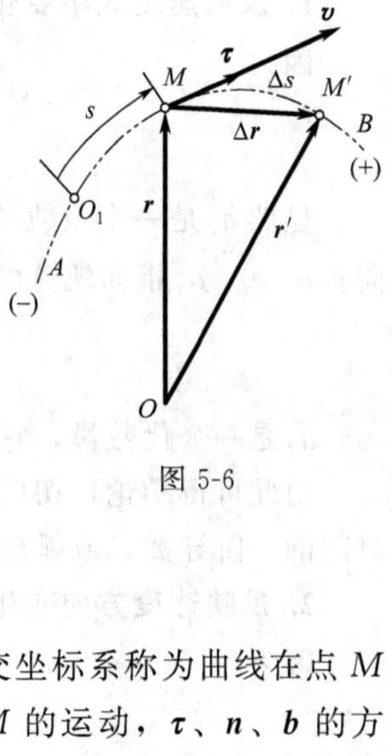

图 5-6

一、点的速度

以点 M 为原点，以切线、主法线和副法线为坐标轴组成的正交坐标系称为曲线在点 M 处的自然坐标系，这三个轴称为自然轴。应该注意的是，随着点 M 的运动，$\boldsymbol{\tau}$、$\boldsymbol{n}$、$\boldsymbol{b}$ 的方向在不断地改变，自然坐标系是沿运动轨迹而变动的游动坐标系。

设在 Δt 时间间隔内，动点沿轨迹由位置 M 运动到 M'，如图 5-6 所示。其矢径增量为 $\Delta\boldsymbol{r}$，其弧坐标增量为 Δs，由式(5-2) 可得：

$$\boldsymbol{v}=\frac{\mathrm{d}\boldsymbol{r}}{\mathrm{d}t}=\frac{\mathrm{d}\boldsymbol{r}}{\mathrm{d}s}\cdot\frac{\mathrm{d}s}{\mathrm{d}t}$$

其中$\frac{\mathrm{d}\boldsymbol{r}}{\mathrm{d}s}$为轨迹切线方向单位矢 $\boldsymbol{\tau}$，因为$\frac{\mathrm{d}\boldsymbol{r}}{\mathrm{d}s}=\lim\limits_{\Delta s\to 0}\frac{\Delta\boldsymbol{r}}{\Delta s}$，当 $\Delta t\to 0$ 时，$|\Delta\boldsymbol{r}|=|\overline{MM'}|=|\Delta s|$，即比值$\left|\frac{\Delta\boldsymbol{r}}{\Delta s}\right|\to 1$，故矢量为沿轨迹切线方向的单位矢量，其指向与弧坐标正向一致。所以，

$\frac{d\boldsymbol{r}}{ds}$为轨迹切线方向单位矢$\boldsymbol{\tau}$。

可见，点M的速度沿轨迹切线，并可表示为：

$$\boldsymbol{v}=\frac{ds}{dt}\boldsymbol{\tau}=v\boldsymbol{\tau} \tag{5-15}$$

式(5-15) 中

$$v=\frac{ds}{dt} \tag{5-16}$$

显然，v是速度$\boldsymbol{v}$在$\boldsymbol{\tau}$方向的投影，它是一个代数量。$v>0$时，表示$\boldsymbol{v}$沿$\boldsymbol{\tau}$的正向；$v<0$时，表示$\boldsymbol{v}$沿$\boldsymbol{\tau}$的负向。总之，速度的大小等于动点的弧坐标对时间的一阶导数的绝对值；指向必定沿轨迹的切线。

二、点的加速度

将式(5-15) 对时间取一阶导数，注意$\boldsymbol{v}$、$\boldsymbol{\tau}$都是变量，得：

$$\boldsymbol{a}=\frac{d\boldsymbol{v}}{dt}=\frac{dv}{dt}\cdot\boldsymbol{\tau}+v\cdot\frac{d\boldsymbol{\tau}}{dt} \tag{5-17}$$

上式右端两部分都是矢量，第一部分是反映速度大小变化的加速度，记为$\boldsymbol{a}_t$；第二部分是反映速度方向变化的加速度，记为$\boldsymbol{a}_n$。下面分别讨论它们的大小和方向。

1. 反应速度大小变化的加速度$\boldsymbol{a}_t$

因为

$$\boldsymbol{a}_t=\frac{dv}{dt}\cdot\boldsymbol{\tau} \tag{5-18}$$

显然$\boldsymbol{a}_t$是一个沿轨迹切线方向的矢量，因此称为切向加速度。$\dot{v}>0$，$\boldsymbol{a}_t$指向轨迹的正向；$\dot{v}<0$，$\boldsymbol{a}_t$指向轨迹的负向。其大小为：

$$a_t=\frac{dv}{dt}=\frac{d^2s}{dt^2} \tag{5-19}$$

a_t是一个代数量，它是动点加速度沿轨迹切向的投影。

由此可得结论，切向加速度反映的是速度大小对时间的变化率，其值等于速度代数值对时间的一阶导数，或弧坐标对时间的二阶导数，其方向沿轨迹切线。

2. 反映速度方向变化的加速度$\boldsymbol{a}_n$

因为

$$\boldsymbol{a}_n=v\cdot\frac{d\boldsymbol{\tau}}{dt} \tag{5-20}$$

它反映速度方向$\boldsymbol{\tau}$的变化，式(5-20) 可改写为：

$$\boldsymbol{a}_n=v\cdot\frac{d\boldsymbol{\tau}}{ds}\cdot\frac{ds}{dt}=v^2\frac{d\boldsymbol{\tau}}{ds} \tag{5-21}$$

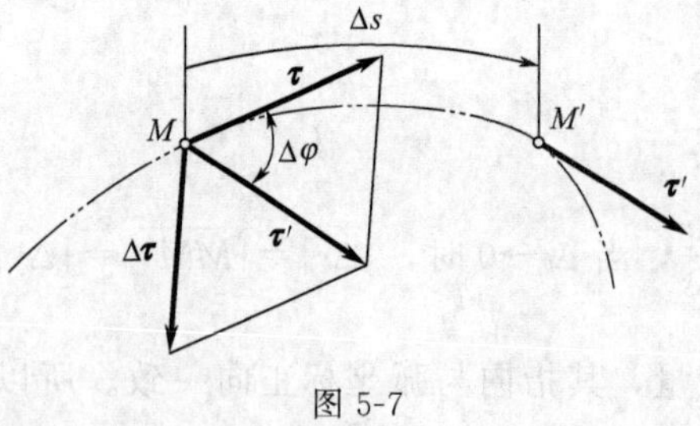

图 5-7

下面分析$\frac{d\boldsymbol{\tau}}{ds}$的大小和方向。由图 5-7 可见，$|\Delta\boldsymbol{\tau}|=2|\boldsymbol{\tau}|\sin\frac{\Delta\varphi}{2}$，其中$\Delta s$为点$M$沿轨迹到达点$M'$经过弧长，$\boldsymbol{\tau}$为点$M$处曲线切向单位矢量，

$\boldsymbol{\tau}'$为点M'处单位矢量，$\Delta\varphi$ 为切线经过 Δs 时转过的角度。则有：

$$\left|\frac{\mathrm{d}\boldsymbol{\tau}}{\mathrm{d}s}\right|=\lim_{\Delta s\to 0}\left|\frac{\Delta\boldsymbol{\tau}}{\Delta s}\right|=\lim_{\Delta s\to 0}\left|\frac{1}{\Delta s}\cdot 2\sin\frac{\Delta\varphi}{2}\right|=\lim_{\Delta s\to 0}\left|\frac{\Delta\varphi}{\Delta s}\right|\cdot\lim_{\Delta\varphi\to 0}\left|\frac{\sin\frac{\Delta\varphi}{2}}{\frac{\Delta\varphi}{2}}\right|=\left|\frac{\mathrm{d}\varphi}{\mathrm{d}s}\right|$$

$\frac{\mathrm{d}\varphi}{\mathrm{d}s}$是切线的转角对弧长的变化率，即为曲线的曲率，它的倒数 $\rho=\left|\frac{\mathrm{d}s}{\mathrm{d}\varphi}\right|$，称为曲率半径，即：

$$\left|\frac{\mathrm{d}\boldsymbol{\tau}}{\mathrm{d}s}\right|=\left|\frac{\mathrm{d}\varphi}{\mathrm{d}s}\right|=\frac{1}{\rho} \tag{5-22}$$

再考察$\frac{\mathrm{d}\boldsymbol{\tau}}{\mathrm{d}s}$的方向，它是 $\Delta\boldsymbol{\tau}$ 在M'趋于M 时的极限方向，显然垂直于 $\boldsymbol{\tau}$，指向曲线内凹的一侧，即$\frac{\mathrm{d}\boldsymbol{\tau}}{\mathrm{d}s}$的方向与主法线单位矢 $\boldsymbol{n}$ 的方向一致，故有：

$$\frac{\mathrm{d}\boldsymbol{\tau}}{\mathrm{d}s}=\frac{1}{\rho}\boldsymbol{n} \tag{5-23}$$

将式(5-23) 代入式(5-21)，得：

$$\boldsymbol{a}_n=\frac{v^2}{\rho}\cdot\boldsymbol{n} \tag{5-24}$$

由此可见 $\boldsymbol{a}_n$的方向与主法线正向一致，称为法向加速度。于是可得结论：法向加速度反映点的速度方向改变的快慢程度，其大小等于点的速度平方除以曲率半径，方向沿着主法线，指向曲率中心。

综上所述，点的加速度为：

$$\boldsymbol{a}=\boldsymbol{a}_t+\boldsymbol{a}_n=a_t\cdot\boldsymbol{\tau}+a_n\cdot\boldsymbol{n} \tag{5-25}$$

式中：

$$a_t=\frac{\mathrm{d}v}{\mathrm{d}t},\ a_n=\frac{v^2}{\rho} \tag{5-26}$$

由于 $\boldsymbol{a}_t$、$\boldsymbol{a}_n$均在密切面内，因此全加速度 $\boldsymbol{a}$ 也必在密切面内。这表明加速度沿副法线上的分量为零，即：

$$\boldsymbol{a}_b=0 \tag{5-27}$$

此外还应注意到：当速度 $\boldsymbol{v}$ 与切向加速度$\boldsymbol{a}_t$的指向相同时，即 v 与a_t的符号相同时，速度的绝对值不断增加，点做加速运动，如图 5-8(a) 所示；当速度 $\boldsymbol{v}$ 与切向加速度$\boldsymbol{a}_t$的指向相反时，即 v 与a_t的符号相反时，速度的绝对值不断减小，点做减速运动，如图 5-8(b) 所示；因为$\frac{v^2}{\rho}$永远取正值，所以法向加速度永远指向曲率中心。全加速度与切向加速度、法向加速度的关系如图 5-8 所示。

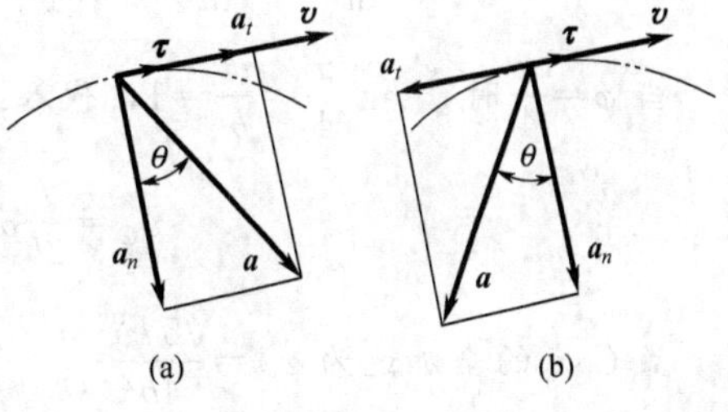

图 5-8

全加速度的大小为：

$$a=\sqrt{a_t^2+a_n^2}=\sqrt{\left(\frac{\mathrm{d}v}{\mathrm{d}t}\right)^2+\left(\frac{v^2}{\rho}\right)^2} \tag{5-28}$$

全加速度与主法线夹角的正切值为：

$$\tan\theta=\frac{a_t}{a_n} \tag{5-29}$$

如果动点的切向加速度的代数值保持不变，即 $a_t=$恒量，则动点的运动称为曲线匀变速运动。由 $a_t=\frac{dv}{dt}=\frac{d^2s}{dt^2}$有 $dv=a_t dt$ 通过积分得：

$$v=v_0+a_t t \tag{5-30}$$

式中，v_0是在 $t=0$ 时点的速度。再积分得：

$$s=s_0+v_0t+\frac{1}{2}a_t t^2 \tag{5-31}$$

式中，s_0是在 $t=0$ 时点的弧坐标。

如果动点速度的代数值保持不变，则动点的运动称为曲线匀速运动。积分有 $s=s_0+vt$。

【例 5-3】 采用自然法，求解【例 5-2】中小环 M 的速度和加速度。

解 取小环初瞬时的位置 M_0 为弧坐标的原点，小环 M 的运动方向是弧坐标的正向，如图 5-3 所示，则小环 M 的弧坐标为 $s=r\times 2\varphi=2r\omega t$

此即小环 M 弧坐标形式的运动方程。

小环 M 的速度大小为 $v=\dot{s}=2r\omega$，速度方向沿轨迹切线并与运动方向相同。

小环 M 的切向加速度和法向加速度分别为 $a_t=\frac{dv}{dt}=0$，$a_n=\frac{v^2}{\rho}=4r\omega^2$

所以小环 M 的全加速度大小为 $a=\sqrt{a_t^2+a_n^2}=a_n=4r\omega^2$，加速度的方向沿 MO_1 指向圆心 O_1。

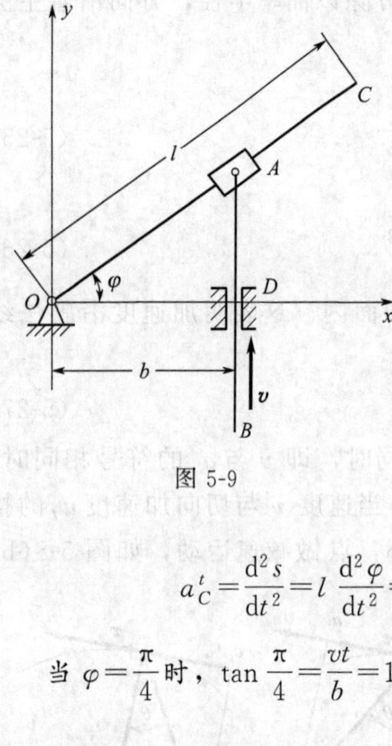

图 5-9

【例 5-4】 套筒滑杆机构中，杆 AB 以匀速 v 向上运动，试用弧坐标法建立杆端点 C 的运动方程，并求 $\varphi=\frac{\pi}{4}$ 时点 C 的速度和加速度（图 5-9）。已知 $OC=l$，$OD=b$。

解 以 $\varphi=0$ 时 C 点在 x 轴上的位置为其弧坐标的原点，得运动方程：

$$s=l\varphi=l\arctan\frac{vt}{b}$$

取 C 点运动朝向的一方为切线的正向，则 C 点速度 $\boldsymbol{v}_C$ 的大小在切线方向的投影为：

$$v_C=\frac{ds}{dt}=l\frac{d\varphi}{dt}=l\frac{v/b}{1+(vt/b)^2}$$

切向加速度和法向加速度的大小分别为：

$$a_C^t=\frac{d^2s}{dt^2}=l\frac{d^2\varphi}{dt^2}=l\frac{2v^3t/b^3}{[1+(vt/b)^2]^2},\ a_C^n=\frac{v_C^2}{l}=\frac{lv^2/b^2}{[1+(vt/b)^2]^2}$$

当 $\varphi=\frac{\pi}{4}$时，$\tan\frac{\pi}{4}=\frac{vt}{b}=1$，代入上式，得：

$$v_C=\frac{l}{2b}v,\ a_C^t=\frac{lv^2}{2b^2},\ a_C^n=\frac{lv^2}{4b^2}$$

故 C 点的全加速为 $a_C=\frac{\sqrt{5}\,lv^2}{4b^2}$

【例 5-5】 半径为 r 的轮子沿直线轨道无滑动地滚动（纯滚动），设轮子转角 $\varphi=\omega t$

（ω 为常值），如图 5-10 所示。求轮缘上 M 点的运动方程，并求该点的速度、切向加速度及法向加速度。

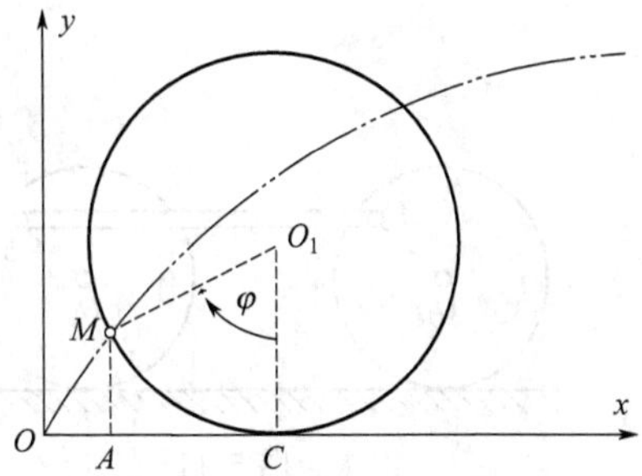

图 5-10

解　在点 M 的运动平面内取直角坐标系 Oxy 如图 5-10 所示。x 轴沿直线轨道，并指向轮子滚动的前进方向，y 轴铅垂向上，坐标原点为初始时轮子与地面的接触点 O。当轮子转过 φ 角时，轮子与直线轨道的接触点为 C。由于是纯滚动，有 OC 等于弧长 CM。则点直角坐标形式的运动方程为：

$$x=OA=OC-AC=r\varphi-r\sin\varphi=r(\varphi-\sin\varphi)=r(\omega t-\sin\omega t)$$
$$y=AM=r-r\cos\varphi=r(1-\cos\varphi)=r(1-\cos\omega t) \tag{a}$$

上式对时间求导，得：

$$v_x=\dot{x}=r\omega(1-\cos\omega t),\ v_y=\dot{y}=r\omega\sin\omega t \tag{b}$$

M 点速度的大小为：

$$v=\sqrt{v_x^2+v_y^2}=r\omega\sqrt{2-2\cos\omega t}=2r\omega\sin\frac{\omega t}{2},\ (0\leqslant\omega t\leqslant 2\pi) \tag{c}$$

将式(b) 再对时间求导，即得加速度在直角坐标上的投影：

$$a_x=\ddot{x}=r\omega^2\sin\omega t,\ a_y=\ddot{y}=r\omega^2\cos\omega t \tag{d}$$

由此得全加速度大小为：

$$a=\sqrt{a_x^2+a_y^2}=r\omega^2 \tag{e}$$

将式(c) 对时间求一阶导数，可得动点的切向加速度为：

$$a_t=\dot{v}=r\omega^2\cos\frac{\omega t}{2} \tag{f}$$

可求得法向加速度大小为：

$$a_n=\sqrt{a^2-a_t^2}=r\omega^2\sin\frac{\omega t}{2} \tag{g}$$

轨迹的曲率半径为：

$$\rho=\frac{v^2}{a_n}=4r\sin\frac{\omega t}{2} \tag{h}$$

当 $\varphi=0$ 和 2π 时，M 点处于最低位置，此时，$v_x=0$，$v_y=0$，$v=0$；而 $a_x=0$，$a_y=r\omega^2$。由此得到一个重要结论：轮子纯滚动时，轮子上与地面接触的那个点的瞬时速度为零，而加速度不等于零，加速度 $a=r\omega^2$，方向向上。

第四节　刚体平移

刚体是一种几何不变的质点系，其上各点的距离始终保持不变：刚体是实际物体在变形可忽略条件下的抽象模型。

刚体在运动的过程中，其上任一直线始终与它的初始位置平行，这种运动称为刚体的平行移动，简称为平移。如机车在直线轨道上行驶时连杆 AB 的运动（图 5-11），汽缸内活塞的运动，车床上刀架的运动等，都是刚体平移的实例。

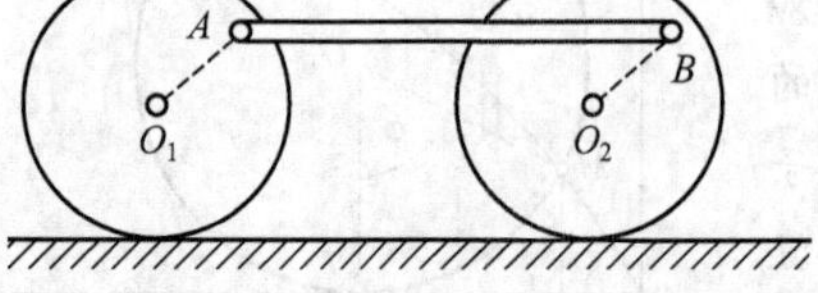

图 5-11

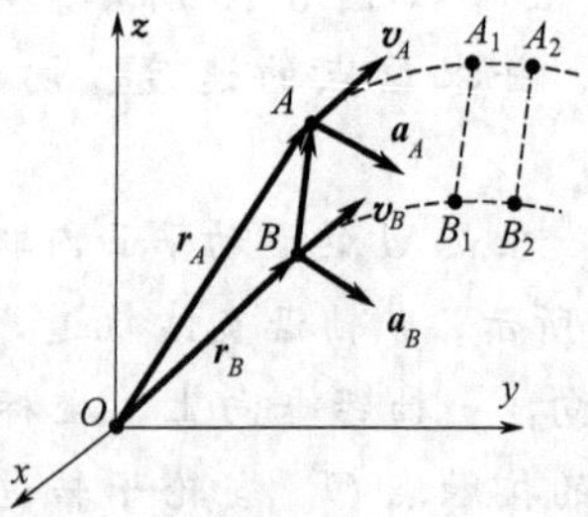

图 5-12

如图 5-12 所示，在刚体内任选两点 A 和 B，令点 A 的矢径为 $\boldsymbol{r}_A$，点 B 的矢径为 $\boldsymbol{r}_B$，两条矢端曲线就是两点的轨迹。由图可知：

$$\boldsymbol{r}_A=\boldsymbol{r}_B+\overrightarrow{BA}$$

当刚体平移时，矢量$\overrightarrow{BA}$的长度和方向都不变，所以$\overrightarrow{BA}$是恒矢量，因此只要把点 B 的轨迹沿$\overrightarrow{BA}$方向平行搬移一段距离 BA，就能与点 A 的轨迹完全重合。由此可知，刚体平移时，其上各点运动轨迹的形状、大小完全相同。点的运动轨迹是直线的平移称为**直线平移**，点的运动轨迹是曲线的平移称为**曲线平移**。例如发动机活塞的运动即为直线平移，机车上连杆的运动即为曲线平移。

将上式对时间 t 求一阶、二阶导数，可得：

$$\boldsymbol{v}_A=\boldsymbol{v}_B,\ \boldsymbol{a}_A=\boldsymbol{a}_B$$

因为 A、B 是平移刚体上的任意两点，因此可得结论：平移刚体上各点运动轨迹形状相同，在每一瞬时各点的速度、加速度均相同。因此，研究刚体的平移，可归结为研究刚体内任意一点的运动。

第五节　刚体定轴转动

刚体运动时，其上或其扩展部分有两点保持不动，即有一根直线始终保持不动，其余各点都做圆周运动，这种运动称为**刚体的定轴转动**，简称刚体的转动，这根不动的直线称为转动轴（转轴）。刚体定轴转动的运动形式大量存在于工程实际中，如各种旋转机械、轮系传动装置等。但有时定轴转动刚体的转轴不一定在刚体内部，可将刚体抽象地扩大，转轴是刚体外一条抽象的轴线，如放置在大转盘边缘的物体的运动。

一、定轴转动的运动方程、角速度与角加速度

取坐标系 $Oxyz$ 如图 5-13 所示，令 Oz 轴与刚体的转轴重合。通过转轴作一固定平面 A，再过转轴作一动平面 B，这个平面与刚体固结，一起转动。B 平面相对于固定面 A 的位置可用转角 φ 描述，转角 φ 可完全确定刚体的位置，φ 称为刚体的转角，它是一个代数量，其正负规定如下：自 z 轴的正端往负端看，逆时针方向转动为正，顺时针方向转动为负，φ 的单位为弧度（rad）。当刚体定轴转动时，转角 φ 是时间 t 的单值连续函数，可表示为：

$$\varphi=\varphi(t) \tag{5-32}$$

这个方程称为刚体绕**定轴转动**的运动方程。如已知这个方程，则刚体在任一瞬时的位置

就确定了。

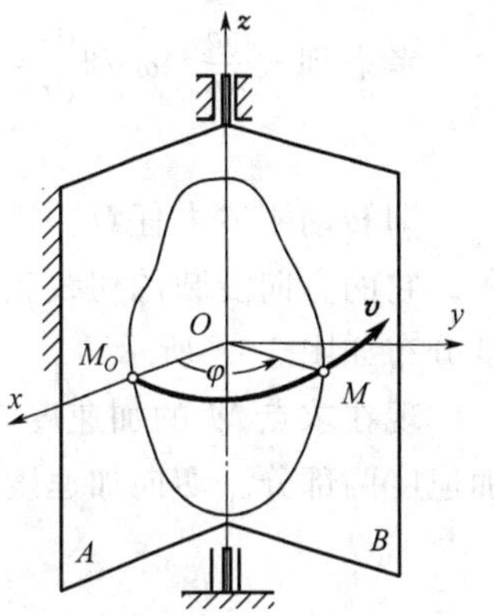

图 5-13

为了描述刚体转动的快慢和转向，将转角 φ 对时间 t 求一阶导数，得到刚体转动的角速度，并用字母 ω 表示，即：

$$\omega=\frac{d\varphi}{dt}=\dot{\varphi} \tag{5-33}$$

角速度的单位为 rad/s。角速度也是代数量，其正负规定与转角 φ 的正负规定相同。

角速度对时间 t 的一阶导数，称为刚体的角加速度，用字母 α 表示，即：

$$\alpha=\frac{d\omega}{dt}=\frac{d^2\varphi}{dt^2} \tag{5-34}$$

角加速度的大小表征角速度变化的快慢，其单位为 rad/s^2。角加速度也是代数量，其正负规定与转角 φ 的正负规定相同。如果 α 与 ω 同号，则转动是加速的；如果 α 与 ω 异号，则转动是减速的。

1. 匀速转动

如果刚体的角速度不变，即 $\omega=$常数，这种转动称为匀速转动。类似于点的匀速运动，转角的计算公式为：

$$\varphi=\varphi_0+\omega t \tag{5-35}$$

其中 φ_0 为 $t=0$ 时的转角 φ 的值。

机器中的转动部件，一般情况下都做匀速转动。转动的快慢常用每分钟转数 n 来表示，称为转速，其单位为 r/min（转/分）。角速度 ω 与转速 n 的关系为：

$$\omega=\frac{2\pi n}{60}=\frac{\pi n}{30} \tag{5-36}$$

2. 匀变速转动

如果刚体的角加速度不变，即 $\alpha=$常数，这种转动称为匀变速转动。类似于点的匀变速运动，角速度、转角的计算公式为：

$$\omega=\omega_0+\alpha t \tag{5-37}$$

$$\varphi=\varphi_0+\omega_0 t+\frac{1}{2}\alpha t^2 \tag{5-38}$$

其中 ω_0 和 φ_0 分别是 $t=0$ 时的角速度和转角。

二、转动刚体内各点的速度和加速度

定轴转动时，刚体上各点均在与转轴垂直的平面内做圆周运动，圆心在轴线上，圆周的半径等于点到转轴的垂直距离。此时，可采用自然法研究转动刚体内各点的速度、加速度。

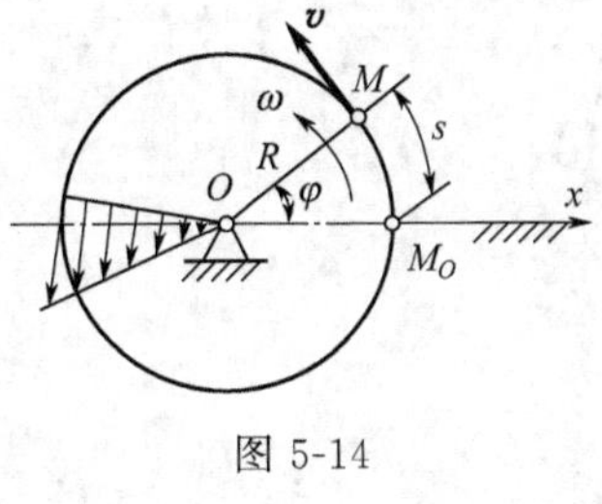

图 5-14

如图 5-14 所示，设刚体的转角为 φ，则点 M 弧坐标形式的运动方程为

$$s=R\varphi$$

式中 R 为点 M 到轴心 O 的距离。

将上式对时间求一阶导数，可得：

$$\frac{ds}{dt}=R\frac{d\varphi}{dt}$$

考虑到式$\frac{d\varphi}{dt}=\omega$和$\frac{ds}{dt}=v$，可得$M$点的速度为：

$$v=R\omega \tag{5-39}$$

即转动刚体内任意一点速度的大小，等于刚体的角速度与该点到轴线的垂直距离的乘积。它的方向沿圆周切线且指向转动的一方。在该截面任一条通过轴心的直线上，各点的速度分布如图5-14所示。

现在求点M的加速度。因为点做圆周运动，所以点M的加速度分为切向加速度和法向加速度两部分。切向加速度的大小为：

$$a_t=\frac{dv}{dt}=R\frac{d\omega}{dt}=R\alpha \tag{5-40}$$

即定轴转动刚体内任意一点的切向加速度（又称转动加速度）的大小，等于刚体的角加速度与该点到轴线垂直距离的乘积。不难看出，它的方向由角加速度的符号决定。当ω与α同号时，切向加速度$\boldsymbol{a}_t$与速度$\boldsymbol{v}$方向相同，刚体做加速转动；当ω与α异号时，切向加速度$\boldsymbol{a}_t$与速度$\boldsymbol{v}$方向相反，刚体做减速转动，如图5-15所示。

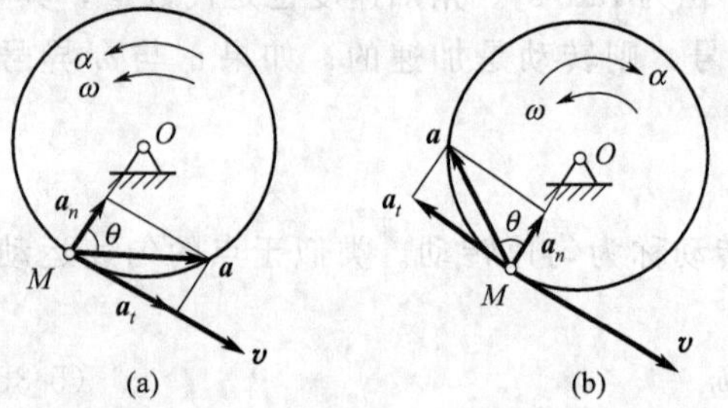

图 5-15

点M的法向加速度为：

$$a_n=\frac{v^2}{\rho}=\frac{(R\omega)^2}{R}=R\omega^2 \tag{5-41}$$

即定轴转动刚体内任意一点的法向加速度的大小，等于刚体角速度的平方与该点到轴线垂直距离的乘积，它的方向与速度垂直并指向轴线，也称为向心加速度。

点M的全加速度a的大小为：

$$a=\sqrt{a_t^2+a_n^2}=\sqrt{R^2\alpha^2+R^2\omega^4}=R\sqrt{\alpha^2+\omega^4} \tag{5-42}$$

它与半径的夹角θ可由式(5-43)求出：

$$\tan\theta=\frac{a_t}{a_n}=\frac{\alpha}{\omega^2} \tag{5-43}$$

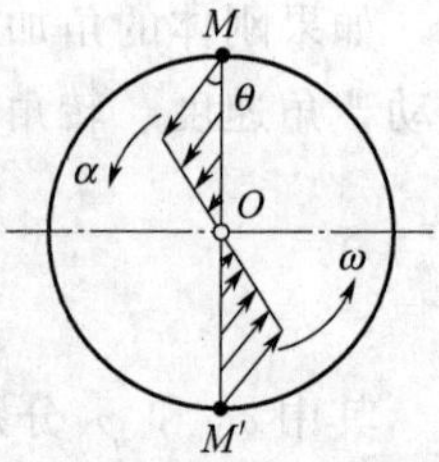

图 5-16

由于在任一瞬时，定轴转动刚体内各点的切向加速度、法向加速度和全加速度的大小均与点到转轴的距离成正比。由式(5-43)可知，加速度$\boldsymbol{a}$与半径间的夹角θ与半径无关，同一横截面上各点的全加速度分布如图5-16所示。

【例5-6】 滑轮半径$r=0.2$m，可绕水平轴O转动，轮缘上缠有不可伸长的细绳，绳的一端挂有物体A，如图5-17所示。已知滑轮绕轴O的转动规律为$\varphi=0.15t^3$rad，其中t以秒计。试求$t=2$s时轮缘上M点速度、加速度和物体A的速度、加速度。

解 首先根据转动规律求滑轮的角速度、角加速度。

$$\omega=\dot{\varphi}=0.45t^2,\ \alpha=\ddot{\varphi}=0.9t$$

代入$t=2s$，得滑轮的角速度和加速度分别为：

$$\omega=1.8\text{rad/s},\ \alpha=1.8\text{rad/s}^2$$

则轮缘上M点的速度为：

$$v_M=r\omega=0.2\times1.8=0.36\text{m/s}$$

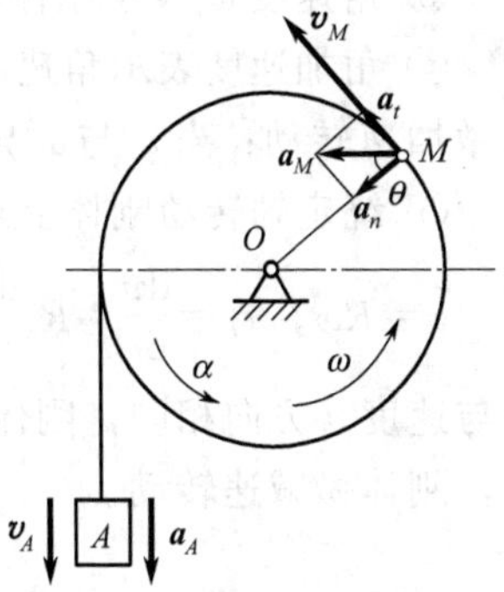

图 5-17

M 点的切向、法向加速度分量分别为：

$$a_t = r\alpha = 0.2\times 1.8 = 0.36\text{m/s}^2$$

$$a_n = r\omega^2 = 0.2\times 1.8^2 = 0.648\text{m/s}^2$$

因而 M 点全加速度大小和方向分别为：

$$a_M = \sqrt{a_t^2 + a_n^2} = \sqrt{0.36^2 + 0.648^2} = 0.741\text{m/s}^2$$

$\tan\theta = \dfrac{\alpha}{\omega^2} = \dfrac{1.8}{1.8^2} = 0.556$，$\theta = 29.1°$方向如图 5-17 所示。

因为物体 A 与轮缘上 M 点的运动不同，前者做直线平动，后者随滑轮做圆周运动，因此两者的速度、加速度不完全相同。由于细绳不能伸长，物体 A 与点 M 的速度大小相等，A 的加速度与点 M 切向加速度的大小也相等，于是有 $v_A = v_M = 0.36\text{m/s}$，$a_A = a_t = 0.36\text{m/s}^2$，它们的方向都铅垂向下。

小结

1. 点的运动学

① 矢量形式表示的点运动方程 $\boldsymbol{r}=\boldsymbol{r}(t)$、速度 $\boldsymbol{v}=\dfrac{\mathrm{d}\boldsymbol{r}}{\mathrm{d}t}$、加速度 $\boldsymbol{a}=\dfrac{\mathrm{d}\boldsymbol{v}}{\mathrm{d}t}=\dfrac{\mathrm{d}^2\boldsymbol{r}}{\mathrm{d}t^2}$。

② 以直角坐标形式表示的点的运动方程、速度、加速度分别为：

$$\begin{cases} x = x(t) \\ y = y(t), \\ z = z(t) \end{cases} \quad \begin{cases} v_x = \dfrac{\mathrm{d}x}{\mathrm{d}t} = \dot{x} \\ v_y = \dfrac{\mathrm{d}y}{\mathrm{d}t} = \dot{y}, \\ v_z = \dfrac{\mathrm{d}z}{\mathrm{d}t} = \dot{z} \end{cases} \quad \begin{cases} a_x = \dot{v}_x = \ddot{x} \\ a_y = \dot{v}_y = \ddot{y} \\ a_z = \dot{v}_z = \ddot{z} \end{cases}$$

③ 以弧坐标形式表示的点的运动方程 $s=s(t)$、速度 $v=\dfrac{\mathrm{d}s}{\mathrm{d}t}$、加速度

$$a_t = \frac{\mathrm{d}v}{\mathrm{d}t} = \frac{\mathrm{d}^2 s}{\mathrm{d}t^2} \text{和} a_n = \frac{v^2}{\rho}$$

2. 刚体的简单运动

① 刚体运动的最简单形式为平行移动和绕定轴转动。

② 刚体平行移动。

a. 刚体内任一直线段在运动过程中，始终与它的最初位置平行，此种运动称为刚体平行移动，或平移。

b. 刚体作平移时，刚体内各点的轨迹形状完全相同，各点的轨迹可能是直线，也可能是曲线。

c. 刚体作平移时，在同一瞬时刚体内各点的速度和加速度大小、方向都相同。

3. 刚体绕定轴转动

① 刚体运动时，其中有两点保持不动，此运动称为刚体绕定轴转动，或转动。

② 刚体的转动方程 $\varphi=\varphi(t)$ 表示刚体的位置随时间的变化规律。

③ 角速度 ω 表示刚体转动快慢程度和转向，是代数量，$\omega=\dot{\varphi}$。

④ 角加速度表示角速度对时间的变化率，是代数量，$\alpha=\dot{\omega}=\ddot{\varphi}$，当 α 与 ω 同号时，刚体做加速转动；当 α 与 ω 异号时，刚体做减速转动。

⑤ 绕定轴转动刚体上点的速度、加速度代数值

$v=R\omega$、$a_t=\dfrac{\mathrm{d}v}{\mathrm{d}t}=R\dfrac{\mathrm{d}\omega}{\mathrm{d}t}=R\alpha$、$a_n=\dfrac{v^2}{\rho}=\dfrac{(R\omega)^2}{\rho}=R\omega^2$。当 ω 与 α 同号时，切向加速度 $\boldsymbol{a}_t$ 与速度 $\boldsymbol{v}$ 方向相同，刚体做加速转动；当 ω 与 α 异号时，切向加速度 $\boldsymbol{a}_t$ 与速度 $\boldsymbol{v}$ 方向相反，刚体做减速转动。

思考题

5-1　在某瞬时动点的速度等于零，这时动点的加速度是否一定为零？

5-2　点沿曲线运动，图中所示各点所给出的速度 $\boldsymbol{v}$ 和加速度 $\boldsymbol{a}$ 哪些是可能的？哪些是不可能的？

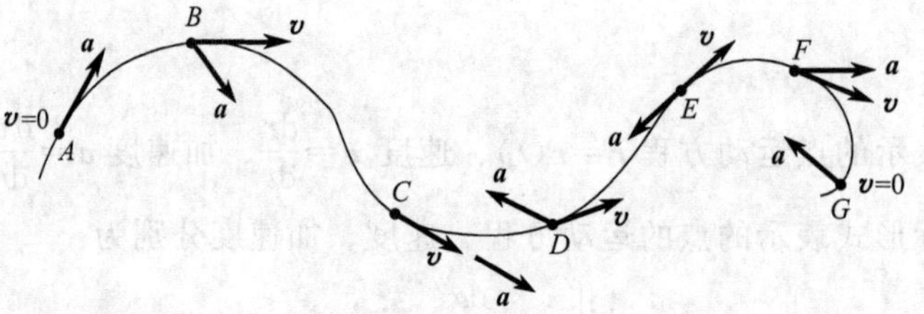

思考题 5-1 图

5-3　点 M 沿螺旋线自外向内运动，如图所示。它走过的弧长与时间的一次方成正比。试分析它的加速度是越来越大，还是越来越小？

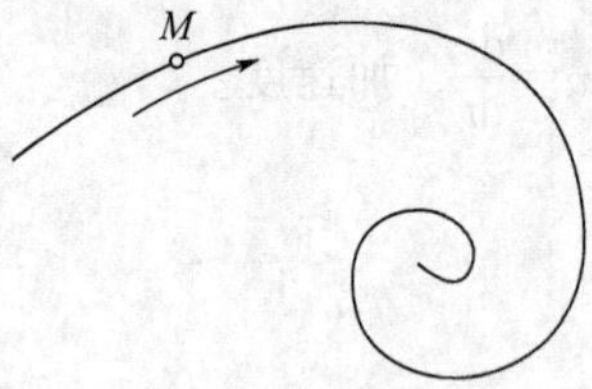

思考题 5-2 图

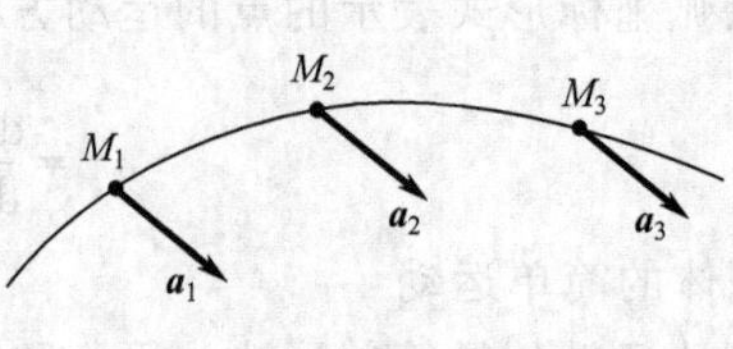

思考题 5-3 图

5-4　当点沿曲线运动时，点的加速度 $\boldsymbol{a}$ 是恒矢量，如图所示。问点是否做匀变速运动？

5-5　做曲线运动的两个动点，初速度相等、运动轨迹相同、运动中两点的法向加速度也相同。判断下述说法是否正确：

① 任一瞬时两动点的切向加速度必相同；

② 任一瞬时两动点的速度必相同；

③ 两动点的运动方程必相同。

5-6　下述各种情况下，动点的全加速度 $\boldsymbol{a}$、切向加速度 $\boldsymbol{a}_t$ 和法向加速度 $\boldsymbol{a}_n$ 三个矢量之间有何关系：

① 点沿曲线做匀速运动；

② 点沿曲线运动，在该瞬时其速度为零；

③ 点沿直线做变速运动；

④ 点沿曲线做变速运动。

5-7 点做曲线运动时，下述说法对吗？

① 若切向加速度在切线上的投影为正，则点做加速运动；

② 若切向加速度与速度在切线上投影的正负符号相同，则点做加速运动；

③ 若切向加速度为零，则速度为常矢量。

5-8 “刚体作平移时，各点的轨迹一定是直线或平面曲线；刚体绕定轴转动时，各点的轨迹一定是圆。”这种说法对吗？

5-9 各点都做圆周运动的刚体一定是定轴转动吗？

5-10 有人说：“刚体绕定轴转动时，角速度为正，表示加速转动；角速度为负，表示减速转动。”对吗？为什么？

5-11 刚体做定轴转动，其上某点 A 到转轴的距离为 R。为求出刚体上任意点在某一瞬时的速度和加速度的大小，下述哪组条件是充分的？

① 已知点 A 的速度及该点的全加速度方向；

② 已知点 A 的切向加速度及法向加速度；

③ 已知点 A 的切向加速度及该点的全加速度方向；

④ 已知点 A 的法向加速度及该点的速度；

⑤ 已知点 A 的法向加速度及该点的全加速度方向。

习题

5-1 如图所示，杆 AB 长为 l，以等角速度 ω 绕点 B 转动，其转动方程为 $\varphi=\omega t$。而与杆 AB 连接的滑块 B 按规律 $s=a+b\sin\omega t$ 沿水平线运动，其中 a 和 b 均为常数。求点 A 的运动轨迹。

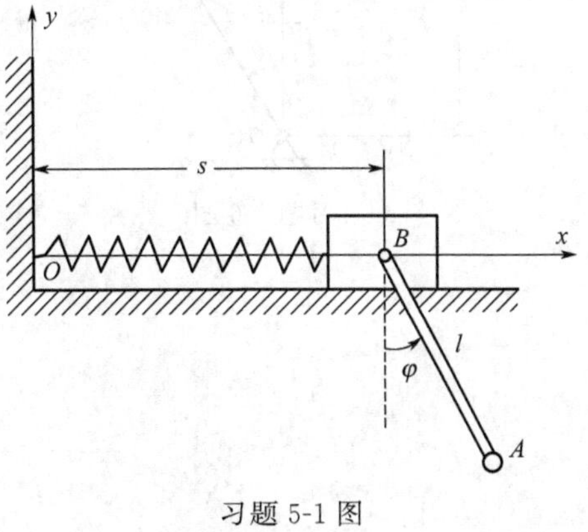

习题 5-1 图

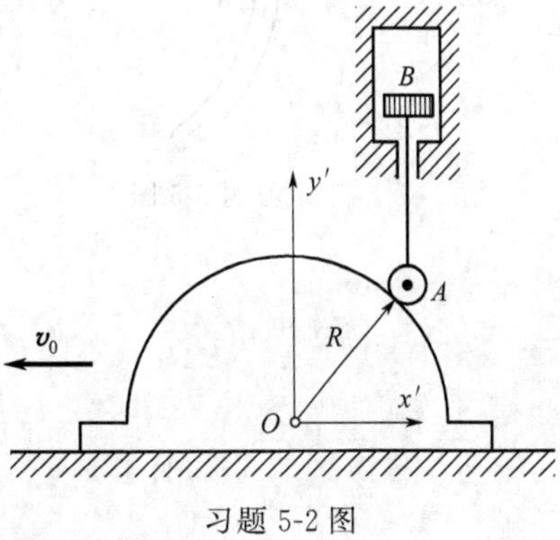

习题 5-2 图

5-2 如图，半圆形凸轮 O 以等速率 $v=0.01\text{m/s}$，沿水平方向向左运动，带动活塞杆 AB 沿垂直方向运动。运动开始时，活塞杆的 A 端在凸轮的最高点。如凸轮的半径 $R=$

80mm，滑轮 A 的半径忽略不计。求活塞 B 相对于地面和相对于凸轮的运动方程和速度。

5-3 在半径为 $R=0.5$m 的鼓轮上绕一绳子，绳的一端挂有重物，如图所示。重物以 $s=0.1t^2$（t 以 s 计，s 以 m 计）的规律下降并带动鼓轮转动，求运动开始 1s 后，鼓轮边缘上最高处 M 点的速度。

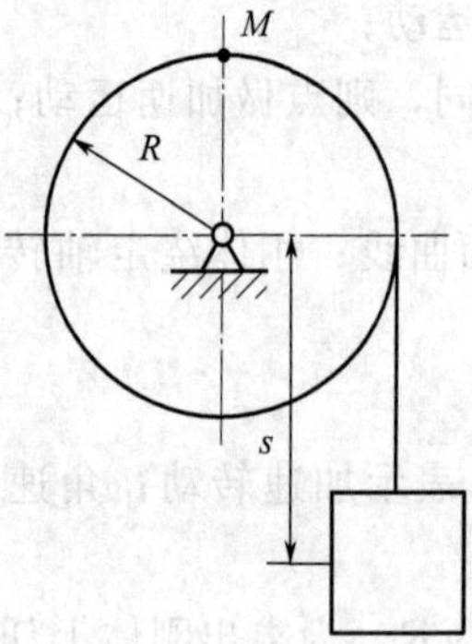

习题 5-3 图

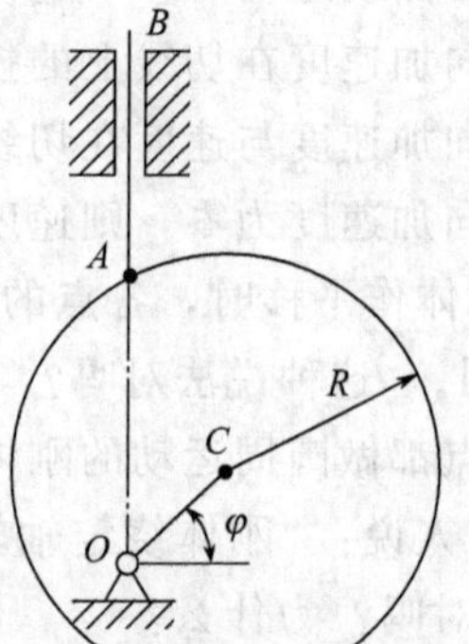

习题 5-4 图

5-4 如图所示，偏心凸轮半径为 R，绕 O 轴转动，转角 $\varphi=\omega t$（ω 为常量），偏心距 $OC=e$，凸轮带动顶杆 AB 沿铅垂直线做往复运动。试求顶杆的运动方程和速度。

5-5 如图所示，曲柄滑杆机构中，滑杆上有一圆弧形滑道，其半径 $R=100$mm，圆心 O_1 与导杆 BC 在同一直线上。曲柄长 $OA=100$mm，以等角速度 $\omega=4$rad/s 绕 O 轴转动。求导杆 BC 的运动规律以及当曲柄与水平线间的交角 $\varphi=30°$时，导杆 BC 的速度和加速度。

5-6 如图所示，曲柄 CB 以等角速度 ω_0 绕 C 轴转动，其转动方程为 $\varphi=\omega_0 t$。滑块 B 带动摇杆 OA 绕轴 O 转动。设 $OC=h$，$CB=r$。求摇杆 OA 的转动方程。

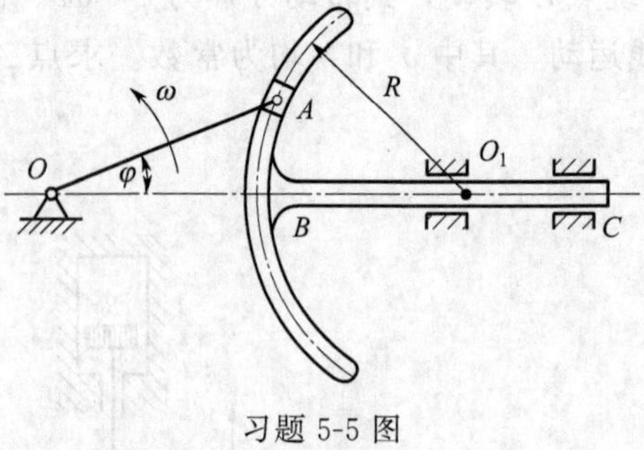

习题 5-5 图

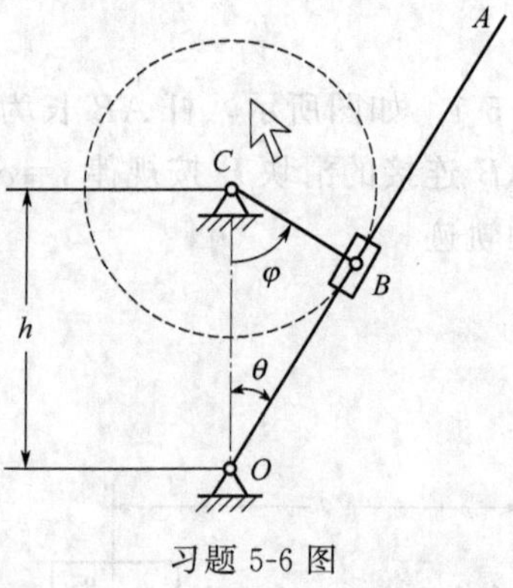

习题 5-6 图

第六章　点的合成运动

点的运动可以合成，也可以分解，我们常把点的比较复杂的运动看成几个简单运动的组合，先研究这些简单运动，然后再把它们合成。本章用合成法研究一个动点相对于不同坐标系运动之间的关系。用点的合成运动理论研究点的运动时，须建立一个动点和两个坐标系，定义三种运动，即绝对运动、相对运动和牵连运动。通过分析三种运动之间的关系，建立三种速度及三种加速度的合成定理。

第一节　点的合成运动的概念

同一物体的运动，如果站在不同的参考体中观察，将得出不同的结果。如图 6-1 所示为直升机匀速垂直下降时，螺旋桨上的 A 点相对于机身（坐标 $O'x'y'z'$）做圆周运动，机身相对于地面（坐标系 $Oxyz$）作直线平移，而 A 点相对于地面则沿一螺旋线运动。又如图 6-2 所示为一塔式起重机起吊货物，已知起重臂绕塔身转动，跑车沿起重臂移动同时货物被提升。若站在地面观察，货物做空间曲线运动；若站在跑车上观察，货物做直线运动；若站在起重臂上观察，货物在铅垂面内做平面曲线运动。由于对于不同的参考体，物体的运动不同，因此速度、加速度也不同。

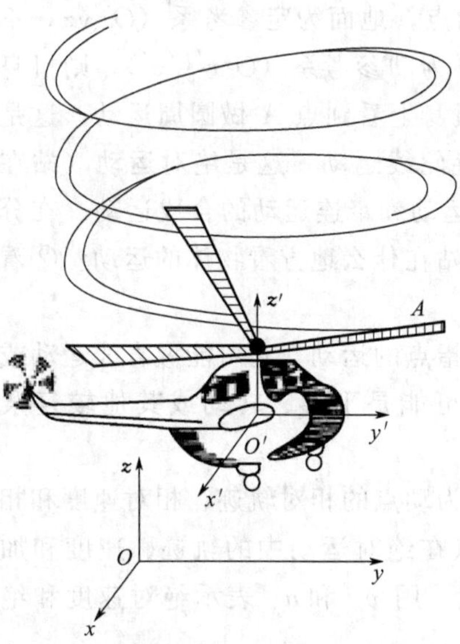

图 6-1

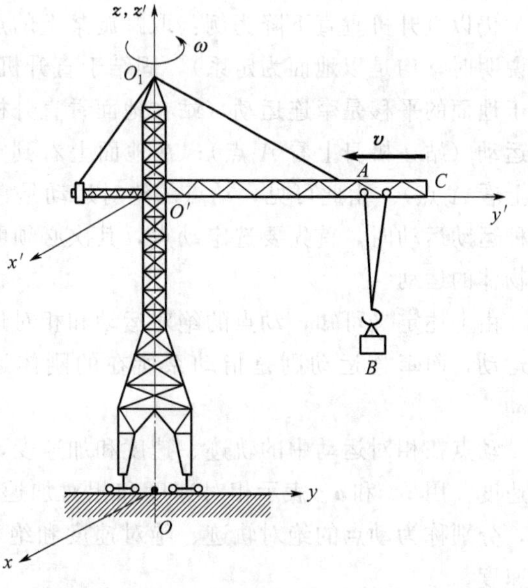

图 6-2

同一个物体相对于不同的参考体有不同的运动，这些运动之间有什么联系呢？通过观察，人们发现物体相对于某一参考体的复杂运动，可由相对其他参考体的几个简单运动复合而成。如直升机螺旋桨上 A 点的螺旋线运动，可以看成该点相对于机身做圆周运动和随机身相对于地面做直线平动这两种简单运动复合而成。如果机身对地面保持静止，则动点 A 做圆周运动；如果螺旋桨不转动而直升机垂直下降，则动点 A 将随机身做直线运动。显然 A 点的螺旋线运动是圆周运动和直线平动合成的结果。点的这种由几个运动组合而成的运动称为点的合成运动或点的复合运动。

点的运动可以合成，也可以分解。我们常把点的比较复杂的运动看成几个简单运动的组合，先研究这些简单运动，然后再把它们合成，这就得到研究点的运动的一种重要方法，即运动的分解与合成。运用运动的分解与合成的方法分析点的运动时，必须选定两个参考系，区分三种运动、三种速度和三种加速度。在工程中，习惯上把固定在地面上的坐标系称为定参考系，简称定系；把固定在其他相对于地球运动的参考体上的坐标系称为动参考系，简称动系。动点相对于定参考系的运动，称为绝对运动；动点相对于动参考系的运动，称为相对运动；动参考系相对于定参考系的运动，称为牵连运动。点的三种运动关系如图 6-3 所示。

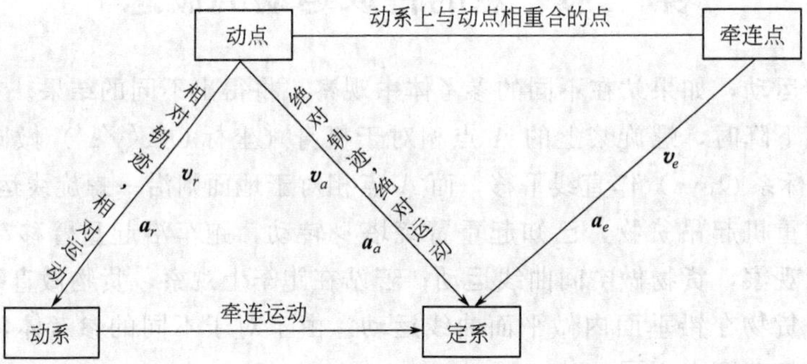

图 6-3

仍以直升机垂直下降为例：取螺旋桨上的点 A 为动点，地面为定参考系（$Oxyz$，不加以说明时，均是以地面为定系），固结于直升机的坐标系为动参考系（$O'x'y'z'$），则机身相对于地面的平移是牵连运动（站在地面看直升机）；在机身上看到点 A 做圆周运动，这是相对运动（站在机身上看 A 点）；在地面上看到点 A 沿旋轮线运动，这是绝对运动（站在地面上看 A 点）。由此可见，动点的绝对运动是它的相对运动和牵连运动的合成运动。在分析三种运动运动时，首先要选定动点，其次必须明确：①站在什么地方看物体的运动？②看什么物体的运动？

由上述定义可知，动点的绝对运动和相对运动都是指点的运动，它可能做直线运动或曲线运动，而牵连运动则是指动系所在的刚体运动，它可能是平移、转动或其他较复杂的运动。

动点在相对运动中的轨迹、速度和加速度，分别称为动点的相对轨迹、相对速度和相对加速度。用 $\boldsymbol{v}_r$ 和 $\boldsymbol{a}_r$ 表示相对速度和相对加速度。动点在绝对运动中的轨迹、速度和加速度，分别称为动点的绝对轨迹、绝对速度和绝对加速度。用 $\boldsymbol{v}_a$ 和 $\boldsymbol{a}_a$ 表示绝对速度和绝对加速度。

对于动点的牵连速度和牵连加速度的定义，必须特别注意。虽然牵连运动是动系相对定系的运动，但动系的运动是整个刚体的运动而不是一个点的运动，所以除非动系做平动；否则，其上各点的速度和加速度是不相同的。动系上与动点的运动直接相关的只有与动点相重合的那一点，该点称为牵连点。所以，动点的牵连速度和牵连加速度定义如下：某瞬时，动坐标系中与动点相重合的那一点（即牵连点）相对定坐标系的速度和加速度，分别称为动点在该瞬时的牵连速度和牵连加速度，用 $\boldsymbol{v}_e$ 和 $\boldsymbol{a}_e$ 表示。

在分析点的合成运动时，一定要将一个动点、两套坐标、三种运动搞清楚。这里的关键问题是动坐标系的选取。选取动坐标系的原则是：动点要对动坐标系有相对运动，故动点与动系不能选在同一物体上，且相对运动轨迹要简单明了。下面举例说明。

【例 6-1】 在平动凸轮机构中，试分析顶杆上点 M 的三种运动，如图 6-4 所示。

解 取点 M 为动点，动系固结在平动的半圆凸轮上。

绝对运动：动点 M 铅直向上做直线运动。

相对运动：动点 M 沿凸轮轮廓曲线的滑动，为一圆周运动。

牵连运动：凸轮的水平直线平移。

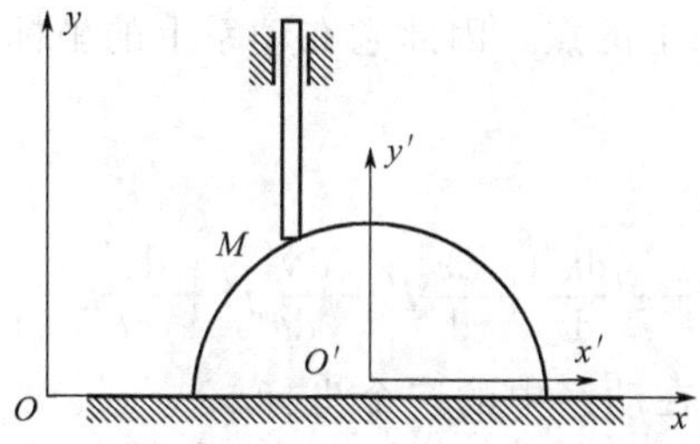

图 6-4

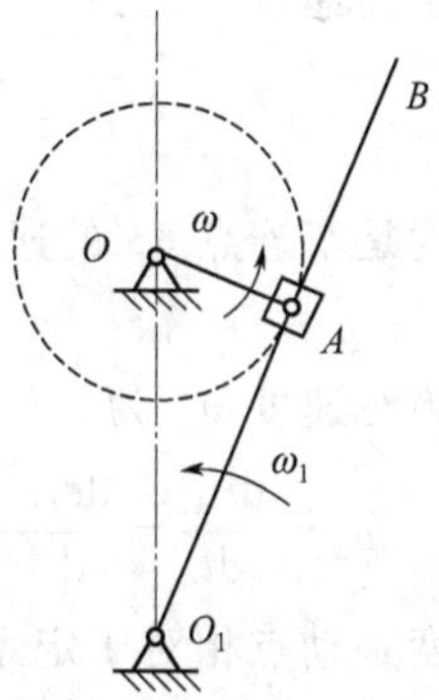

图 6-5

【例 6-2】 牛头刨床机构如图 6-5 所示。曲柄 OA 的一端 A 与滑块用铰链连接，当曲柄 OA 绕固定轴 O 转动时，滑块 A 在摇杆 O_1B 上滑动，并带动摇杆 O_1B 绕 O_1 轴摆动，试分析滑块 A 的三种运动。

解 取滑块 A 为动点，动系固连于摇杆 O_1B 上。

绝对运动：滑块 A 的圆周运动。

相对运动：滑块 A 在摇杆滑槽内的直线运动。

牵连运动：摇杆 O_1B 绕 O_1 轴的转动。

由以上两例可以看出，动点、动系只能分别选在两个相关的物体上，且相对运动轨迹易于确定。

第二节 点的速度合成定理

下面研究点的相对速度、牵连速度和绝对速度三者之间的关系。

在图 6-6 中，$Oxyz$ 为定参考系，$O'x'y'z'$为动参考系。动系坐标原点 O' 在定系中的矢径为 $\boldsymbol{r}_{O'}$，动系的三个单位矢量分别为 $\boldsymbol{i}'_O$、$\boldsymbol{j}'$、$\boldsymbol{k}'$。动点 M 在定系中的矢径为 $\boldsymbol{r}_M$，在动系中的矢径为 $\boldsymbol{r}'$。动系上与动点重合的点（即牵连点）记为 M'，它在定系中的矢径为 $\boldsymbol{r}_{M'}$。由图中几何关系，有

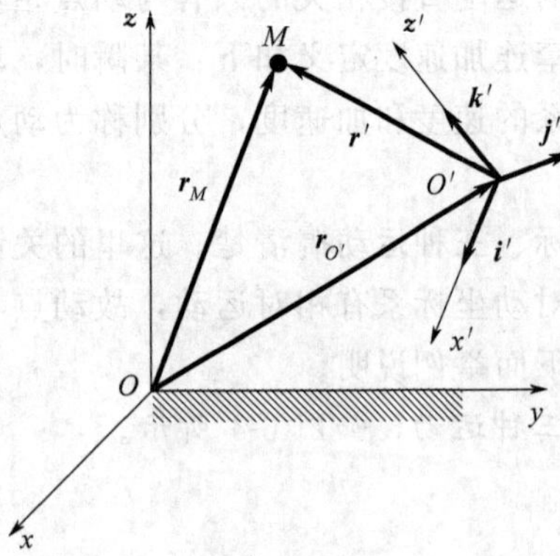

图 6-6

$$\boldsymbol{r}_M=\boldsymbol{r}_{O'}+\boldsymbol{r}'$$

$$\boldsymbol{r}'=x'\boldsymbol{i}'+y'\boldsymbol{j}'+z'\boldsymbol{k}'$$

在图 6-6 所示瞬时还有：

$$\boldsymbol{r}_M=\boldsymbol{r}_{M'}$$

动点的相对速度 $\boldsymbol{v}_r$ 为：

$$\boldsymbol{v}_r=\frac{\tilde{\mathrm{d}}\boldsymbol{r}'}{\mathrm{d}t}=\frac{\mathrm{d}x'}{\mathrm{d}t}\boldsymbol{i}'+\frac{\mathrm{d}y'}{\mathrm{d}t}\boldsymbol{j}'+\frac{\mathrm{d}z'}{\mathrm{d}t}\boldsymbol{k}' \tag{6-1}$$

由于相对速度 $\boldsymbol{v}_r$ 是动点相对于动参考系的速度，因此在求导时将动系的三个单位矢量 $\boldsymbol{i}'$、$\boldsymbol{j}'$、$\boldsymbol{k}'$视为常矢量。这种导数称为相对导数，在导数符号上加“～”表示，今后凡是用这一符号均代表相对导数。

动点的牵连速度 $\boldsymbol{v}_e$ 为：

$$\boldsymbol{v}_e=\frac{\mathrm{d}\boldsymbol{r}_{M'}}{\mathrm{d}t}=\frac{\mathrm{d}\boldsymbol{r}_{O'}}{\mathrm{d}t}+x'\frac{\mathrm{d}\boldsymbol{i}'}{\mathrm{d}t}+y'\frac{\mathrm{d}\boldsymbol{j}'}{\mathrm{d}t}+z'\frac{\mathrm{d}\boldsymbol{k}'}{\mathrm{d}t} \tag{6-2}$$

牵连速度是牵连点 M'的速度，该点是动系上的点，因此它在动系上的坐标 x'、y'、z'是常量。

动点的绝对速度 $\boldsymbol{v}_a$ 为：

$$\boldsymbol{v}_a=\frac{\mathrm{d}\boldsymbol{r}_M}{\mathrm{d}t}=\frac{\mathrm{d}\boldsymbol{r}_{O'}}{\mathrm{d}t}+x'\frac{\mathrm{d}\boldsymbol{i}'}{\mathrm{d}t}+y'\frac{\mathrm{d}\boldsymbol{j}'}{\mathrm{d}t}+z'\frac{\mathrm{d}\boldsymbol{k}'}{\mathrm{d}t}+\frac{\mathrm{d}x'}{\mathrm{d}t}\boldsymbol{i}'+\frac{\mathrm{d}y'}{\mathrm{d}t}\boldsymbol{j}'+\frac{\mathrm{d}z'}{\mathrm{d}t}\boldsymbol{k}' \tag{6-3}$$

绝对速度是动点相对于定系的速度，动点在动系中的三个坐标 x'、y'、z'是时间的函数；同时由于动系在运动，动系的三个单位矢量的方向也在不断变化，因此，$\boldsymbol{i}'$、$\boldsymbol{j}'$、$\boldsymbol{k}'$也是时间的函数。

由于动点 M 与牵连点 M'仅在该瞬时重合，其他瞬时并不重合，因此 $\boldsymbol{r}_M$ 与 $\boldsymbol{r}_{M'}$对时间的导数是不同的。

将式(6-1)、式(6-2) 带入式(6-3) 得：

$$\boldsymbol{v}_a=\boldsymbol{v}_e+\boldsymbol{v}_r \tag{6-4}$$

由此得到点的速度合成定理：动点在某瞬时的绝对速度等于它在该瞬时的牵连速度与相对速度的矢量和，即动点的绝对速度可以由牵连速度与相对速度所构成的平行四边形的对角线来确定。根据此定理，就可以应用平行四边形法则（几何法）或矢量投影定理（解析法）来求解绝对速度、相对速度或牵连速度。上式包含六个量，分别为各个速度的大小和方向，要已知其中四个量便可求解其余两个未知量。这个平行四边形称为速度平行四边形。

应该指出，在推导速度合成定理时，并未限制动参考系做什么样的运动，因此这个定理适用于牵连运动为任何运动的情况，即动参考系可做平动、转动或其他任何较复杂的运动。

下面举例说明点的速度合成定理的应用。

【例 6-3】 如图 6-7 所示，塔式起重机的水平悬臂以匀角速度 ω 绕铅垂轴 OO_1 转动，同时跑车 A 带着重物 B 沿悬臂运动。如 $\omega=0.1\mathrm{rad/s}$，而跑车的运动规律为 $x=20-0.5t$，其中 x 以 m 计，t 以 s 计，并且悬挂重物的钢索始终保持铅垂。求 $t=10\mathrm{s}$ 时，重物 B 的绝对速度。

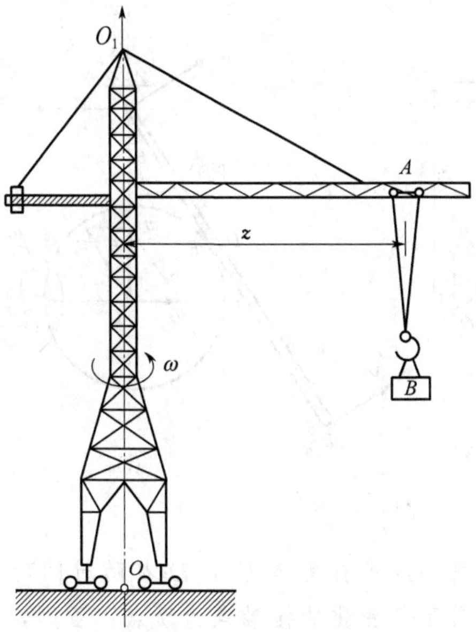

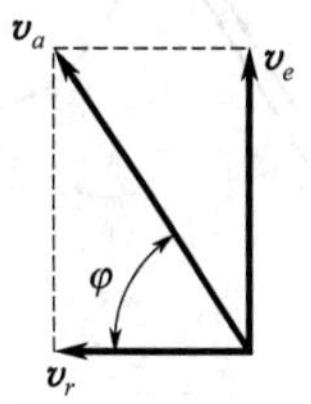

图 6-7

解 选取跑车 A 为动点，悬臂为动系。动点的绝对轨迹为水平面内的曲线，相对轨迹为沿悬臂的直线，牵连运动为悬臂的转动。画出速度平行四边形，可求解。

由于悬挂重物的钢索始终保持铅垂，重物相对跑车无运动，则跑车的绝对速度就是重物 B 的绝对速度。

① 确定动点和动系。本题求重物 B 亦即跑车 A 的绝对速度。故选取跑车 A 为动点，动系 $O'x'y'$ 固结于悬臂上，定系 Oxy 固连于地面。

② 分析三种运动。绝对运动：跑车 A 未知的曲线运动；相对运动：跑车 A 沿水平悬臂直线运动；牵连运动：起重机水平悬臂绕铅垂轴 OO_1 的转动。

③ 速度分析及计算：根据速度合成定理，有：

$$\boldsymbol{v}_a=\boldsymbol{v}_e+\boldsymbol{v}_r$$

式中，绝对速度 $\boldsymbol{v}_a$ 的大小和方向均待求；相对速度 $\boldsymbol{v}_r$ 的大小和方向，从跑车的运动规律 $x=20-0.5t$ 知，当 $t=10\text{s}$ 时，其大小为 0.5m/s，方向沿悬臂向内走；牵连速度 $\boldsymbol{v}_e$ 的大小：$v_e=x\omega$，当 $t=10\text{s}$ 时，$v_e=1.5\text{m/s}$，方向垂直于悬臂向内。

现已知 $\boldsymbol{v}_r$ 和 $\boldsymbol{v}_e$ 的大小和方向，可作出速度平行四边形，如图 6-7(b) 所示。由直角三角形可求得跑车 A 的绝对速度的大小和方向为：

$$v_a=\sqrt{v_r^2+v_e^2}=\sqrt{0.5^2+1.5^2}=1.58\text{m/s}$$

$$\tan\varphi=\frac{v_e}{v_r}=\frac{1.5}{0.5}=3$$

这也就是重物 B 的绝对速度的大小和方向。

【例 6-4】 图 6-8(a) 所示圆盘半径 $r=2\sqrt{3}\,\text{cm}$，以匀角速度 $\omega=2\text{rad/s}$ 绕位于盘缘的水平固定轴 O 转动，并带动杆 AB 绕水平固定轴 A 转动，且 $AB=4r$。试求杆与铅垂线夹角 $\theta=30°$时杆端 B 的速度的大小。

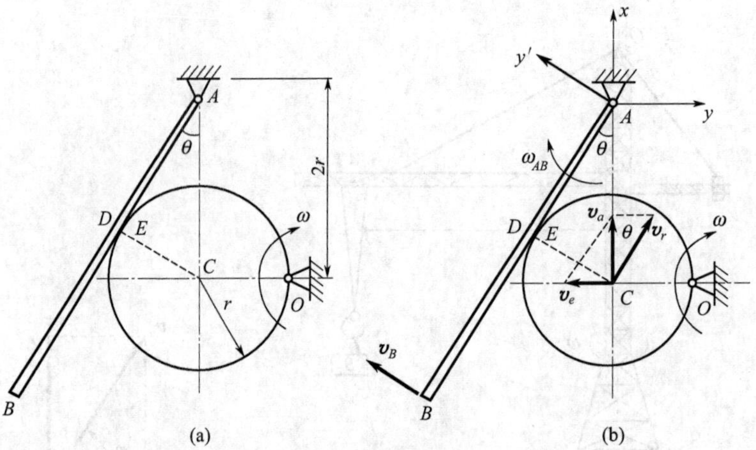

图 6-8

解　此机构在运动过程中，圆盘与杆 AB 的接触点 E 和 D 都随时间而不断变化，没有一个不变的接触点。这时，不宜选择这种不断变化的接触点为动点；否则，动点的相对运动不直观，也不清晰，对于这种类型的题目，动点、动系应该怎样选择，这正是本例要解决的问题。

① 运动分析。为了使动点的相对运动比较直观和清晰，应该进一步分析此机构的运动。本机构在运动过程中，由于圆盘的圆心 C 到直杆 AB 的垂直距离始终保持不变，并等于半径 r。因此，可以选非接触点 C 为动点，动系 $Ax'y'$ 与直杆 AB 相固连，定系与固定支座相固连，如图 6-8(b) 所示。因而有以下各项。

相对运动：动点 C 沿平行于杆 AB 并与杆相距为 r 的直线运动。

牵连运动：随杆 AB 绕水平轴 A 的定轴转动。

绝对运动：动点 C 作以 r 为半径、O 为圆心的圆周运动。

② 速度分析和计算。根据点的速度合成定理，动点 C 的绝对速度：

$$\boldsymbol{v}_a=\boldsymbol{v}_e+\boldsymbol{v}_r$$

式中各参数量及方向见表 6-1。

表 6-1　各参数量及方向

速度	$\boldsymbol{v}_a$	$\boldsymbol{v}_e$	$\boldsymbol{v}_r$
大小	$r\omega$	$AC\times\omega_{AB}$(未知)	未知
方向	$\perp OC$,向上	$\perp AC$	$/\!/AB$

由图 6-8(b) 所示的速度平行四边形，有：

$$v_e=v_a\tan\theta=r\omega\tan\theta$$

$$v_r=\frac{v_a}{\cos\theta}=8\text{cm/s}$$

杆 AB 的角速度：

$$\omega_{AB}=\frac{v_e}{AC}=\frac{r\omega\tan\theta}{2r}=\frac{\sqrt{3}}{3}\text{rad/s}$$

方向为顺时针。

故杆端 B 的速度为：

$$v_B = AB \cdot \omega_{AB} = 8\text{cm/s}$$

总结以上各例题的解题步骤，可归纳总结如下。

(1) 选取动点和动参考系

在选择动点和动参考系时要注意，所选的动点和动参考系不能选在同一个物体上，若选在同一个物体上就没有相对运动。同时要注意，所选择的动点和动参考系一般应使相对轨迹清楚。

(2) 分析三种运动和三种速度

应注意绝对运动和相对运动都是点的运动，而牵连运动是刚体运动。另外，三种速度都有大小和方向两个要素，只有已知四个要素时才能画出速度平行四边形。

绝对运动是怎样的一种运动（直线运动、圆周运动或其他某一种曲线运动）？其轨迹、速度是否已知？

相对运动是怎样的一种运动（直线运动、圆周运动或其他某种曲线运动）？其轨迹、速度是否已知？

牵连运动是怎样的一种运动（平移、转动或其他某一种形式的刚体运动）？牵连速度是否已知？

各种运动的速度都有大小和方向两个要素，只有已知四个要素时才能画出速度平行四边形，才可以求解。

(3) 应用速度合成定理，画出速度平行四边形

必须注意，画图时要使绝对速度成为平行四边形的对角线。

(4) 利用速度平行四边形中的几何关系解出未知数

画出的速度分析图是一个平行四边形，可分解为一个三角形利用几何关系求解。

第三节　牵连运动为平移时点的加速度合成定理

我们知道，速度合成定理对于任何形式的牵连运动都是适用的。但是加速度问题则比较复杂，对于不同形式的牵连运动，会得到不同的结论。这一节先讨论牵连运动为平移时，点的加速度合成问题。

以 $Oxyz$ 表示为定参考系，$O'x'y'z'$ 表示动坐标系，由于动坐标系作为平移，动坐标轴 x'、y'、z' 方向不变，可使 x'、y'、z' 轴和 x、y、z 轴分别平行，如图 6-9 所示。动点 M 在动坐标系下的运动方程（坐标）为 x'、y'、z'，沿着动坐标轴的单位矢量分别为 $\boldsymbol{i}'$、$\boldsymbol{j}'$、$\boldsymbol{k}'$，在动坐标系下对运动方程 x'、y'、z' 对时间求一阶和二阶导数，得动点 M 的相对速度和相对加速度分别为

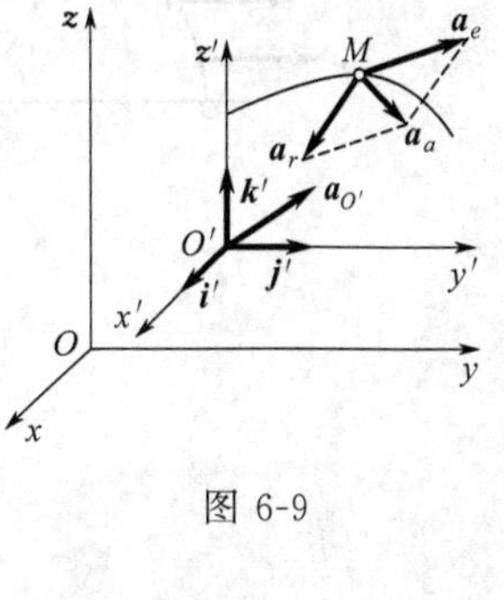

图 6-9

$$\boldsymbol{v}_r = \frac{\mathrm{d}x'}{\mathrm{d}t}\boldsymbol{i}' + \frac{\mathrm{d}y'}{\mathrm{d}t}\boldsymbol{j}' + \frac{\mathrm{d}z'}{\mathrm{d}t}\boldsymbol{k}' \tag{6-5}$$

$$\boldsymbol{a}_r = \frac{\mathrm{d}^2x'}{\mathrm{d}t^2}\boldsymbol{i}' + \frac{\mathrm{d}^2y'}{\mathrm{d}t^2}\boldsymbol{j}' + \frac{\mathrm{d}^2z'}{\mathrm{d}t^2}\boldsymbol{k}' \tag{6-6}$$

由于动系作平移，在任一瞬时，动系上所有各点的速度都与原点 O' 的速度 $\boldsymbol{v}_{O'}$ 相同。因

此，动点的牵连速度 $\boldsymbol{v}_e$ 也就等于$\boldsymbol{v}_{O'}$，即：

$$\boldsymbol{v}_e=\boldsymbol{v}_{O'} \tag{6-7}$$

将式(6-5)、式(6-7) 代入速度合成定理 $\boldsymbol{v}_a=\boldsymbol{v}_e+\boldsymbol{v}_r$，得动点的绝对速度为：

$$\boldsymbol{v}_a=\boldsymbol{v}_e+\boldsymbol{v}_r=\boldsymbol{v}_{O'}+\frac{\mathrm{d}x'}{\mathrm{d}t}\boldsymbol{i}'+\frac{\mathrm{d}y'}{\mathrm{d}t}\boldsymbol{j}'+\frac{\mathrm{d}z'}{\mathrm{d}t}\boldsymbol{k}' \tag{6-8}$$

动点的绝对加速度 $\boldsymbol{a}_a=\frac{\mathrm{d}\boldsymbol{v}_a}{\mathrm{d}t}$。由于动系作平移，单位矢量 $\boldsymbol{i}'$、$\boldsymbol{j}'$、$\boldsymbol{k}'$方向不变，是常矢量，对时间 t 的导数为零，于是有：

$$\boldsymbol{a}_a=\frac{\mathrm{d}\boldsymbol{v}_a}{\mathrm{d}t}=\frac{\mathrm{d}\boldsymbol{v}_{O'}}{\mathrm{d}t}+\frac{\mathrm{d}^2x'}{\mathrm{d}t^2}\boldsymbol{i}'+\frac{\mathrm{d}^2y'}{\mathrm{d}t^2}\boldsymbol{j}'+\frac{\mathrm{d}^2z'}{\mathrm{d}t^2}\boldsymbol{k}' \tag{6-9}$$

其中$\frac{\mathrm{d}\boldsymbol{v}_{O'}}{\mathrm{d}t}=\boldsymbol{a}_{O'}$，是动系原点 O'的加速度。因动系作平移，动系上所有各点的加速度都等于 $\boldsymbol{a}_{O'}$，因而动点的牵连加速度 $\boldsymbol{a}_e$ 等于 $\boldsymbol{a}_{O'}$，即：

$$\frac{\mathrm{d}\boldsymbol{v}_{O'}}{\mathrm{d}t}=\boldsymbol{a}_{O'}=\boldsymbol{a}_e \tag{6-10}$$

又由式(6-6) 知，式(6-9) 中的后三项等于动点的相对加速度，于是有：

$$\boldsymbol{a}_a=\boldsymbol{a}_e+\boldsymbol{a}_r \tag{6-11}$$

式(6-11) 表示：当牵连运动为平移时，在任一瞬时，动点的绝对加速度等于动点的牵连加速度与相对加速度的矢量和。这就是牵连运动为平移时点的加速度合成定理。

【例 6-5】 半径为 r 的半圆形凸轮沿水平向左移动，从而推动顶杆 AB 沿铅垂导轨上下滑动，如图 6-10(a) 所示。在图示位置时，$\varphi=60°$，凸轮具有向左的速度 $\boldsymbol{v}$ 和加速度$\boldsymbol{a}$。试

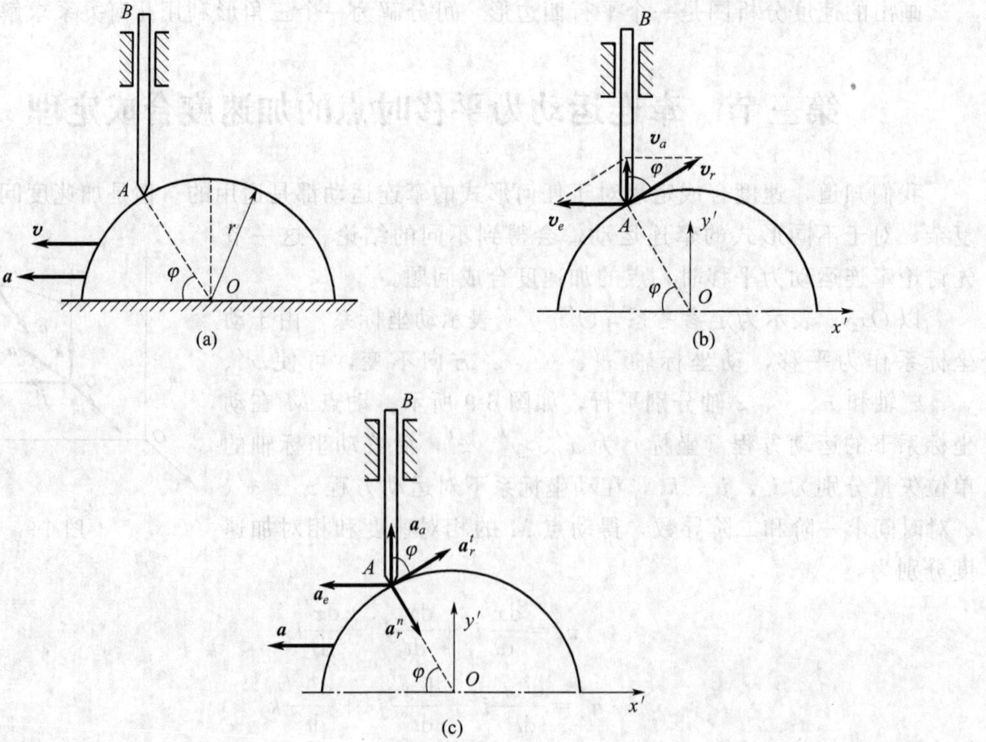

图 6-10

求该瞬时顶杆 AB 的速度和加速度的大小。

解 此题为一个机构运动传递的问题。凸轮向左移动时，推动 AB 杆沿导轨上下滑动。由于杆 AB 作平移，其上各点速度相同，故只要求出 A 点的速度和加速度就可以知道 AB 杆各点的速度及加速度。由于 A 点始终与凸轮接触，因此，宜取 A 点为动点，其相对运动轨迹为凸轮的轮廓，绝对运动轨迹为铅垂直线，牵连运动为水平平移。因为牵连速度和加速度的大小、方向均已知，绝对速度和相对速度方向已知，故可按速度、加速度合成定理求解。

① 运动分析。

选 A 为动点，动坐标系 $Ox'y'$ 固结在凸轮上，静坐标系固结于地面上。因而有

绝对运动：点 A 沿铅垂导轨的直线运动。

相对运动：点 A 沿凸轮表面的圆弧运动。

牵连运动：凸轮的水平直线平动。

② 速度分析和计算。根据点的速度合成定理，动点 A 的绝对速度为：

$$\boldsymbol{v}_a=\boldsymbol{v}_e+\boldsymbol{v}_r$$

式中各参数大小和方向见表 6-2。

表 6-2 各参数大小及方向

速度	$\boldsymbol{v}_a$	$\boldsymbol{v}_e$	$\boldsymbol{v}_r$
大小	未知	v	未知
方向	沿铅垂线	水平向左	$\perp AO$

由此可得速度平行四边形如图 6-10(b) 所示，AB 杆的速度为：

$$v_a=v_e\cot\varphi=v\cot60^\circ=\frac{\sqrt{3}}{3}v$$

方向铅垂向上。相对速度：

$$v_r=\frac{v_e}{\sin\varphi}=\frac{v}{\sin60^\circ}=\frac{2\sqrt{3}}{3}v$$

方向如图 6-10(b) 所示。

③ 加速度分析和计算。由于相对运动为圆弧运动，故相对加速度包括相对切向和相对法相加速度。根据点的加速度合成定理，动点 A 的绝对加速度为：

$$\boldsymbol{a}_a=\boldsymbol{a}_e+\boldsymbol{a}_r^t+\boldsymbol{a}_r^n \tag{a}$$

式中，各参数大小和方向见表 6-3。

表 6-3 各参数大小和方向

加速度	$\boldsymbol{a}_a$	$\boldsymbol{a}_e$	$\boldsymbol{a}_r^t$	$\boldsymbol{a}_r^n$
大小	未知	$\boldsymbol{a}$	未知	v_r/r
方向	铅直	水平向左	$\perp AO$	由 A 指向 O

未知加速度矢量 $\boldsymbol{a}_a$ 和 $\boldsymbol{a}_r^t$ 的指向暂假设如图 6-10(c) 所示。

为使不需求的未知量 $\boldsymbol{a}_r^t$ 在方程中不出现，将式(a) 投影到与 $\boldsymbol{a}_r^t$ 相垂直的 OA 方向上，设由点 O 指向点 A 为投影轴的正向。由图 6-10(c) 可得：

$$a_a\sin\varphi=a_e\cos\varphi-a_r^n=a\cos\varphi-\frac{v_r^2}{r}$$

故杆 AB 的加速度为：

$$a_a = a\cot\varphi - \frac{v_r^2}{r \cdot \sin\varphi} = \frac{\sqrt{3}}{3}\left(a - \frac{8v^2}{3r}\right)$$

注意，牵连运动为平移时点的加速度合成定理 $\boldsymbol{a}_a = \boldsymbol{a}_e + \boldsymbol{a}_r$ 和速度合成定理

$$\boldsymbol{v}_a = \boldsymbol{v}_e + \boldsymbol{v}_r$$

形式相同，但求解方式一般不同。速度合成定理里有 3 项速度，加速度合成定理里最多可有 6 项加速度，分别为绝对切向、法向加速度，牵连切向、法向加速度、相对切向、法向加速度。所以求解速度时一般解一个平行四边形（或三角形）即可，而求解加速度时则一般需用矢量投影的方法。

第四节　牵连运动为定轴转动时点的加速度合成定理

当牵连运动为转动时，加速度合成定理与动系为平移时的情况是不同的。看一例子。设有一半径为 R 的圆盘以匀角速度绕垂直于盘面的 O 轴转动，动点 M 在圆盘边缘顺 ω 转向以匀速 $\boldsymbol{v}_r$ 相对于圆盘运动，如图 6-11。试求 M 点的绝对加速度。

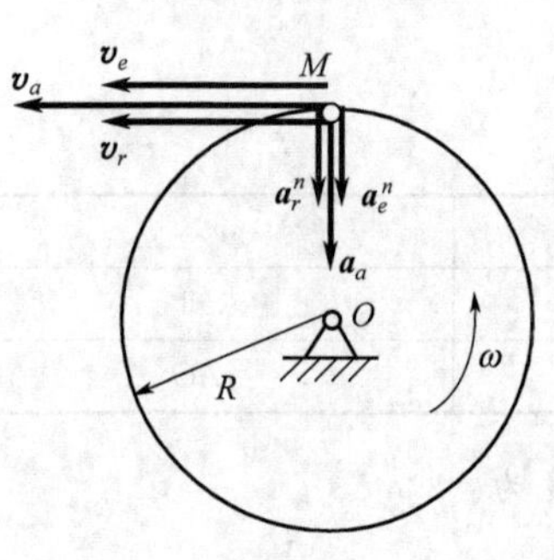

图 6-11

取动系固结于圆盘。由所给条件可见，点的相对轨迹和绝对轨迹是以 O 为圆心、R 为半径的同一个圆。在任一瞬时，M 点的牵连速度 $\boldsymbol{v}_e$ 的大小 $v_e = R\omega$，方向与 $\boldsymbol{v}_r$ 相同。于是，M 点的绝对速度 $\boldsymbol{v}_a$ 的大小 $v_a = v_e + v_r = R\omega + v_r$ 是一个常量。由此可见，M 点的绝对运动是匀速圆周运动，其切向加速度等于 0。因此，M 点的绝对加速度 $\boldsymbol{a}_a$ 的大小是：

$$a_a = \frac{v_a^2}{R} = \frac{(R\omega + v_r)^2}{R} = R\omega^2 + 2\omega v_r + \frac{v_r^2}{R} \tag{6-12}$$

$\boldsymbol{a}_a$ 的方向由 M 指向 O。

式(6-12) 右边第一项 $R\omega^2$ 和第三项 $\frac{v_r^2}{R}$ 分别是 M 点的牵连加速度 $\boldsymbol{a}_e$ 和相对加速度 $\boldsymbol{a}_r$ 的大小（$\boldsymbol{a}_e$ 和 $\boldsymbol{a}_r$ 的方向也都是由 M 指向 O）。可见，M 点的绝对加速度 $\boldsymbol{a}_a$ 中不只是包含 $\boldsymbol{a}_e$ 和 $\boldsymbol{a}_r$，还附加了一项 $2\omega v_r$，式(6-11) 不成立。

再看由公式 $\boldsymbol{a}_a = \boldsymbol{a}_e + \boldsymbol{a}_r$ 的求解。由于圆盘为匀速转动，各点无切向加速度，所以牵连切向加速度 $a_e^t = 0$，而牵连法向加速度：

$$a_e^n = R\omega^2$$

由于相对圆盘的运动也为匀速运动，相对切向加速度 $a_r^t = 0$，相对法向加速度：

$$a_r^n = \frac{v_r^2}{R}$$

由于三项加速度方向相同，由公式 $\boldsymbol{a}_a = \boldsymbol{a}_e + \boldsymbol{a}_r$，得：

$$a_a = a_a^n = a_e^n + a_r^n = R\omega^2 + \frac{v_r^2}{R} \tag{6-13}$$

对此例，用两种方法所得动点的绝对加速度式(6-12)、式(6-13) 明显不一样。在此例

中，动点的绝对运动为匀速圆周运动，其绝对速度为 $v_a = R\omega + v_r$，为两项。求其绝对加速度用公式 $a_a = \frac{v_a^2}{R}$ 所得 $a_a = R\omega^2 + 2\omega v_r + \frac{v_r^2}{R}$，明显无误。但用公式 $\boldsymbol{a}_a = \boldsymbol{a}_e + \boldsymbol{a}_r$ 求解，就差了一项，有了错误。这说明在此种情况下用公式 $\boldsymbol{a}_a = \boldsymbol{a}_e + \boldsymbol{a}_r$ 求解加速度有问题。所以，在动系为定轴转动的情况下，不能用公式 $\boldsymbol{a}_a = \boldsymbol{a}_e + \boldsymbol{a}_r$ 求解其加速度。

这个例子表明，牵连运动为定轴转动时点的加速度合成结果与牵连运动为平移时的情况是不同的。

下面将就一般情况导出牵连运动为定轴转动时点的加速度合成定理。

一、牵连运动是转动时点的加速度合成定理

此处先给出牵连运动是转动时点的加速度合成定理的结论：当牵连运动为转动时，在任一瞬时，动点的绝对加速度等于动点的牵连加速度、相对加速度与科氏加速度三者的矢量和。用公式表示，为：

$$\boldsymbol{a}_a = \boldsymbol{a}_e + \boldsymbol{a}_r + 2\boldsymbol{\omega}_e \times \boldsymbol{v}_r \tag{6-14}$$

式(6-14) 中的最后一项 $2\omega_e \times v_r$，是由 $\frac{\mathrm{d}\boldsymbol{v}_e}{\mathrm{d}t}$ 和 $\frac{\mathrm{d}\boldsymbol{v}_r}{\mathrm{d}t}$ 中的两个 $\omega_e \times \boldsymbol{v}_r$ 相加而成的，如上所述，它是牵连运动与相对运动相互影响而有的一个加速度，称为科氏加速度，并用 $\boldsymbol{a}_c$ 表示，则有：

$$\boldsymbol{a}_c = 2\boldsymbol{\omega}_e \times \boldsymbol{v}_r \tag{6-15}$$

即科氏加速度等于牵连运动的角速度与动点的相对速度的矢积的二倍。将式(6-15) 代入式(6-14)，便得到动点的绝对加速度的表达式：

$$\boldsymbol{a}_a = \boldsymbol{a}_e + \boldsymbol{a}_r + \boldsymbol{a}_c \tag{6-16}$$

式(6-16) 表明：当牵连运动为转动时，在任一瞬时，动点的绝对加速度等于动点的牵连加速度、相对加速度与科氏加速度三者的矢量和。这就是牵连运动为转动时点的加速度合成定理。

根据矢积的运算规则，$\boldsymbol{a}_c$ 的大小为：

$$a_c = 2\omega_e v_r \sin\theta \tag{6-17}$$

其中 θ 为 ω_e 与 $\boldsymbol{v}_r$ 间的夹角（小于 π），$\boldsymbol{a}_c$ 的方位垂直于 ω_e 与 $\boldsymbol{v}_r$ 所构成的平面，指向按右手法则确定，如图 6-12 所示。

科氏加速度是法国数学家科利奥里于 1832 年发现的，因而命名为科利奥里加速度，简称科氏加速度。

科氏加速度产生的原因，从式(6-15)，简单说是由于动系为转动时，牵连运动与相对运动相互影响而产生的。因为从式(6-15) 可以看出，若牵连角速度 $\omega_e = 0$，或者相对速度 $v_r = 0$，则科氏加速度等于零。至于更详细的解释，可参看有关教材和书籍。而完整的理论证明，可参看下面的推导。

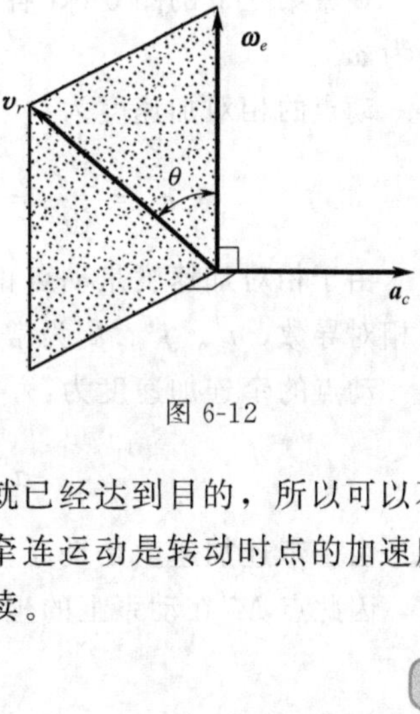

图 6-12

牵连运动是转动时点的加速度合成定理的推导比较复杂，作为一般读者，能熟练地使用加速度合成定理的公式求解问题就已经达到目的，所以可以不关心牵连运动是转动时点的加速度合成定理的推导。下面给出牵连运动是转动时点的加速度合成定理的推导，读者可以根据自己的情况，选择阅读或不阅读。

二※、牵连运动是转动时点的加速度合成定理的推导

1. 矢量对时间的绝对导数和相对导数

为便于推导，先分析动参考系为定轴转动时，其单位矢量 $\boldsymbol{i}'$、$\boldsymbol{j}'$、$\boldsymbol{k}'$对时间的导数。设动参考系 $O'x'y'z'$ 以角速度 $\boldsymbol{\omega}_e$ 绕定轴转动，角速度矢量为 $\boldsymbol{\omega}_e$。不失一般性，可把定轴取为定坐标轴的 z 轴，如图 6-13 所示。

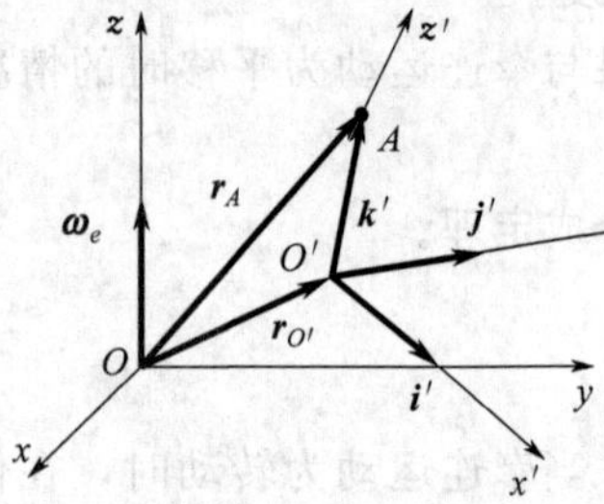

图 6-13

先分析 $\boldsymbol{k}'$对时间的导数。设 $\boldsymbol{k}'$的矢端点 A 的矢径为 $\boldsymbol{r}_A$，则点 A 的速度既等于矢径 $\boldsymbol{r}_A$ 对时间的一阶导数，又可用角速度矢 $\boldsymbol{\omega}_e$ 和矢径 $\boldsymbol{r}_A$ 的矢积表示，即：

$$\boldsymbol{v}_A=\frac{\mathrm{d}\boldsymbol{r}_A}{\mathrm{d}t}=\boldsymbol{\omega}_e\times\boldsymbol{r}_A$$

由图 6-13，有：

$$\boldsymbol{r}_A=\boldsymbol{r}_{O'}+\boldsymbol{k}'$$

其中 $\boldsymbol{r}_{O'}$ 为动系原点 O'的矢径，将上式代入前式，得：

$$\frac{\mathrm{d}\boldsymbol{r}_{O'}}{\mathrm{d}t}+\frac{\mathrm{d}\boldsymbol{k}'}{\mathrm{d}t}=\boldsymbol{\omega}_e\times(\boldsymbol{r}_{O'}+\boldsymbol{k}')$$

由于动系原点 O'的速度为：

$$\boldsymbol{v}_{O'}=\frac{\mathrm{d}\boldsymbol{r}_{O'}}{\mathrm{d}t}=\boldsymbol{\omega}_e\times\boldsymbol{r}_{O'}$$

代入前式，得：

$$\frac{\mathrm{d}\boldsymbol{k}'}{\mathrm{d}t}=\boldsymbol{\omega}_e\times\boldsymbol{k}'$$

$\boldsymbol{i}'$、$\boldsymbol{j}'$的导数与上式相似，合写为：

$$\dot{\boldsymbol{i}}'=\boldsymbol{\omega}_e\times\boldsymbol{i}',\ \dot{\boldsymbol{j}}'=\boldsymbol{\omega}_e\times\boldsymbol{j}',\ \dot{\boldsymbol{k}}'=\boldsymbol{\omega}_e\times\boldsymbol{k}' \tag{6-18}$$

式(6-18) 是在动系做定轴转动情况下证明的。当动参考系做任意运动时，可以证明式(6-18) 仍然是正确的，这时 $\boldsymbol{\omega}_e$ 为动系在该瞬时的角速度矢。

2. 动系转动时的加速度合成定理

观察第三节的图 6-6，各符号及字母的意义与第三节相同，并设动系在该瞬时的角速度矢为 $\boldsymbol{\omega}_e$。

动点的相对加速度为：

$$\boldsymbol{a}_r=\frac{\mathrm{d}^2\tilde{\boldsymbol{r}}'}{\mathrm{d}t^2}=\frac{\mathrm{d}^2x'}{\mathrm{d}t^2}\boldsymbol{i}'+\frac{\mathrm{d}^2y'}{\mathrm{d}t^2}\boldsymbol{j}'+\frac{\mathrm{d}^2z'}{\mathrm{d}t^2}\boldsymbol{k}'=\ddot{x}'\boldsymbol{i}'+\ddot{y}'\boldsymbol{j}'+\ddot{z}'\boldsymbol{k}' \tag{6-19}$$

由于相对加速度是动点相对于动系的加速度，即在动系上观察的动点的加速度，因此使用相对导数，$\boldsymbol{i}'$、$\boldsymbol{j}'$、$\boldsymbol{k}'$为常矢量。

动点的牵连加速度为：

$$\boldsymbol{a}_e=\frac{\mathrm{d}^2\boldsymbol{r}_{M'}}{\mathrm{d}t^2}=\ddot{\boldsymbol{r}}_{O'}+x'\ddot{\boldsymbol{i}}'+y'\ddot{\boldsymbol{j}}'+z'\ddot{\boldsymbol{k}}' \tag{6-20}$$

由于牵连加速度是动系上与动点重合那一点即牵连点 M'的加速度，该点是动系上的点，因此点 M'在动系上的坐标 x'、y'、z'是常量。

动点的绝对加速度为：

$$\boldsymbol{a}_a=\frac{\mathrm{d}^2\boldsymbol{r}_M}{\mathrm{d}t^2}=\ddot{\boldsymbol{r}}_{O'}+x'\ddot{\boldsymbol{i}}'+y'\ddot{\boldsymbol{j}}'+z'\ddot{\boldsymbol{k}}'+\ddot{x}'\boldsymbol{i}'+\ddot{y}'\boldsymbol{j}'+\ddot{z}'\boldsymbol{k}'+2(\dot{x}'\dot{\boldsymbol{i}}'+\dot{y}'\dot{\boldsymbol{j}}'+\dot{z}'\dot{\boldsymbol{k}}') \quad (6\text{-}21)$$

绝对加速度是动点相对于定系的加速度，动点在动系中的坐标 x'、y'、z'是时间的函数；同时由于动系在运动，动系的三个单位矢量 $\boldsymbol{i}'$、$\boldsymbol{j}'$、$\boldsymbol{k}'$的方向也在不断变化，它们也是时间的函数，因此有上式的结果。

由式(6-18) 及式(6-1)，有：

$$\begin{aligned}2(\dot{x}'\dot{\boldsymbol{i}}'+\dot{y}'\dot{\boldsymbol{j}}'+\dot{z}'\dot{\boldsymbol{k}}')&=2[\dot{x}'(\boldsymbol{\omega}_e\times\boldsymbol{i}')+\dot{y}'(\boldsymbol{\omega}_e\times\boldsymbol{j}')+\dot{z}'(\boldsymbol{\omega}_e\times\boldsymbol{k}')]\\&=2\boldsymbol{\omega}_e\times(\dot{x}'\boldsymbol{i}'+\dot{y}'\boldsymbol{j}'+\dot{z}'\boldsymbol{k}')=2\boldsymbol{\omega}_e\times\boldsymbol{v}_r\end{aligned} \quad (6\text{-}22)$$

将式(6-19)、式(6-20) 及式(6-22) 代入式(6-21)，得：

$$\boldsymbol{a}_a=\boldsymbol{a}_e+\boldsymbol{a}_r+2\boldsymbol{\omega}_e\times\boldsymbol{v}_r$$

此结果即为牵连运动是转动时点的加速度合成定理，推导结束。

顺便说明，式(6-22) 为牵连运动是转动时点的加速度合成定理。可以证明，当牵连运动为任意运动时，点的加速度合成定理式(6-14) 都成立，它是点的加速度合成定理的普遍形式。当牵连运动为平移时，因其没有角速度 $\boldsymbol{\omega}_e$，$\omega_e=0$，所以科氏加速度 $a_c=0$，有 $\boldsymbol{a}=\boldsymbol{a}_e+\boldsymbol{a}_r$。即为动系平移时的加速度合成定理。

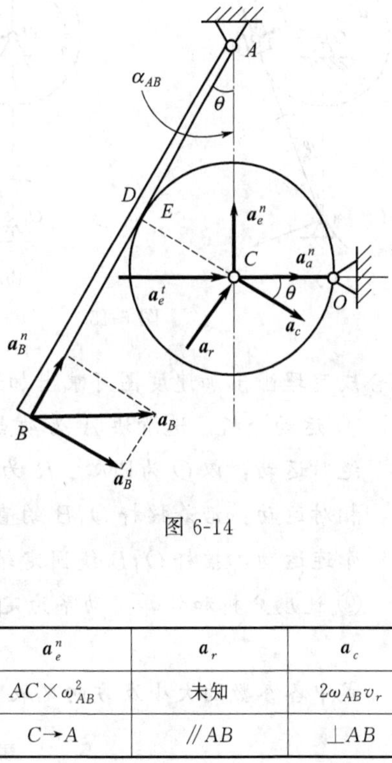

图 6-14

【例 6-6】 试求例 6-4 中，图 6-14 示瞬时杆端 B 的加速度的大小。

解 动点、动系的取法，运动分析和速度分析与【例 6-4】相同，下面进行加速度分析。

为求杆端 B 的加速度，必须先求得杆 AB 的角加速度 α_{AB}，而根据牵连运动为定轴转动时的点的加速度合成定理，有：

$$\boldsymbol{a}_a^t+\boldsymbol{a}_a^n=\boldsymbol{a}_e^t+\boldsymbol{a}_e^n+\boldsymbol{a}_r+\boldsymbol{a}_c \quad (6\text{-}23)$$

式中各参数大小及方向见表 6-4。

表 6-4 各参数大小及方向

加速度	$\boldsymbol{a}_a^t$	$\boldsymbol{a}_a^n$	$\boldsymbol{a}_e^t$	$\boldsymbol{a}_e^n$	$\boldsymbol{a}_r$	$\boldsymbol{a}_c$
大小	0	$r\omega^2$	$AC\times\alpha_{AB}$(未知)	$AC\times\omega_{AB}^2$	未知	$2\omega_{AB}v_r$
方向		$C\to O$	$\perp CA$	$C\to A$	$/\!/AB$	$\perp AB$

其中

$$a_a^n=r\omega^2=8\sqrt{3}\,\mathrm{cm/s^2},\ a_e^n=AC\times\omega_{AB}^2=4\sqrt{3}/3\mathrm{cm/s^2}$$

$$a_c=2\omega_{AB}v_r=16\sqrt{3}/3\mathrm{cm/s^2}$$

将式(6-23) 沿垂直 AB 方向投影，这样不需求的未知量 $\boldsymbol{a}_r$ 可不出现在投影方程中，得：

$$a_a^n\cos\theta=a_e^t\cos\theta-a_e^n\sin\theta+a_c$$

即：

$$a_e^t=(a_a^n\cos\theta+a_e^n\sin\theta-a_c)/\cos\theta=4.522\text{cm/s}^2$$

所以，BC 杆的角加速度：

$$\alpha_{AB}=\frac{a_e^t}{AC}=\frac{a_e^t}{2r}=0.65\text{rad/s}^2\quad（逆时针方向）$$

故 B 端的加速度：

$$\boldsymbol{a}_B=\boldsymbol{a}_B^t+\boldsymbol{a}_B^n$$

其中：

$$a_B^t=AB\times\alpha_{AB}=9.01\text{cm/s}^2，a_B^n=AB\times\omega_{AB}^2=4.62\text{cm/s}^2$$

得：

$$a_B=\sqrt{(a_B^t)^2+(a_B^n)^2}=\sqrt{9.01^2+4.62^2}=10.13\text{cm/s}^2$$

【例 6-7】 刨床急回机构如图 6-15 所示。曲柄 OA 的一端 A 与滑块用铰链连接，曲柄 OA 以匀角速度 ω 绕固定轴 O 转动。滑块在摇杆 O_1B 上滑动，带动摇杆 O_1B 绕固定轴 O_1 摆动。曲柄长 $OA=R$，两轴间的距离为 $OO_1=l$。当曲柄在水平位置时，求摇杆 O_1B 的角速度和角加速度。

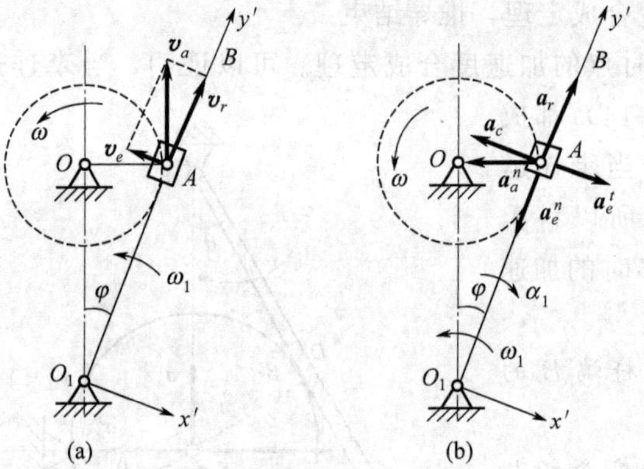

图 6-15

解　与【例 6-5】一样，本例也为机械运动传递问题，考虑到动点、动系的选择，相对轨迹要清楚，此例选滑块 A 为动点，动系建于摇杆 O_1B 上，这样，绝对运动、相对运动和牵连运动均清楚，画出速度图可求解速度；用动系为定轴转动时的加速度合成定理画出加速度图可求出加速度。

① 运动分析。选滑块 A 为动点，把动系建于摇杆 O_1B 上。因而

绝对运动：以 O 为圆心、R 为半径的圆周运动；

相对运动：沿着摇杆 O_1B 的直线运动；

牵连运动：摇杆 O_1B 绕固定轴 O_1 的转动。

② 速度分析和计算。动系为定轴转动，速度图如图 6-15(a) 所示，根据速度合成定理：

$$\boldsymbol{v}_a=\boldsymbol{v}_e+\boldsymbol{v}_r$$

式中各参数的大小及方向见表 6-5。

表 6-5　各参数的大小及方向

速度	$\boldsymbol{v}_a$	$\boldsymbol{v}_e$	$\boldsymbol{v}_r$
方向	$R\omega$	未知	未知
大小	$\perp OA$	$\perp O_1B$	沿 O_1B

由速度图知

$$v_e=v_a\sin\varphi=v_a\frac{R}{\sqrt{R^2+l^2}}=\frac{R^2\omega}{\sqrt{R^2+l^2}}$$

故摇杆 O_1B 的角速度 ω_1：

$$\omega_1=\frac{v_e}{O_1A}=\frac{R^2\omega}{R^2+l^2}$$

方向如图。

③ 加速度分析和计算。加速度方向如图 6-15(b) 所示，由加速度合成定理：

$$\boldsymbol{a}_a=\boldsymbol{a}_e^t+\boldsymbol{a}_e^n+\boldsymbol{a}_r+\boldsymbol{a}_c \tag{6-24}$$

式中各参数大小及方向见表 6-6。

表 6-6　各参数大小及方向

加速度	$\boldsymbol{a}_a$	$\boldsymbol{a}_e^t$	$\boldsymbol{a}_e^n$	$\boldsymbol{a}_r$	$\boldsymbol{a}_c$
大小	$R\omega^2$	未知	$O_1A\cdot\omega_1^2$	未知	$2\omega_1 v_r$
方向	由 A 指向 O	$\perp O_1B$	由 B 指向 O_1	沿 O_1B	$\perp O_1B$

其中：

$$a_e^n=\omega_1^2\cdot O_1A=\left(\frac{R^2\omega}{R^2+l^2}\right)^2\cdot\sqrt{R^2+l^2}=\frac{R^4\omega^2}{(R^2+l^2)^{3/2}}$$

又有：

$$v_r=v_a\cos\varphi=\frac{R\omega l}{\sqrt{R^2+l^2}}$$

故科氏加速度为：

$$a_c=2\omega_1 v_r\sin 90°=\frac{2R^3\omega^2 l}{(R^2+l^2)^{3/2}}$$

为了避开求相对加速度 $\boldsymbol{a}_r$，把式(6-24) 沿图示 x' 轴投影，得：

$$-a_a\cos\varphi=a_e^t-a_c$$

解得：

$$a_e^t=-\frac{Rl(l^2-R^2)}{(l^2+R^2)^{3/2}}\omega^2$$

式中 $l^2-R^2>0$，故 a_e^t 为负值。负号表示真实方向与图中假设的指向相反。最后摇杆 O_1B 的角加速度为：

$$\alpha=\frac{a_e^t}{O_1A}=-\frac{Rl(l^2-R^2)}{(R^2+l^2)^2}\omega^2$$

负号表示与图中假设的指向相反，α 的真实转向为逆时针转向。

【例 6-8】 如图 6-16，半径为 $r=\sqrt{3}e$、偏心距为 $OC=e$ 的凸轮，以匀角速度 ω 绕 O 轴转动，并使滑槽内直杆 AB 上下移动，设 OAB 在一条直线上，试求在图示 $\angle OCA=90°$ 位置时，杆 AB 的速度及加速度。

解 ① 运动分析。在机构运动过程中，顶杆上的端点 A 恒为接触点，凸轮上与杆端 A 的接触点在不断变化。因此，可选杆端 A 为动点，动系 $Ox'y'$ 与凸轮固连，定系与固定支座固连。因而有

绝对运动：点 A 沿铅直导轨的直线运动；

相对运动：点 A 沿凸轮表面的圆运动；

牵连运动：随凸轮绕过点 O 的固定轴的定轴转动。

② 速度分析和计算。根据速度合成定理，动点 A 的绝对速度为：

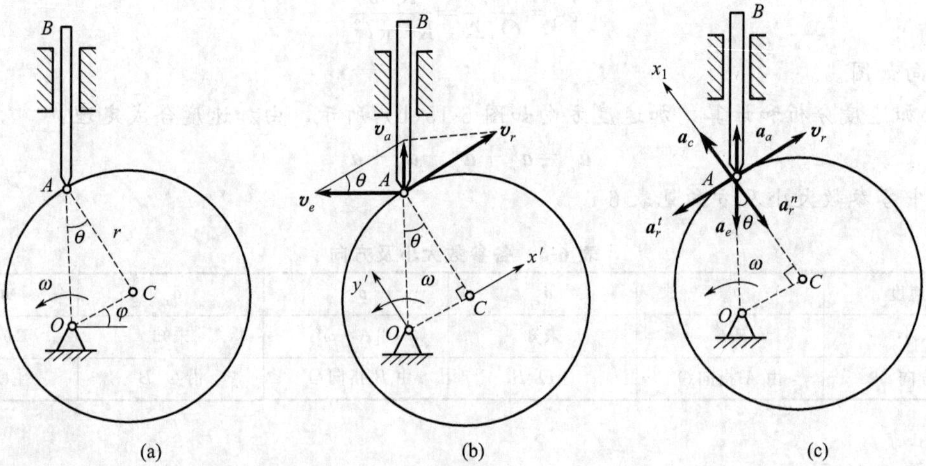

图 6-16

$$\boldsymbol{v}_a=\boldsymbol{v}_e+\boldsymbol{v}_r \tag{6-25}$$

式中各参数大小及方向见表 6-7。

表 6-7 各参数大小及方向

速度	$\boldsymbol{v}_a$	$\boldsymbol{v}_e$	$\boldsymbol{v}_r$
大小	未知	$OA\times\omega$	未知
方向	铅直	水平向左	$\perp AC$

作出速度平行四边形如图 6-16(b) 所示，故杆 AB 的速度为：

$$v_a=v_e\tan\theta=2e\omega\cdot\frac{\sqrt{3}}{3}$$

其方向铅直向上。相对速度为：

$$v_r=\frac{v_e}{\cos\theta}=\frac{2e\omega}{\cos30^\circ}=\frac{4\sqrt{3}}{3}e\omega$$

其方向如图 6-16(b) 所示。

③ 加速度分析和计算。根据牵连运动是定轴转动的加速度合成定理，有：

$$\boldsymbol{a}_a=\boldsymbol{a}_e+\boldsymbol{a}_r^t+\boldsymbol{a}_r^n+\boldsymbol{a}_c \tag{6-26}$$

式中各参数大小及方向见表 6-8。

表 6-8 各参数大小及方向

加速度	$\boldsymbol{a}_a$	$\boldsymbol{a}_e$	$\boldsymbol{a}_r^t$	$\boldsymbol{a}_r^n$	$\boldsymbol{a}_c$
大小	未知	$OA\times\omega^2$	未知	v_r^2/r	$2\omega v_r$
方向	铅直	铅直	$\perp AC$	$A\rightarrow C$	沿 CA

把式(6-26) 投影到 x_1 轴上［如图 6-16(c) 所示］

$$a_a\cos\theta=-a_e\cos\theta-a_r^n+a_c$$

故 AB 杆的速度为：

$$a_a=-a_e-\frac{a_r-a_c}{\cos\theta}=-\frac{2}{9}e\omega^2$$

加速度值为负，说明其真实方向为铅垂向下。

【例 6-9】 在北半球纬度 φ 处有一河流，河水沿着与正东成 φ 角的方向流动，流速为 $\boldsymbol{v}_r$，如图 6-17(a) 所示，考虑地球自转的影响，求河水的科氏加速度。

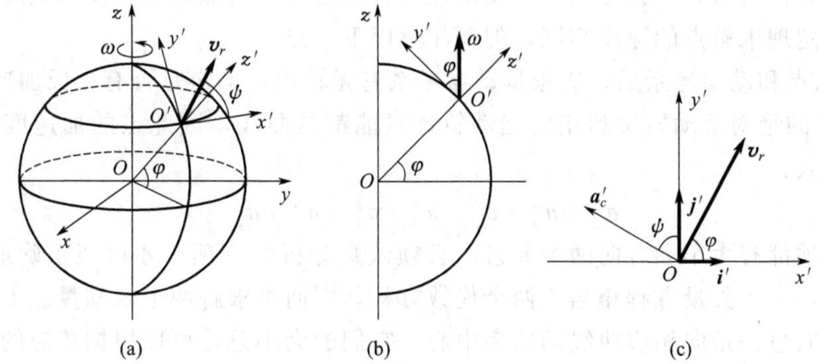

图 6-17

解 因为只考虑地球自转的影响，所以可取地心坐标系为定系，以地轴为 z 轴，x、y 轴由地心 O 分别指向两个遥远的恒星。因此，此坐标系不受地球自转影响。以水流所在处 O' 为原点，选动系 $O'x'y'z'$ 固结于地球上，轴 x'、y' 在水平面内，轴 x' 指向东，轴 y' 指向北，轴 z' 铅直向上［图 6-17(a)］。地球绕 z 轴自转的角速度以 ω 表示。为了便于求 $\boldsymbol{a}_c$，过 O' 点画出地球自转的角速度矢 $\boldsymbol{\omega}$［图 6-17(b)］。

根据定义，科氏加速度

$$\boldsymbol{a}_c = 2\boldsymbol{\omega} \times \boldsymbol{v}_r$$

由图 6-17 可见：

$$\boldsymbol{\omega} = \omega\cos\varphi\boldsymbol{j}' + \omega\sin\varphi\boldsymbol{k}',\quad \boldsymbol{v}_r = v_r\cos\psi\boldsymbol{i}' + v_r\sin\psi\boldsymbol{j}'$$

其中 $\boldsymbol{i}'$、$\boldsymbol{j}'$ 和 $\boldsymbol{k}'$ 为沿 $O'x'y'$ 和 z' 轴的单位矢量。于是有：

$$\boldsymbol{a}_c = 2\boldsymbol{\omega} \times \boldsymbol{v}_r = 2\omega v_r(-\sin\varphi\sin\psi\boldsymbol{i}' + \sin\varphi\sin\psi\boldsymbol{j}' - \cos\varphi\cos\psi\boldsymbol{k}') \tag{6-27}$$

由此可得：

$$\begin{aligned} \boldsymbol{a}_c &= 2\boldsymbol{\omega} \times \boldsymbol{v}_r\sqrt{\sin^2\varphi\sin^2\psi + \sin^2\varphi\cos^2\psi + \cos^2\varphi\cos^2\psi} \\ &= 2\omega v_r\sqrt{\sin^2\varphi + \cos^2\varphi\cos^2\psi} \end{aligned} \tag{6-28}$$

可见，当 $\psi = 0°$ 或 $180°$，即水流向东或向西时，a_c 具有极大值 $2\omega v_r$；而当 $\psi = 90°$ 或 $270°$，即水流向北或向南时，a_c 具有极小值 $2\omega v_r\sin\varphi$。

现在求 $\boldsymbol{a}_c$ 在水平面 $O'x'y'$ 上的投影 $\boldsymbol{a}_c'$。这只需取式(6-27) 右边的前两项，即：

$$\begin{aligned} \boldsymbol{a}_c' &= 2\omega v_r(-\sin\varphi\sin\psi\boldsymbol{i}' + \sin\varphi\cos\psi\boldsymbol{j}') \\ &= 2\omega v_r\sin\varphi[\cos(90° + \psi)\boldsymbol{i}' + \sin(90° + \psi)\boldsymbol{j}'] \end{aligned} \tag{6-29}$$

由式(6-29) 可得：

$$a_c = 2\omega v_r\sin\varphi$$

上式表明，不论 ψ 为何值，即不论水流方向如何，科氏加速度在水平面上的投影都等于 $2\omega v_r\sin\varphi$。

至于 $\boldsymbol{a}_c'$ 的方向，由式(6-29) 可知，$\boldsymbol{a}_c'$ 与 x' 轴成角 $90° + \psi$，即与 $\boldsymbol{v}_r$ 垂直。由图 6-17 可以看出，顺 $\boldsymbol{v}_r$ 方向看去，$\boldsymbol{a}_c'$ 是向左的。

由牛顿第二定律可知水流有向左的科氏加速度是由于河的右岸对水流作用有向左的

力。根据作用与反作用定律，水流对右岸必有反作用力。由于这个力的经常不断的作用使河的右岸受到冲刷。这就解释了在自然界观察到的一种现象：在北半球，河流冲刷右岸比较显著。

总结以上各例的解题步骤可见，应用加速度合成定理求解点的加速度，其步骤基本上与应用速度合成定理求解点的速度相同，但要注意以下几点。

① 选择动点和动参考系后，应根据动参考系有无转动，确定是否有科氏加速度。

② 因为点的绝对运动轨迹和相对运动轨迹可能都是曲线，因此点的加速度合成定理一般写成如下形式：

$$\boldsymbol{a}_a^t+\boldsymbol{a}_a^n=\boldsymbol{a}_e^t+\boldsymbol{a}_e^n+\boldsymbol{a}_r^t+\boldsymbol{a}_r^n+\boldsymbol{a}_c$$

式中每一项都有大小和方向两个要素，必须认真分析每一项，才可能正确地解决问题。在平面问题中，一个矢量方程相当于两个代数方程，因而可求解两个未知量。上式中各项法向加速度的方向总是指向相应曲线的曲率中心，它们的大小总是可以根据相应的速度大小和曲率半径求出。因此在应用加速度合成定理时，一般应先进行速度分析，这样各项法向加速度都是已知量。

科氏加速度 $\boldsymbol{a}_c$ 的大小和方向由牵连角速度 $\boldsymbol{\omega}_e$ 和相对速度 $\boldsymbol{v}_r$ 确定，它们也完全可以通过速度分析求出，因此 $\boldsymbol{a}_c$ 的大小和方向两个要素也是已知的。这样，在加速度合成定理中只有三项切向加速度的六个要素可能是待求量，若知其中的四个要素，则余下的两个要素就完全可求了。

在应用加速度合成定理时，正确地选取动点和动系是很重要的。动点相对于动系是运动的，因此它们不能处于同一体上。选择动点、动系时还要注意相对运动轨迹是否清楚。若相对运动轨迹不清楚，则相对加速度 $\boldsymbol{a}_r^t$、$\boldsymbol{a}_r^n$ 的方向就难以确定，从而使待求量个数增加，致使求解困难。

小结

1. 本章用合成法研究了一个动点相对于不同坐标系的运动之间的关系。利用这一关系可以解决复杂点的运动问题。

2. 用点的合成运动理论研究点的运动时，必须正确选择一个动点，两套坐标；分析三种运动、三种速度及三种加速度。点的绝对运动为点的牵连运动和相对运动的合成结果。

① 绝对运动：动点相对于定参考系的运动；

② 相对运动：动点相对于动参考系的运动；

③ 牵连运动：动参考系相对于定参考系的运动。

3. 点的速度合成定理

$$\boldsymbol{v}_a=\boldsymbol{v}_e+\boldsymbol{v}_r$$

① 绝对速度 $\boldsymbol{v}_a$：动点相对于定参考系的速度；

② 相对速度 $\boldsymbol{v}_r$：动点相对于动参考系的速度；

③ 牵连速度 $\boldsymbol{v}_e$：动参考系上与动点相重合的那一点（牵连点）相对于定参考系运动的速度。速度合成定理适用于牵连运动是任何运动的情况，即动参考系可作平移、转动或其他任何较复杂的运动。

4. 点的加速度合成定理

$$\boldsymbol{a}_a=\boldsymbol{a}_e+\boldsymbol{a}_r+\boldsymbol{a}_c$$

① 绝对加速度 $\boldsymbol{a}_a$：动点相对于定参考系的加速度；

② 相对加速度 $\boldsymbol{a}_r$：动点相对于动参考系的加速度；

③ 牵连加速度 $\boldsymbol{a}_e$：动参考系上与动点相重合的那一点（牵连点）相对于定参考系运动的加速度；

④ 科氏加速度 $\boldsymbol{a}_c$：牵连运动为转动时，牵连运动和相对运动相互影响而出现的一项附加的加速度。$\boldsymbol{a}_c=2\boldsymbol{\omega}_e\times\boldsymbol{v}_r$，当动参考系作平移，或 $\boldsymbol{v}_r=0$，或 $\boldsymbol{\omega}_e$ 与 $\boldsymbol{v}_r$ 平行时，$\boldsymbol{a}_c=0$。

思考题

6-1　如思考题 6-1 图所示，曲柄 OA 以匀角速度转动，(a)、(b) 两图中哪一种分析正确？

① 以 OA 上的点 A 为动点，以 BC 为动参考体。

② 以 BC 上的点 A 为动点，以 OA 为动参考体。

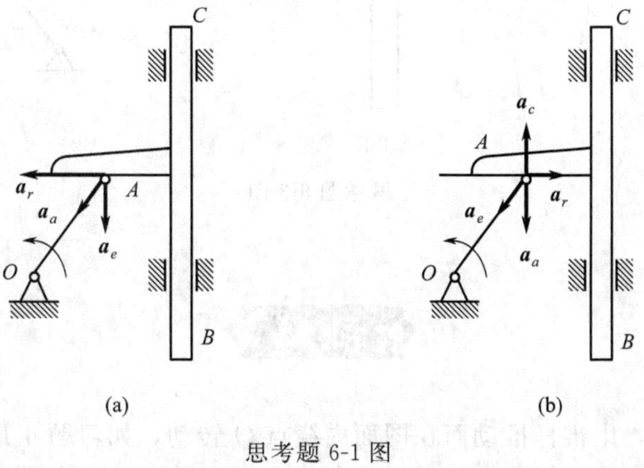

思考题 6-1 图

6-2　图中的速度平行四边形有无错误？若有误，错在哪里？

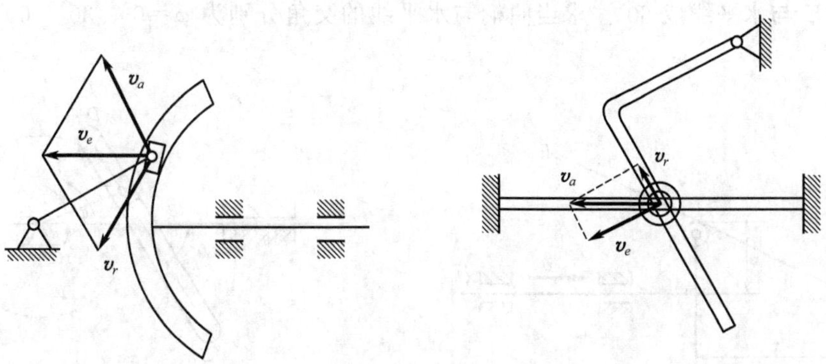

思考题 6-2 图

6-3　如下计算是否正确？若有误，错在哪里？

① 在思考题 6-3 图（a）中，取动点为滑块 A，动参考系为杆 OA，则

$$v_e=\omega \cdot OA，\ v_a=v_e\cos\varphi$$

② 在思考题 6-3 图（b）中，$v_{BC}=v_e=v_a\cos60°$，$v_a=\omega r$

因为 ω＝常量，所以 v_{BC}＝常量，$a_{BC}=\dfrac{\mathrm{d}v_{BC}}{\mathrm{d}t}=0$

③ 在思考题 6-3 图（c）中，为了求 $\boldsymbol{a}_a$ 的大小，取加速度在 η 轴上的投影式：

$$a_a\cos\varphi-a_c=0$$

所以，$a_a=\dfrac{a_c}{\cos\varphi}$

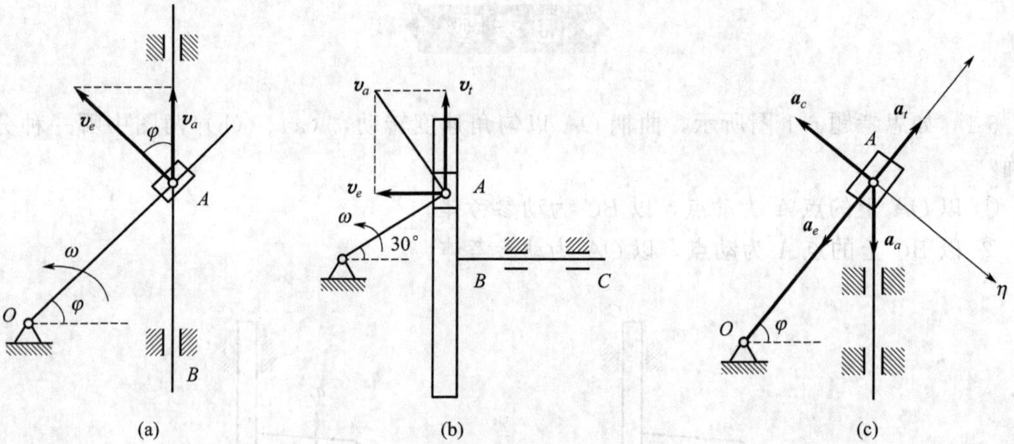

思考题 6-3 图

习题

6-1　杆 OA 长 l，由推杆推动而在图面内绕点 O 转动，如习题 6-1 图所示。假定推杆的速度为 $\boldsymbol{v}$，其弯头高为 a。求杆端 A 的速度的大小（表示为 x 的函数）。

6-2　图示曲柄滑道机构中，曲柄长 $OA=r$，并以等角速度 ω 绕轴 O 转动。装在水平杆上的滑槽 DE 与水平线成 60°。求当曲柄与水平线的交角分别为 $\varphi=0°$、30°、60°时，杆 BC 的速度。

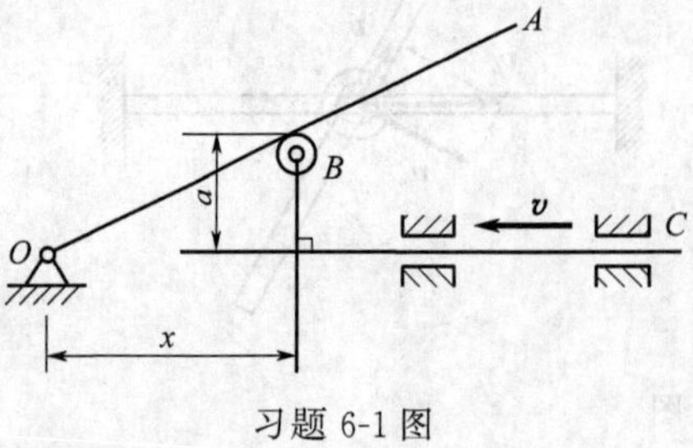

习题 6-1 图

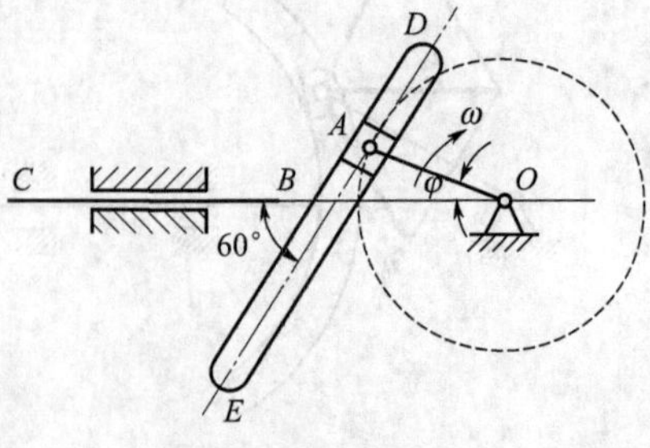

习题 6-2 图

6-3　如习题 6-3 图所示的两种机构中，已知 $O_1O_2=200\text{mm}$，$\omega=3\text{rad/s}$。求图示位置

时杆 O_2A 的角速度。

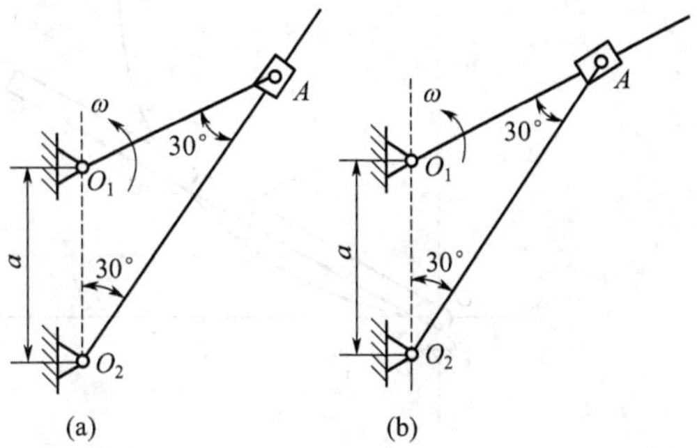

习题 6-3 图

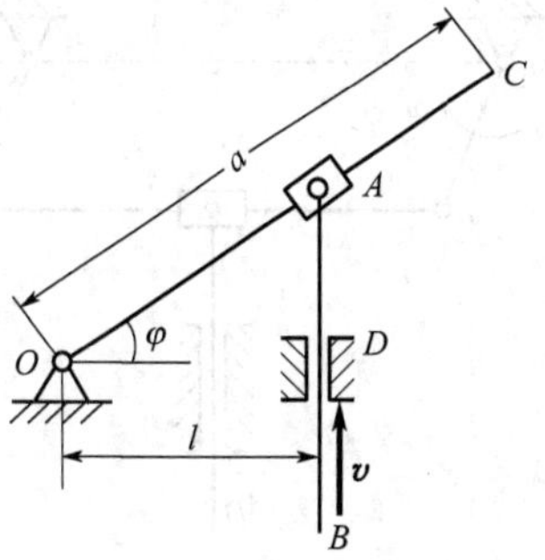

习题 6-4 图

6-4　如习题 6-4 图所示，摇杆机构的滑杆 AB 以等速 $\boldsymbol{v}$ 向上运动，初瞬时摇杆 OC 水平。摇杆长 $OC=a$，距离 $OD=l$。求当 $\varphi=\dfrac{\pi}{4}$时，点 C 速度的大小。

6-5　平底顶杆凸轮机构如习题 6-5 图所示，顶杆 AB 可沿导轨上下移动，偏心圆盘绕轴 O 转动，轴 O 位于顶杆轴线上。工作时顶杆的平底始终接触凸轮表面。该凸轮半径为 R，偏心距 $OC=e$，凸轮绕轴 O 转动的角速度为 ω，OC 与水平线夹角为 φ。求当 $\varphi=0°$时，顶杆的速度。

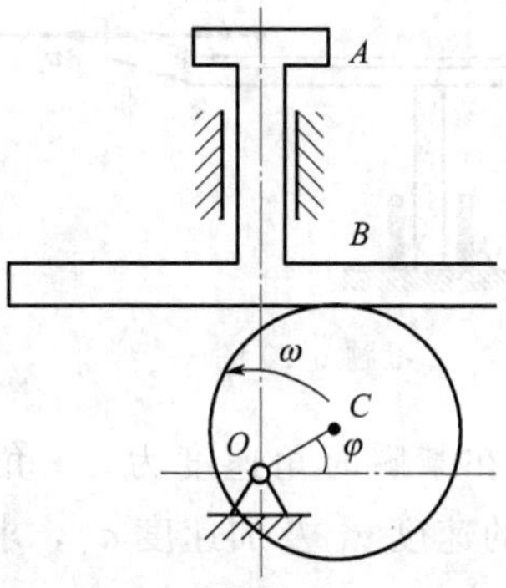

习题 6-5 图

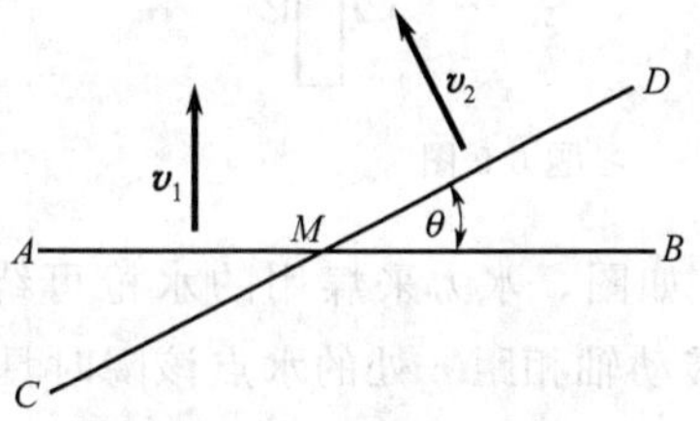

习题 6-6 图

6-6　直线 AB 以大小为 v_1 的速度沿垂直于 AB 的方向向上移动；直线 CD 以大小为 v_2 的速度沿垂直于 CD 的方向向左上方移动，如习题 6-6 图所示。如两直线间的交角为 θ，求两直线交点 M 的速度。

6-7　图示铰接四边形机构中。$O_1A=O_2B=100\text{mm}$，又 $O_1O_2=AB$，杆 O_1A 以等角速度 $\omega=2\text{rad/s}$ 绕轴 O_1 转动。杆 AB 上有一套筒 C，此筒与杆 CD 相铰接。机构的各部件都在同一铅直面内。求当 $\varphi=60°$时，杆 CD 的速度和加速度。

6-8　如习题 6-8 图所示，小环 M 沿杆 OA 运动，杆 OA 绕 O 轴转动，从而使小环在 Oxy 平面内具有如下运动方程：

$$x=10\sqrt{3}t\,\text{mm},\ y=10\sqrt{3}t^2\,\text{mm}$$

其中 t 以 s 计，x、y 以 mm 计。求 $t=1\text{s}$ 时，小环 M 相对于杆 OA 的速度和加速度，杆 OA 转动的角速度及角加速度。

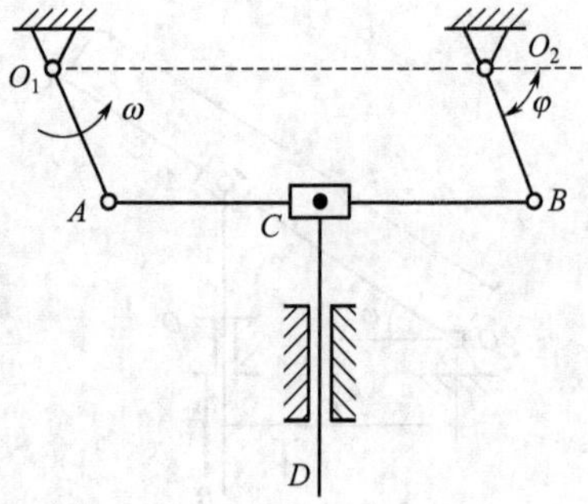

习题 6-7 图

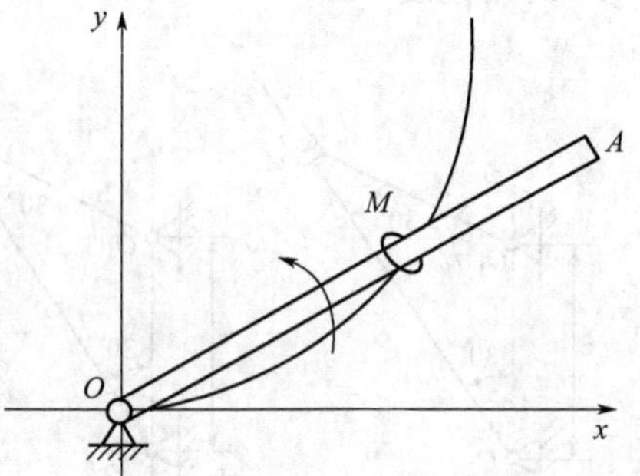

习题 6-8 图

6-9　如习题 6-9 图所示，曲柄 OA 长 0.4m，以等角速度 $\omega=0.5\text{rad/s}$ 绕 O 轴逆时针转向转动。由于曲柄的 A 端推动水平板 B，而使滑杆 C 沿铅垂方向上升。求当曲柄与水平线间的夹角 $\theta=30°$时，滑杆 C 的速度和加速度。

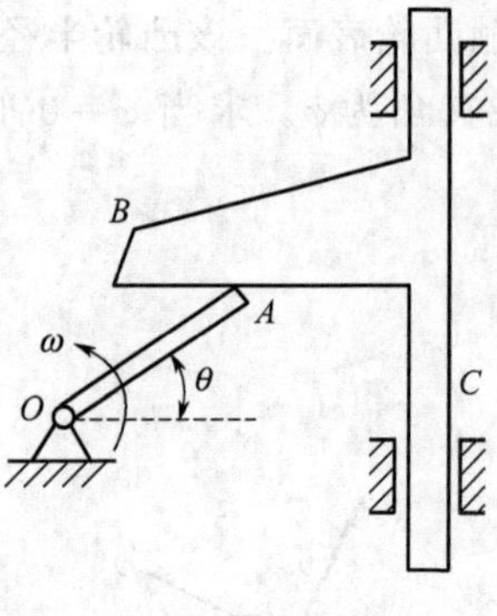

习题 6-9 图

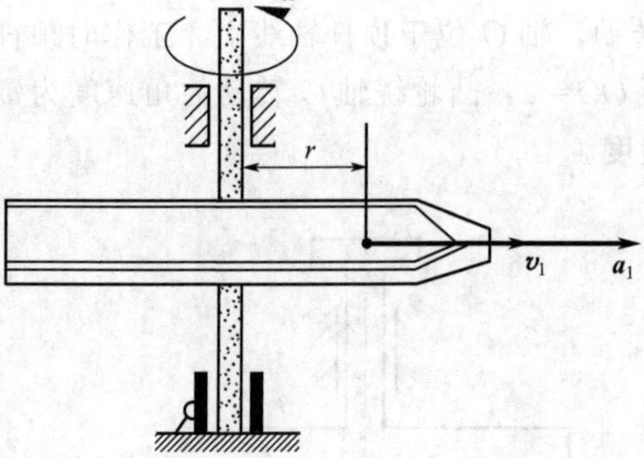

习题 6-10 图

6-10　如图，水力采煤用的水枪可绕铅直轴转动。在某瞬时角速度为 ω，角加速度为零。设与转动轴相距 r 处的水点该瞬时具有相对于水枪的速度 $\boldsymbol{v}_1$ 及加速度 $\boldsymbol{a}_1$，求该水点的绝对速度及绝对加速度。

6-11　如习题 6-11 图所示，偏心轮摇杆机构中，摇杆 O_1A 借助弹簧压在半径为 R 的偏心轮 C 上。偏心轮 C 绕轴 O 往复摆动，从而带动摇杆绕轴 O_1 摆动。设 $OC \perp OO_1$ 时，轮 C 的角速度为 ω，角加速度为零，$\theta=60°$。求此时摇杆 O_1A 的角速度 ω_1 和角加速度 α_1。

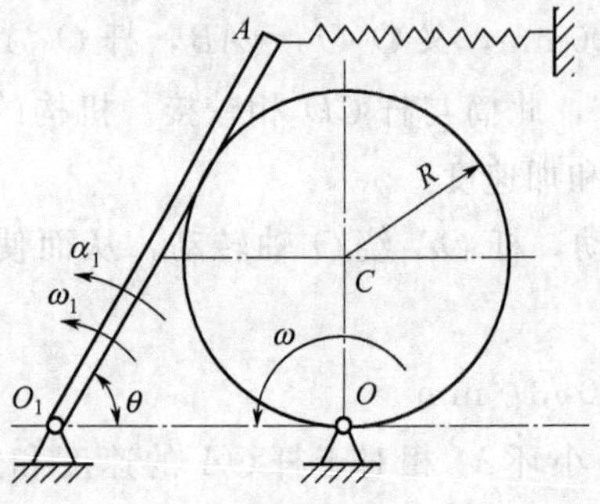

习题 6-11 图

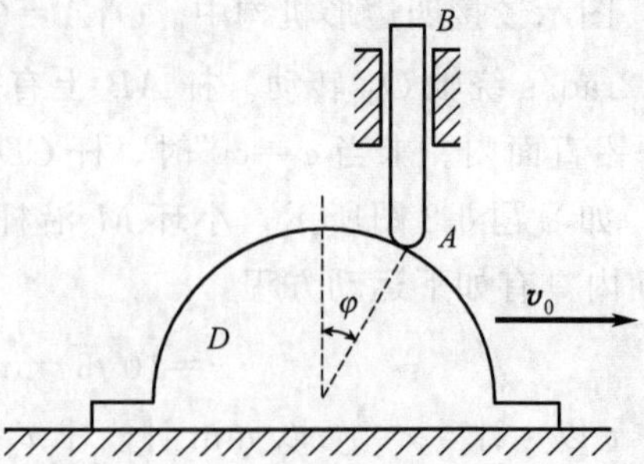

习题 6-12 图

6-12 半径为 R 的半圆形凸轮 D 以等速 $\boldsymbol{v}_0$ 沿水平线向右运动，带动从动杆 AB 沿铅垂方向上升，如图所示。求 $\varphi=30°$时，杆 AB 相对于凸轮的速度和加速度。

6-13 图所示圆盘绕 AB 轴转动，其角速度 $\omega=2t\,\mathrm{rad/s}$。点 M 沿圆盘直径离开中心向外缘运动，其运动规律为 $OM=40t^2\,\mathrm{mm}$。半径 OM 与 AB 轴之间成 $60°$角。求当 $t=1\mathrm{s}$ 时，点 M 的绝对加速度的大小。

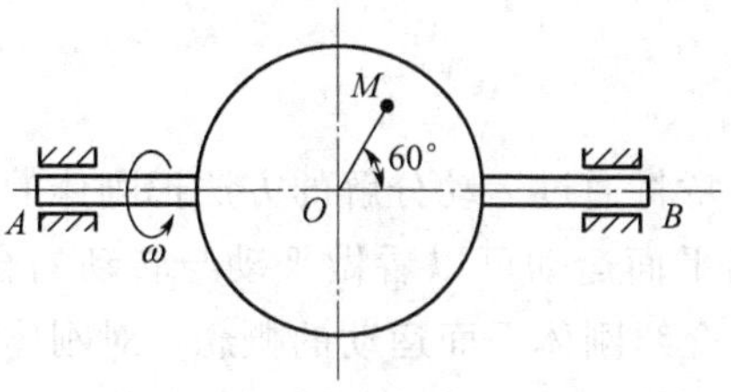

习题 6-13 图

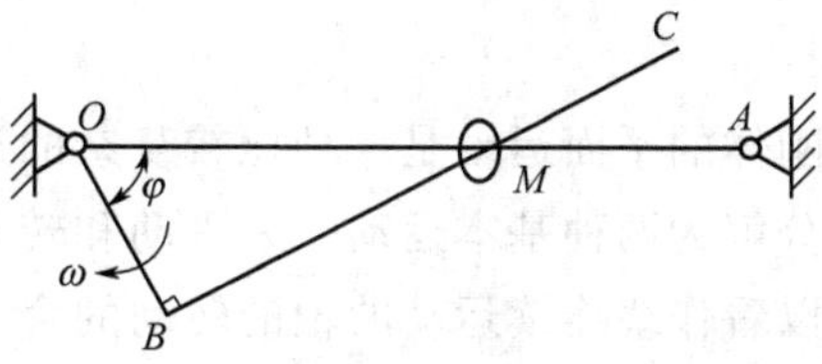

习题 6-14 图

6-14 图示直角曲杆 OBC 绕轴 O 转动，使套在其上的小环 M 沿固定直杆 OA 滑动。已知：$OB=0.1\mathrm{m}$，OB 与 BC 垂直，曲杆的角速度 $\omega=0.5\mathrm{rad/s}$，角加速度为零。求当 $\varphi=60°$时，小环 M 的速度和加速度。

6-15 如图所示，半径为 r 的圆环内充满液体，液体按箭头方向以相对速度 v 在环内做匀速运动。如圆环以等角速度 ω 绕 O 轴转动，求在圆环内点 1 和 2 处液体的绝对加速度的大小。

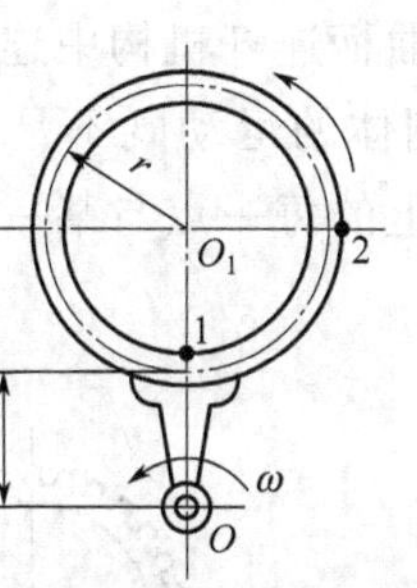

习题 6-15 图

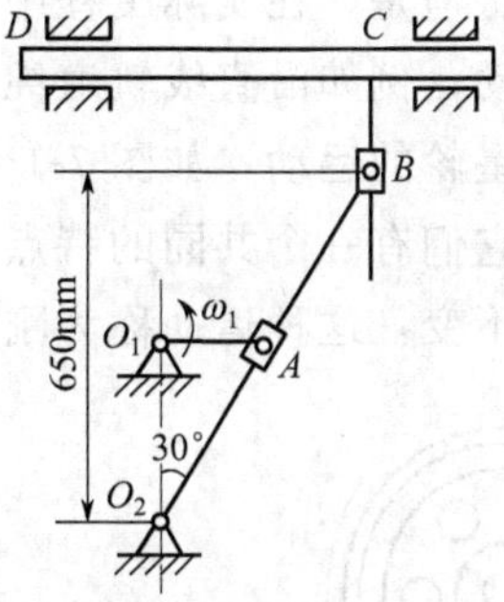

习题 6-16 图

6-16 牛头刨床机构如图所示。已知 $O_1A=200\mathrm{mm}$，角速度 $\omega_1=2\mathrm{rad/s}$，角加速度 $\alpha_1=0$。求图示位置滑枕 CD 的速度和加速度。

第七章 刚体的平面运动

刚体的平面运动是一种比较复杂的运动形式，本章将通过运动分解的方法把刚体的平面运动分解为两种基本运动——平动和转动，即刚体的平面运动可以看做平动与转动的合成，也可以看作绕连续运动的轴的转动的合成。本章主要介绍刚体平面运动的概念，对刚体平面运动进行概述，研究刚体平面运动的分解，给出计算刚体平面运动的角速度、角加速度、刚体上各点的速度和加速度的方法，并用来解决一些机构的运动学方面问题。

第一节 刚体平面运动的概述与运动分解

一、刚体平面运动的运动特征

在第五章分析了刚体最简单的两种基本运动，即平动和转动，这两种运动是常见的、简单的刚体运动。但是，在实际工程中很多零件的运动，不是单纯的平动或者转动，而是一种比较复杂的运动，例如沿直线轨道纯滚动的轮子的运动；曲柄连杆机构中连杆的运动；行星齿轮机构中行星轮的运动，如图 7-1～图 7-3 所示，这些刚体的运动既不是平动，也不是绕定轴转动，但它们有一个共同的特点，即在运动中，刚体上的每一点与某一固定平面之间的距离始终保持不变，这种运动称为刚体的平面运动。

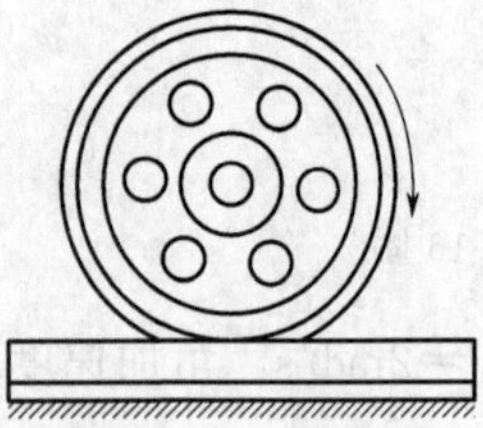
图 7-1

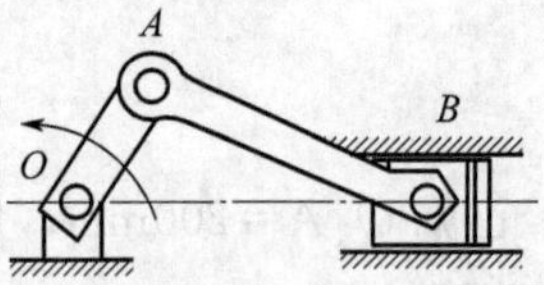

图 7-2

图 7-3

下面根据平面运动的特点来研究刚体的平面运动。设平面Ⅰ为某一固定平面，作平面Ⅱ平行于平面Ⅰ并与刚体相交，截出一个平面图形 S，如图 7-4 所示。由平面运动的定义可知，刚体运动时，此平面图形 S 必在平面Ⅱ内运动。如果在刚体内作一条垂直于截面 S 的直线 A_1A_2，它与截面 S 的交点为 A，则刚体运动时，直线 A_1A_2 始终垂直于平面 S，且作平动，根据刚体平动的特点，在同一瞬时直线 A_1A_2 上的点具有相同的速度和加速度，因此可以用图形 S 上 A 点的运动来表示直线 A_1A_2 上所有点的运动。同理，作垂直于截面 S 的直线 B_1B_2，它与截面 S 的交点为 B，直线 B_1B_2 上所有点的运动与图形 S 上 B 点的运动完全相同。由此看来可以用平面图形 S 上各点的运动来表示刚体内对应点的运动。于是，就可以把刚体的平面运动简化为平面图形 S 在其自身平面内的运动。因此，要研究平面运动刚体上各点的运动，只需研究平面图形上各点的运动即可。原本是一个刚体的运动，现在可以用一个平面图形的运动来代替，所以称刚体的这种运动为刚体的平面运动。

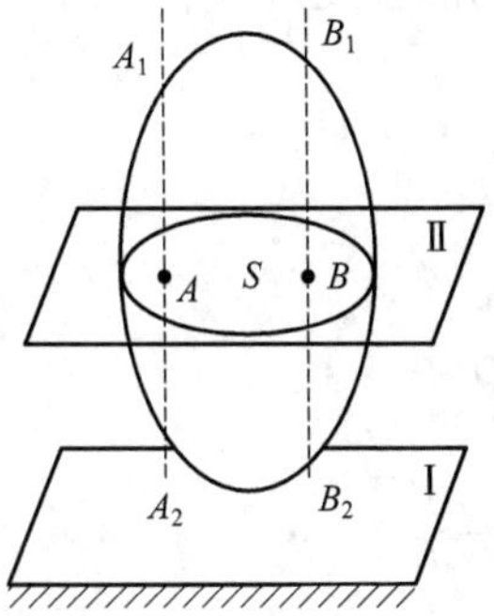

图 7-4

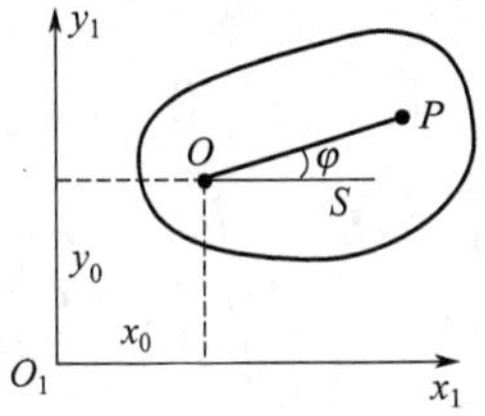

图 7-5

二、刚体平面运动的运动方程

设平面图形在定坐标系 $O_1x_1y_1$ 内运动，如图 7-5 所示。为了确定图形在任意瞬时的位置，只需确定图形内任一直线 OP 的位置即可。在运动中，直线段 OP 的位置可以由点 O 的坐标（x_0，y_0）（或矢径 $\boldsymbol{r}_O$）和直线段 OP 的方向角 φ 唯一地确定。其中，所选择的 O 点称为基点，φ 称为平面图形的角坐标。当平面图形 S 运动时，基点 O 的坐标（x_0，y_0）和角坐标都将随时间连续变化，都是时间 t 的单值连续函数，即：

$$x_0=f_1(t)$$
$$y_0=f_2(t)$$
$$\varphi=f_3(t) \tag{7-1}$$

或

$$r_O=r_O(t)$$
$$\varphi=f_3(t) \tag{7-2}$$

这组方程为平面图形的运动方程，也就是刚体平面运动的运动方程。显然当刚体平面运动的运动方程确定后，图形内任意一点的坐标均可确定，亦即平面图形的位置就能完全确定。从式中可以看出，平面图形的运动方程由两部分组成：一部分是平面图形按点 O 的运动 $x_0=f_1(t)$，$y_0=f_2(t)$ 的平移；另一部分是绕点 O 转角为 $\varphi=f_3(t)$ 的转动方程。若 x_0、y_0 均为常数，则刚体的运动为定轴转动（转轴通过 O 并垂直于 S）；当 φ 为常数时，刚体作平动。可见，平面图形的运动可视为平动和转动的合成运动。

三、刚体平面运动的分解

如果在研究平面图形 S 的运动时，可在图形任选的一点 A，以后称此点为基点，在这一点建立一动坐标系 $Ax'y'$，并使动坐标轴在图形的运动过程中始终与固定坐标系的坐标轴保持一个固定的交角或平行（图 7-6 中就是使两个坐标系的轴保持平行），即动坐标系 $Ax'y'$ 随同基点 A 作平移。当图形 S 运动时，它一方面随同动坐标系 $Ax'y'$（也可以说随同基点 A）作平移，同时，又绕 A 点相对于动坐标系 $Ax'y'$ 作转动。仿照点的合成运动的方法来研究平面图形的运动：平面图形对定坐标系的运动为绝对运动；平面图形对动坐标系 $Ax'y'$ 的运动为相对运动，它是图形绕基点 A 的转动，其运动方程就是式(7-1) 中的第三式；而动坐标

系 $Ax'y'$ 相对于定坐标系的运动则是牵连运动。由于动坐标系的运动是平动，故可用基点 A 的运动来代替，代表牵连运动的运动方程就是式(7-1) 的坐标方程。于是，平面图形 S 的运动可以看成是随基点的平移和绕基点的转动两部分运动的合成。

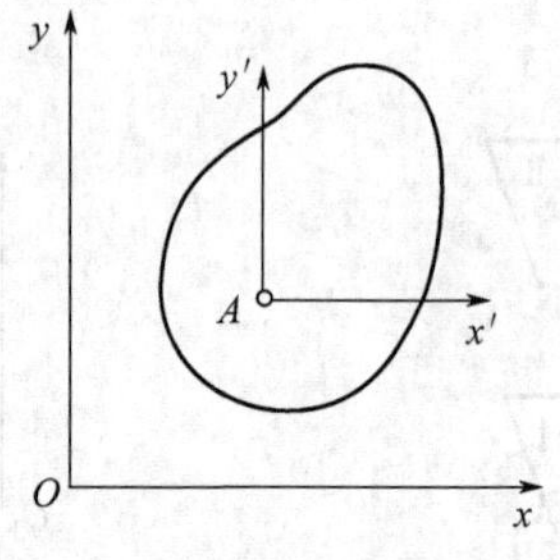

图 7-6

因此平面图形随基点的牵连运动将随着基点选取的不同而不同。然而对于平面图形相对于动坐标系的相对转动的角速度是否与基点的选择有关呢？可以通过下面的证明来回答这个问题。

刚体的平面运动分解为随基点的平移和绕基点的转动。由于平面图形运动时，其上各点的运动一般是不相同的，而基点的选择又是任意的。若选不同的点为基点，其速度和加速度一般来说也不相同。如图 7-7 所示，刚体原在图 7-7(a) 所示的位置，后来运动到图 7-7(b) 所示的位置。可以选点 A 为基点，随基点 A 平移到 $A'B''$ 位置，然后绕基点 A' 转过角 φ_1 到实际的位置；也可以选点 B 为基点，随基点 B 平移到 $B'A''$ 位置，然后绕基点 B' 过角 φ_2 到实际的位置。因刚体不是做平移运动，一般来说，点 A，B 的速度和加速度也不一样。但绕不同的基点转动的角速度和角加速度如何？因 $A'B''$ 与 AB 平行，$B'A''$ 与 AB 平行，所以 $B'A''$ 与 $A'B''$ 平行，有 $\varphi_1=\varphi_2$，即绕不同的基点转过的角度相同。求一阶和二阶导数后，得绕不同的基点转动的角速度和角加速度相同。也就是说，站在以 A 为基点的平移坐标系 $Ax'y'$ 里看到刚体转动的情况，和站在以 B 为基点的平移坐标系 $Bx''y''$ 里看到刚体转动的情况完全相同。于是可得结论：刚体的平面运动可取任意基点分解为平移和转动，其中平移的速度和加速度与基点选择有关，而平面图形绕基点转动的角速度和角加速度与基点选择无关。尽管基点是可以任意选取的，但在解决具体问题时，往往选取运动情况已知终点作为基点。

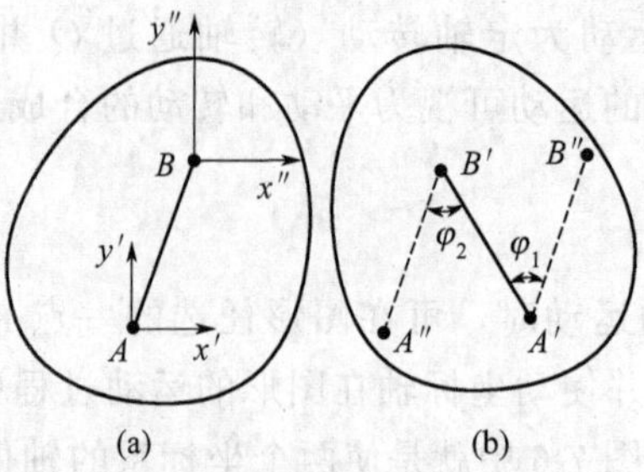

图 7-7

四、刚体平移、定轴转动和平面运动的关系

现在已经讨论了刚体的三种运动，即刚体的平移、刚体的定轴转动和刚体的平面运动，

这三种运动之间具有什么关系？

刚体的平移从其轨迹来分，可分为直线平移、平面曲线平移、空间曲线平移。按刚体平面运动的定义，刚体的直线平移、平面曲线平移均是刚体的平面运动，而空间曲线平移不是刚体的平面运动。擦黑板时黑板擦在黑板面内的运动为刚体的平面运动，若擦黑板时，黑板擦做直线平移或在黑板面内做平面曲线平移，其均是刚体的平面运动。若擦黑板时，黑板擦做平移，然后离开黑板仍然做平移，则黑板擦的运动为空间曲线平移，显然此时黑板擦的运动已经不是刚体的平面运动。

刚体定轴转动时，其上任意一点到某一个固定平面的距离肯定不变，所以刚体的定轴转动为刚体的平面运动。例如门、窗在转动时，门、窗上任意一点到地面或天花板的距离保持不变，电动机转子、柴油机飞轮在转动时，其上任意一点到某一个固定平面的距离保持不变，等等。所以刚体的定轴转动为刚体的平面运动。

刚体的平移是只有平移而无转动，刚体的定轴转动是只有转动而无平移，刚体的平面运动是既有平移又有转动。所以刚体的平面运动可分解为平移和转动两个简单的运动，或者说是由平移和转动两个简单运动的合成。

所以，刚体的直线平移、平面曲线平移、刚体的定轴转动均是刚体的平面运动，是刚体平面运动的特殊情况，而刚体的平面运动是刚体平面运动的一般情况。在理论力学“动力学”中，要讲到刚体的平面运动微分方程，在一些情况下，刚体的直线平移、平面曲线平移、刚体的定轴转动均可用刚体平面运动微分方程求解。

第二节　求平面图形内各点速度的基点法

现在讨论如何确定平面图形内各点速度的方法。由上节的讨论分析可知，刚体的平面运动可分解为随基点的平移和绕基点转动的合成。随同基点的平动是牵连运动，绕基点的转动是相对运动。所以平面运动刚体上任一点的速度可应用第六章讲的速度合成定理来分析。

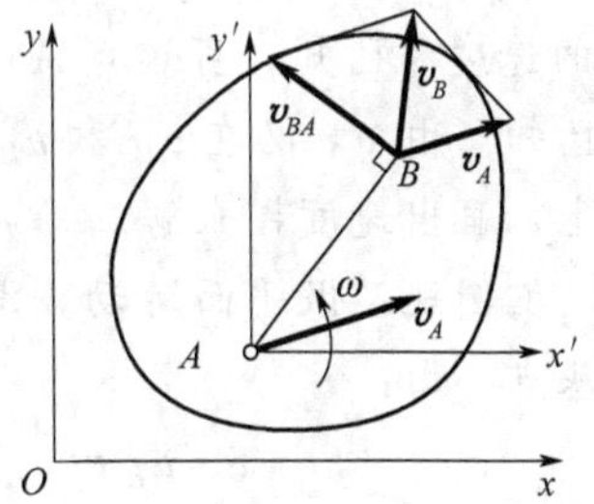

图 7-8

一、基点法

设已知平面图形在某一瞬时的角速度为 ω，图形上 A 点的速度为 $\boldsymbol{v}_A$，如图 7-8 所示，现求图形上任一点 B 的速度。

因为 A 点的速度已知，图形的角速度也已知，故取 A 点为基点，则图形的牵连运动是随同基点 A 的平动，B 点的牵连速度 $\boldsymbol{v}_e$ 就等于基点 A 的速度 $\boldsymbol{v}_A$，即 $\boldsymbol{v}_e=\boldsymbol{v}_A$，如图所示，图形的相对运动是绕基点 A 的转动，则 B 点的相对速度大小 $v_{BA}=\overline{AB}\times\omega$，方向垂直于连线 AB，指向与角速度 ω 转向一致，如图所示。可根据速度合成定理 $\boldsymbol{v}_a=\boldsymbol{v}_e+\boldsymbol{v}_r$ 来求 B 点的速度。通过以上分析可知，$\boldsymbol{v}_A=\boldsymbol{v}_e$，$\boldsymbol{v}_{BA}=\boldsymbol{v}_r$，则：

$$\boldsymbol{v}_B=\boldsymbol{v}_A+\boldsymbol{v}_{BA} \tag{7-3}$$

式中，$v_{BA}=\overline{AB}\cdot\omega$。

式(7-3) 表明：刚体平面运动时，在任一瞬时其上任一点的速度等于基点的速度与该点绕基点转动的速度的矢量和。这就是平面运动的速度合成法，又称基点法，它是求平面运动刚体上任一点速度的基本方法。同应用点的速度合成定理解题一样，只要知道式中 v_A、v_B、v_{BA} 中任意四个要素，即可作出速度平行四边形求解。

二、速度投影定理

根据求平面运动刚体上各点速度的基点法可知，任意两点的速度间总是满足下式 $v_B = v_A + v_{BA}$，如图 7-9 所示，连接 A、B 两点，按照向量投影规则，将上式投影到直线 AB 上，得 $(v_B)_{AB} = (v_A)_{AB} + (v_{BA})_{AB}$，在这里，$v_{BA} \perp AB$，故 $(v_{BA})_{AB} = 0$，因而有：

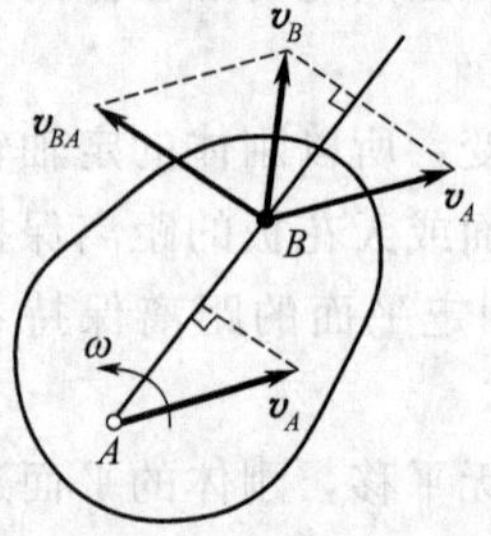

图 7-9

$$(v_B)_{AB} = (v_A)_{AB} \tag{7-4}$$

式(7-4) 称为速度投影定理，即平面图形上任意两点的速度，在这两点连线上的投影相等。应用速度投影定理分析平面图形上点的速度的方法称为速度投影法。

速度投影定理虽然仅从平面图形的运动中导出，但它不仅适用于平面运动刚体，也适用于任何其他运动的刚体。这可以由下面理由来说明，因为 A、B 是刚体上的两点，刚体上任意两点的距离在任何时刻都不会发生改变，所以两点的速度在 A、B 方向的分量必须相等，否则，两点间的距离就会发生变化。

如已知平面图形上 A 点的速度大小和方向，又知道另一点 B 的速度方位，用此定理极为方便，这是速度投影定理的优越性所在。但是，此定理也有局限性，它不包含平面图形的角速度 ω，即不能直接求刚体转动的角速度。

下面举例说明基点法和速度投影定理的应用。

【例 7-1】 椭圆规尺的 A 端以速度 v_A 沿图示的方向运动，如图 7-10 所示，$AB=l$。求图示位置时 B 端的速度、规尺 AB 的角速度。

解 椭圆规尺做平面运动，滑块 A，B 为平移。点 A 的速度为已知，可选点 A 为基点。滑块 B 的速度方向为已知。由 v_A 必在 v_B 和 v_{BA} 组成的平行四边形的对角线上，画出速度图求解。

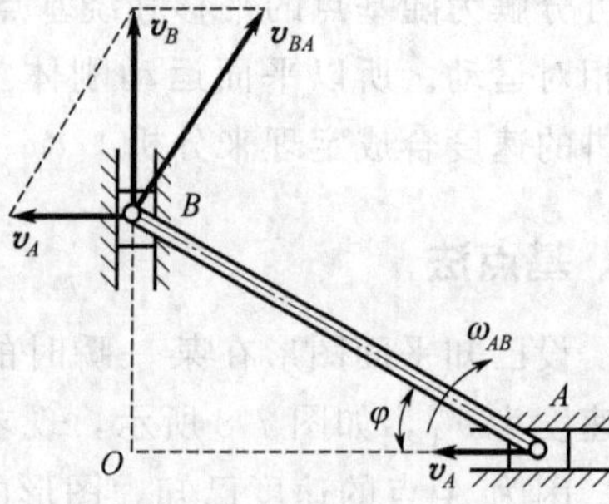

图 7-10

椭圆规尺做平面运动，滑块 A，B 为平移，选点 A 为基点，由：

$$v_B = v_A + v_{BA}$$

画出速度平行四边形如图 7-10 所示，由图中几何关系可求得：

$$v_B = v_A \cot\varphi,\quad v_{BA} = \frac{v_A}{\sin\varphi}$$

因为 $v_{BA} = \overline{AB} \cdot \omega_{AB}$，所以规尺的角速度为：

$$\omega_{AB} = \frac{v_{BA}}{AB} = \frac{v_A}{l\sin\varphi}$$

转向为顺时针。

【例 7-2】 一平面机构如图 7-11 所示，已知杆 O_1A 的角速度是 ω_1，杆 O_2B 的角速度是 ω_2，且在图示瞬时，杆 O_1A 铅直，杆 AC 和杆 O_2B 水平，而杆 BC 与铅垂线呈 30°；又

$\overline{O_2B}=b$，$\overline{O_1A}=\sqrt{3}b$。试求此瞬时点 C 的速度。

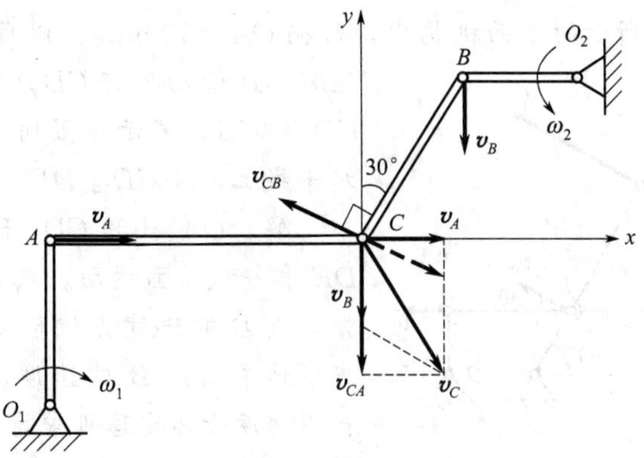

图 7-11

解　杆 O_1A 和杆 O_2B 为定轴转动，其端点的速度 $\boldsymbol{v}_A$ 和 $\boldsymbol{v}_B$ 均已知，杆 AC 和杆 BC 做平面运动。因点 A 和点 B 的速度已知，可分别选点 A 和点 B 为基点，联合求出点 C 的速度。

先求点 A 和点 B 的速度。有

$$v_A=\overline{O_1A}\cdot\omega_1=\sqrt{3}\omega_1 b$$

$$v_B=\overline{O_2B}\cdot\omega_2=\omega_2 b$$

$\boldsymbol{v}_A$ 和 $\boldsymbol{v}_B$ 的方向如图所示。

现在用基点法求点 C 的速度。对 AC 杆而言：

$$\boldsymbol{v}_C=\boldsymbol{v}_A+\boldsymbol{v}_{CA} \tag{7-5}$$

同样，对杆 BC 也有：

$$\boldsymbol{v}_C=\boldsymbol{v}_B+\boldsymbol{v}_{CB} \tag{7-6}$$

比较上述两式，有：

$$\boldsymbol{v}_A+\boldsymbol{v}_{CA}=\boldsymbol{v}_B+\boldsymbol{v}_{CB} \tag{7-7}$$

式中 $\boldsymbol{v}_A$ 和 $\boldsymbol{v}_B$ 均已求得，$\boldsymbol{v}_{CA}\perp AC$，$\boldsymbol{v}_{CB}\perp BC$，但指向和大小均未知，利用矢量等式可求出这两个未知量。

暂假设 $\boldsymbol{v}_{CB}$ 偏向上方，把式(7-7) 向 x 轴投影，得：

$$v_A=-v_{CB}\cos30°$$

故

$$v_{CB}=-\frac{v_A}{\cos30°}=-2\omega_1 b$$

结果为负，说明 $\boldsymbol{v}_{CB}$ 与图设方向相反。再根据式(7-6) 可计算点 C 的速度，为此，将式(7-6) 投影到 x、y 轴：

$$v_{Cx}=v_{Bx}+v_{CBx}=0-v_{CB}\cos30°=-(-2\omega_1 b)\frac{\sqrt{3}}{2}=\sqrt{3}\omega_1 b$$

$$v_{Cy}=v_{By}+v_{CBy}=-v_B+v_{CB}\sin30°=-\omega_2 b+(-2\omega_1 b)\times\frac{1}{2}=-(\omega_1+\omega_2)b$$

于是得：

$$v_C=\sqrt{v_{Cx}^2+v_{Cy}^2}=b\sqrt{3\omega_1^2+(\omega_1+\omega_2)^2}=b\sqrt{4\omega_1^2+2\omega_1\omega_2+\omega_2^2}$$

$$\tan(v_C,x)=\frac{v_{Cy}}{v_{Cx}}=-\frac{(\omega_1+\omega_2)}{\sqrt{3}\omega_1}$$

【例 7-3】 图 7-12 所示的平面机构中，曲柄 $OA=100\text{mm}$，以角速度 $\omega=2\text{rad/s}$ 转动。连杆 AB 带动摇杆 CD，使轮 E 沿水平面滚动。$CD=3CB$，图示位置时 A，B，E 三点在同一水平线上，且 $CD\perp DE$。求此瞬时点 E 的速度。

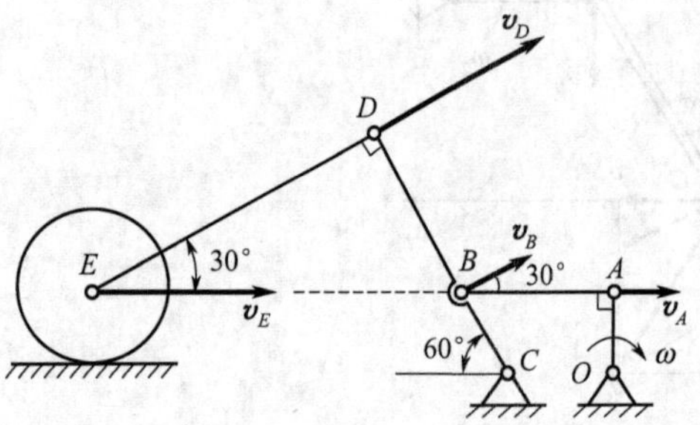

图 7-12

解　OA 杆和 CD 杆为定轴转动，杆 AB、DE 和轮做平面运动。点 A 的速度大小和方向已知，点 B 的速度方位已知，用速度投影定理可方便地求出点 B 的速度，从而得点 D 的速度。再用速度投影定理可求得点 E 的速度。

杆 AB、DE 和轮做平面运动。点 A 的速度为：

$$v_A=\overline{OA}\cdot\omega=2\times0.1=0.2\text{m/s}$$

对 AB 杆用速度投影定理，有：

$$v_B\cos30°=v_A$$

解得：

$$v_B=0.23\text{m/s}$$

点 D 的速度：

$$v_D=\frac{v_B}{CB}\cdot CD=3v_B=0.69\text{m/s}$$

轮 E 沿水平面滚动，轮心 E 的速度方向为水平，由速度投影定理，有：

$$v_E\cos30°=v_D$$

解得：

$$v_E=0.8\text{m/s}$$

第三节　求平面图形内各点速度的瞬心法

一、速度瞬心的概念

在用基点法求平面图形上任一点 B 的速度时，我们发现：假如在平面图形内或其延伸部分上能找到某瞬时速度为零的一个点，并以它为基点，则在计算其他各点的速度时，由于基点速度为零，就可避免速度矢量合成的麻烦。这样不仅计算过程大为简化，而且还可清楚地看出图形内各点的速度分布情况。我们把在某一瞬时，图形上速度为零的一点称为图形在该瞬时的瞬时速度中心，简称为速度瞬心。在平面图形内选取速度瞬心为基点分析图形内各点速度的方法叫瞬心法。

下面，就一般情况来证明平面图形内速度瞬心的存在性和唯一性。

设某瞬时，平面图形的角速度为 ω，其上一点 O 的速度为 $\boldsymbol{v}_O$，如图 7-13 所示。现选 O 点为基点，过 O 点作垂直于 v_O 的半直线 OA，OA 线上任意一点的牵连速度均为 $\boldsymbol{v}_O$，相对速度 $\boldsymbol{v}_r$，两者共线反向，且 $\boldsymbol{v}_r$ 的大小正比于该点到基点的距离。因此，其中必有一点 C，它的相对速度和牵连速度大小相等，方向相反，其绝对速度等于零。由此可见，只有平面图形的角速度不为零，则在该瞬时图形上或其延伸部分总有一个速度等于零的点，这一点就是瞬时平面图形的速度瞬心。至此证明了速度瞬心的存在性。

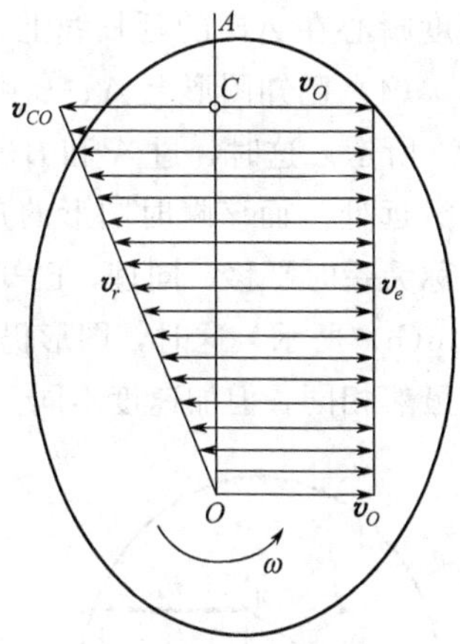

图 7-13

现在计算速度瞬心 C 到 O 点的距离。由于 $\boldsymbol{v}_C=\boldsymbol{v}_O+\boldsymbol{v}_{CO}$，且 $\boldsymbol{v}_O$、$\boldsymbol{v}_{CO}$ 反向，根据速度瞬心的定义：

$$v_C=v_O-v_{CO}=v_O-\overline{CO}\cdot\omega=0$$

所以：

$$\overline{CO}=\frac{v_O}{\omega}$$

注意在证明中，是垂直于速度 $\boldsymbol{v}_O$ 作的射线，所以速度瞬心可能在平面图形内，也可能在平面图形外。实际上。平面图形的速度瞬心大多数情况下都在平面图形外。

二、确定速度瞬心位置的方法

应用瞬心法求平面图形内各点的速度，关键在于确定速度瞬心的位置以及图形的角速度。而速度瞬心位置，必在图形上任一点的速度矢量线的垂直线上，根据这一特征，得到求解速度瞬心位置的方法，综合如下。

(1) 已知某瞬时平面图形的角速度 ω 和某点 O 的速度 $\boldsymbol{v}_O$。这种情况在上面论证速度瞬心存在性时已给出，即此时的速度瞬心 C 必定在过点 O 并垂直于 $\boldsymbol{v}_O$ 方向的线段上，速度瞬心 C 至点 O 的距离 $\overline{OC}=\dfrac{v_O}{\omega}$，如图 7-13 所示。

(2) 已知某瞬时平面图形任意两点 A、B 的速度方向，且 $\boldsymbol{v}_A$ 不平行于 $\boldsymbol{v}_B$，如图 7-14 所示，则通过这两点分别作它们速度的垂线，得到的交点就是该图形的速度瞬心。这是因为，速度瞬心要同时在两点速度的垂线上，那么速度瞬心必在这两条垂线的交点上。

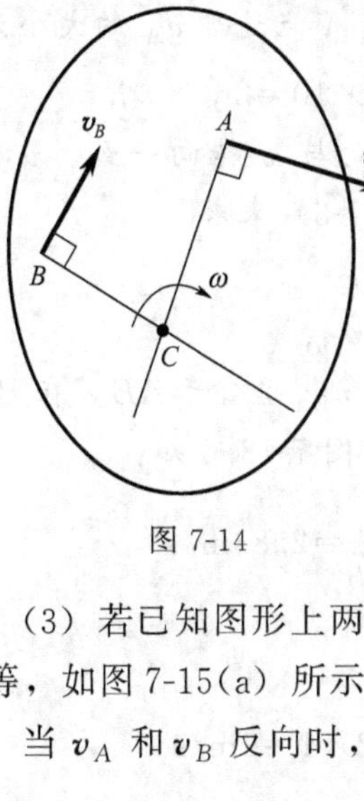

图 7-14

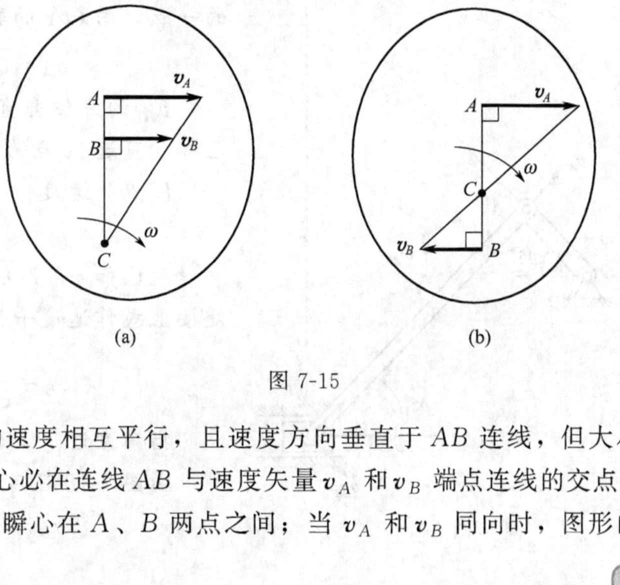

图 7-15

(3) 若已知图形上两点 A 和 B 的速度相互平行，且速度方向垂直于 AB 连线，但大小不等，如图 7-15(a) 所示，则速度瞬心必在连线 AB 与速度矢量 $\boldsymbol{v}_A$ 和 $\boldsymbol{v}_B$ 端点连线的交点 C 上。当 $\boldsymbol{v}_A$ 和 $\boldsymbol{v}_B$ 反向时，图形的速度瞬心在 A、B 两点之间；当 $\boldsymbol{v}_A$ 和 $\boldsymbol{v}_B$ 同向时，图形的

速度瞬心在 AB 的延长线上，如图 7-15(b)。

(4) 已知图形上 A、B 两点速度平行，但 A、B 两点连线与速度方位不垂直，如图 7-16(a) 所示。这时，过 A 和 B 点所作的 $\boldsymbol{v}_A$ 和 $\boldsymbol{v}_B$ 的垂线平行且不相重合，可以认为速度瞬心在无穷远处。而该瞬时图形的角速度等于零，图形上各点的速度都相等，这瞬时图形的运动状态称为瞬时平移。同理，已知图形上 A、B 两点速度大小相等，并同时垂直于 AB 连线，如图 7-16(b) 所示，这时，图形仍作瞬时平移。必须注意：作瞬时平移的刚体上各点在某一瞬时速度虽然相同，但加速度不同。因此，刚体的瞬时平动和刚体的一般平动有着本质的区别。

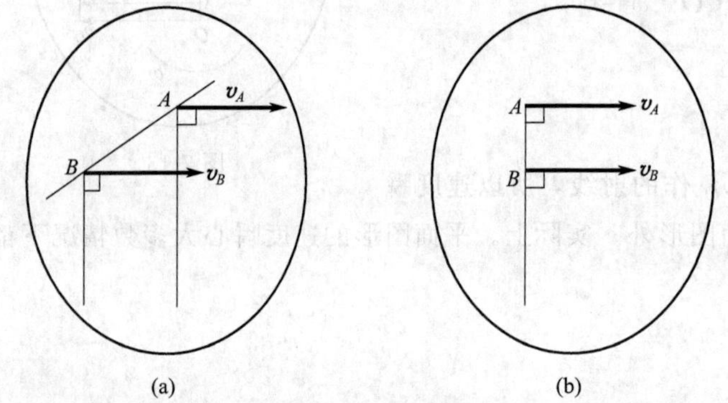

图 7-16

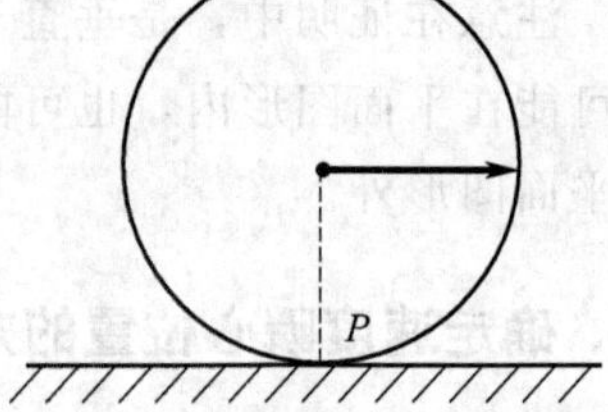

图 7-17

(5) 当平面图形沿某一固定面作纯滚动时（只滚动不滑动即接触点无相对滑动），如图 7-17 所示，则每一瞬时图形与固定面相接触的一点 P 的速度为零，图形与固定面的接触点 P 就是速度瞬心。

【例 7-4】 在图 7-18 所示的曲柄连杆机构中，已知曲柄 OA 长 0.2m，连杆 AB 长 1m，OA 以匀角速 $\omega=10\text{rad/s}$ 绕 O 点转动。求在图示位置滑块 B 的速度及 AB 杆的角速度。

解 曲柄 OA 做定轴转动，连杆 AB 做平面运动，滑块 B 作平动。因根据条件可求得 A 点速度，且滑块 B 的速度方向又已知，故可解出 $\boldsymbol{v}_B$ 和 ω_{AB}。

AB 杆做平面运动，现要求杆上一点 B 的速度，可以用上面讲过的三种方法。

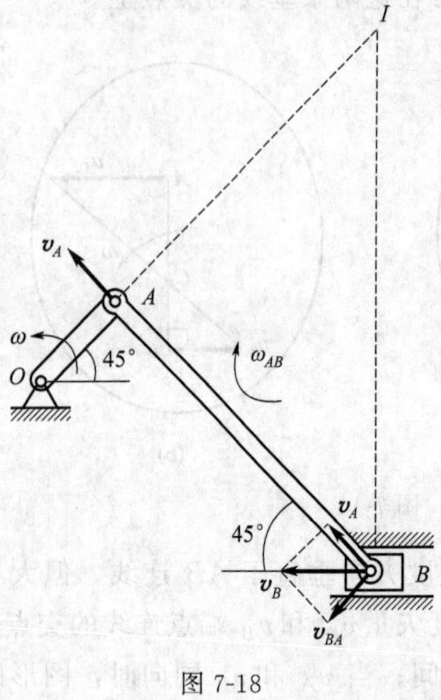

图 7-18

① 利用基本公式。AB 杆上的 A 点也是曲柄 OA 上的一点，由 OA 的转动可以求出 A 点速度 $\boldsymbol{v}_A$ 的大小为：

$$v_A=\overline{OA}\cdot\omega=0.2\times10=2\text{m/s}$$

$\boldsymbol{v}_A$ 的方位垂直于 OA，指向与 ω 转向一致。$\boldsymbol{v}_A$ 既已知，可选 A 点为基点，用式(7-3) 来求。

B 点的速度：

$$\boldsymbol{v}_B=\boldsymbol{v}_A+\boldsymbol{v}_{BA}$$

现已知 $\boldsymbol{v}_B$ 沿水平方向，而 $\boldsymbol{v}_{BA}$ 垂直于 AB，在 B 点处按上式作速度平行四边形。由图 7-18 可知：

$$v_B=\frac{v_A}{\cos45^\circ}=\frac{2}{0.707}=2.83\text{m/s}$$

指向左边。

由图 7-18 还可知：

$$v_{BA}=v_A\tan45^\circ=2\times1=2\text{m/s}$$

从而可求出杆 AB 的角速度：

$$\omega_{AB}=\frac{v_{BA}}{AB}=\frac{2}{1}=2\text{rad/s}$$

转向是顺时针向的。

② 利用速度投影关系。按式(7-4) 有：

$$(\boldsymbol{v}_B)_{AB}=(\boldsymbol{v}_A)_{AB}$$

即：

$$v_B\cos45^\circ=v_A$$

故：

$$v_B=\frac{v_A}{\cos45^\circ}=\frac{2}{0.707}=2.83\text{m/s}$$

与基点法求得结果一致。

③ 利用速度瞬心法。

过 A 点和 B 点分别作 $AI\perp\boldsymbol{v}_A$ 和 $BI\perp\boldsymbol{v}_B$，AI 和 BI 的交点 I 就是 AB 杆在图 7-18 所示瞬时的速度瞬心。因为：

$$\frac{v_B}{BI}=\frac{v_A}{AI}$$

故：

$$v_B=\frac{BI}{AI}v_A=\frac{1}{\cos45^\circ}v_A=2.83\text{m/s}$$

或由图 7-18 几何关系知：

$$IA=AB=1\text{m},\ IB=\sqrt{2}\,\text{m}$$

因点 I 是速度瞬心，故：

$$v_A=AI\cdot\omega_{AB}\quad v_B=BI\cdot\omega_{AB}$$

所以

$$\omega_{AB}=\frac{v_A}{AI}=\frac{2}{1}=2\text{rad/s}$$

B 点的速度

$$v_B=BI\cdot\omega_{AB}=\sqrt{2}\times2=2.83\text{m/s}$$

结果与前面的一致，说明平面图形的角速度与基点选择无关。

比较以上三种解法，可见在本例所给的条件下，求 $\boldsymbol{v}_B$ 以用速度投影关系较为方便。但若同时要求 ω_{AB}，则以速度瞬心法比较简捷。

【例 7-5】 车轮沿直线轨道滚动而不滑动，轮心 O 的速度(即车行速度) 等于 $\boldsymbol{v}_O$，如图 7-19 所示。设车轮半径为 r，求车轮的角速度和轮边上 A、B、C 诸点的速度。

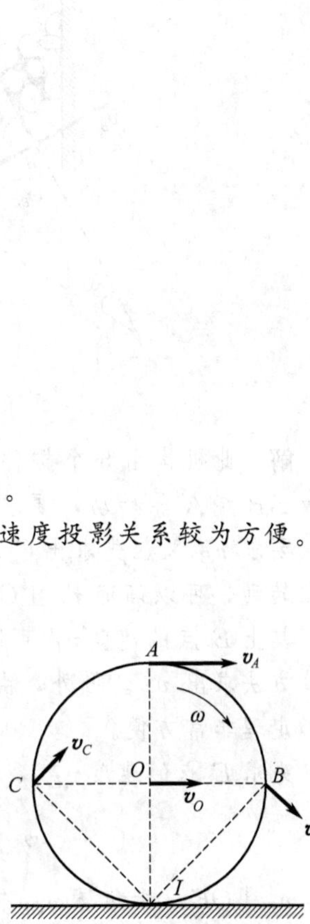

图 7-19

解 因为车轮沿轨道滚动而不滑动，所以车轮与轨道接触的一点就是速度瞬心 I。已知轮心速度 $\boldsymbol{v}_O$，可求得轮的角速度，进而求出 A、B、C 诸点的速度。

由于车轮速度瞬心是 I。

设车轮的角速度为 ω，由于 $v_O=IO\cdot\omega$，因而

$$\omega=\frac{v_O}{IO}=\frac{v_O}{r}$$

转向为顺时针向。

轮边上 A、B、C 点的速度分别等于绕速度瞬心 I 转动的速度：

$$v_A=IA\cdot\omega=2r\frac{v_O}{r}=2v_O，v_A\perp IA$$

$$v_B=IB\cdot\omega=\sqrt{2}r\frac{v_O}{r}=\sqrt{2}v_O，v_B\perp IB$$

$$v_C=IC\cdot\omega=\sqrt{2}r\frac{v_O}{r}=\sqrt{2}v_O，v_C\perp IC$$

$\boldsymbol{v}_A$、$\boldsymbol{v}_B$、$\boldsymbol{v}_C$ 的指向都与 ω 的转向一致。

【例 7-6】 轧碎机的活动夹板 AB 长 0.6m，由曲柄 OE 借助于杆 CE、CD 和 BC 带动而绕 A 轴摆动，如图 7-20 所示。曲柄 OE 长 0.1m，以匀转速 100r/min 转动。杆 BC 及 CD 各长 0.4m。求在图示位置夹板 AB 的角速度。

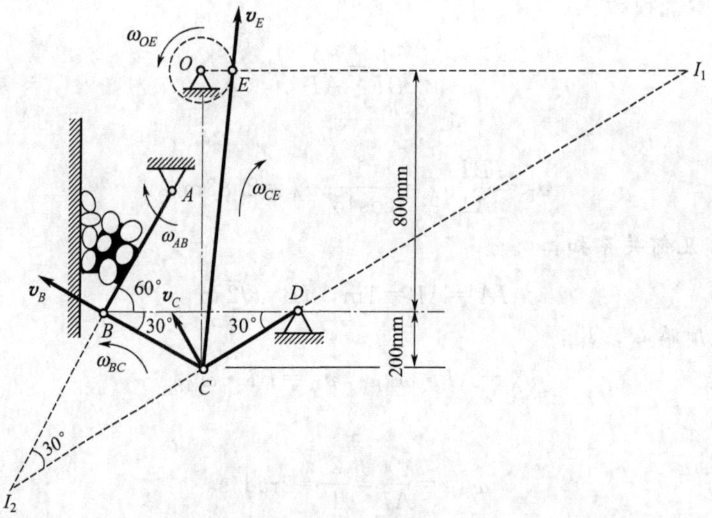

图 7-20

解 此机构由 5 个构件组成，杆 OE、CD、AB 定轴转动，杆 EC、CB 做平面运动。夹板 AB 绕 A 轴转动，要求它的角速度 ω_{AB}，应先求出 B 点的速度 $\boldsymbol{v}_B$。而 BC 杆做平面运动，要求 $\boldsymbol{v}_B$ 又应先求出 C 点的速度 $\boldsymbol{v}_C$。C 点是 CD 杆与 CE 杆共有的一点，根据 CD 杆绕 D 点转动，可以确定 $\boldsymbol{v}_C\perp CD$，而 $\boldsymbol{v}_C$ 的大小要根据 CE 杆的运动来确定。CE 杆做平面运动，其上 E 点的速度 $\boldsymbol{v}_E$ 可以由 OE 杆的转动来求出，故可用刚体平面运动图形内各点速度计算方法求出 $\boldsymbol{v}_B$。另外，由于只要求点 B 的速度，而不要求各构件的角速度，此题用速度投影定理非常方便。

先求 E 点的速度 $\boldsymbol{v}_E$：

$$v_E=OE\cdot\omega_{OE}=0.1\times\frac{100\times2\pi}{60}=1.05\text{m/s}$$

$\boldsymbol{v}_E\perp OE$，指向与 ω_{OE} 转向一致。

过 C、E 两点分别作直线与 $\boldsymbol{v}_C$、$\boldsymbol{v}_E$ 垂直，相交于 I_1，I_1 就是 CE 杆在图 7-20 所示位

置的速度瞬心。由直角三角形 OCI_1。可知：

$$I_1C=\frac{OC}{\cos60^\circ}=\frac{1}{0.5}=2\text{m}$$

又 $I_1E=I_1O-OE=I_1C\cdot\cos30^\circ-OE=(2\times0.866-0.1)=1.63\text{m}$

于是：

$$\omega_{CE}=\frac{v_E}{I_1E}=\frac{1.05}{1.63}=0.644\text{rad/s}$$

$$v_C=I_1C\times\omega_{CE}=2\times0.644=1.29\text{m/s}$$

$\boldsymbol{v}_C$ 的指向如图 7-20 所示。

再根据 BC 杆的运动来求 $\boldsymbol{v}_B$。现 $\boldsymbol{v}_C$ 的大小和方向都已求出，$\boldsymbol{v}_B$ 的方位应垂直 BA。过 C、B 两点分别作直线与 $\boldsymbol{v}_C$、$\boldsymbol{v}_B$ 垂直，相交于 I_2，I_2 即 BC 杆在所示位置的速度瞬心。

因为：

$$\frac{v_B}{I_2B}=\frac{v_C}{I_2C}$$

所以：

$$v_B=v_C\frac{I_2B}{I_2C}=v_C\cos30^\circ=1.28\times0.866=1.12\text{m/s}$$

于是：

$$\omega_{AB}=\frac{v_B}{AB}=\frac{1.12}{0.6}=1.87\text{rad/s}$$

转向为顺时针。

应该注意，当一个机构中有几个做平面运动的构件（如本例中的 BC 和 CE）时，每个构件各有其自身的速度瞬心与角速度，必须分别求出，不要相混。

第四节　用基点法求平面图形内各点的加速度

如前所述，平面图形在任一瞬时的运动，可以分解为随任选基点（一般取运动已知的点）的牵连运动和绕基点转动的相对运动。因此，与用基点法求速度相似，也可以用加速度合成的方法求平面图形上任一点的加速度。图 7-21 中，平面图形上某点 A，其加速度为 $\boldsymbol{a}_A$，并设此瞬时平面图形的角速度和角加速度分别为 ω 和 α。由于牵连运动是随基点 A 的平动，故由牵连运动为平动的加速度合成定理，可得平面图形上另一点 B 的加速度为：$\boldsymbol{a}_B=\boldsymbol{a}_e+\boldsymbol{a}_r$，其中，$\boldsymbol{a}_e=\boldsymbol{a}_A$，$\boldsymbol{a}_r=\boldsymbol{a}_{BA}$。所以上式可以改写为 $\boldsymbol{a}_B=\boldsymbol{a}_A+\boldsymbol{a}_{BA}$。由于平面图形相对于基点的运动，总是绕基点的转动，故点 B 相对于基点的运动轨迹必为一圆弧，因而 $\boldsymbol{a}_{BA}$ 可分解为法向和切向两部分 $\boldsymbol{a}_{BA}^n$ 和 $\boldsymbol{a}_{BA}^t$，其中，$a_{BA}^n=AB\cdot\omega^2$ 方向由 B 指向 A；$a_{BA}^t=AB\cdot|\alpha|$，其方位与 AB 垂直，指向与 α 的转向一致。到此为止，上式可写为：

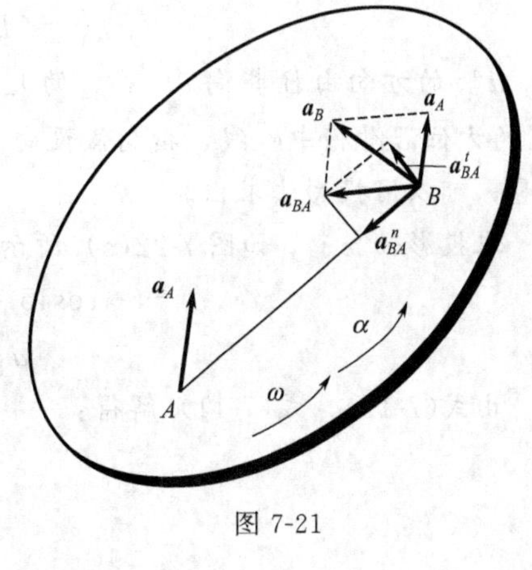

图 7-21

$$\boldsymbol{a}_B=\boldsymbol{a}_A+\boldsymbol{a}_{BA}^n+\boldsymbol{a}_{BA}^t \tag{7-8}$$

此式表明：平面图形上任一点的加速度，等于基点的加速度与该点绕基点转动的法向加速度和切向加速度的矢量和。应该注意：式(7-8) 为平面内矢量等式，有两个投影方程，可求解两个未知量。该方程有 4 个矢量，共有 8 个要素，在用解析法解题时，需要知道 6 个要素才能求出其余 2 个未知的要素。

【例 7-7】 求【例 7-4】中的滑块 B 的加速度和杆 AB 的角加速度。

解 由于 OA 杆做匀速转动，故可求得 A 点的加速度 $\boldsymbol{a}_A$ 的大小为：

$$a_A=OA\cdot\omega^2=0.2\times10^2=20\text{m/s}^2$$

$\boldsymbol{a}_A$ 的方向由 A 指向 O，如图 7-22(a) 所示。

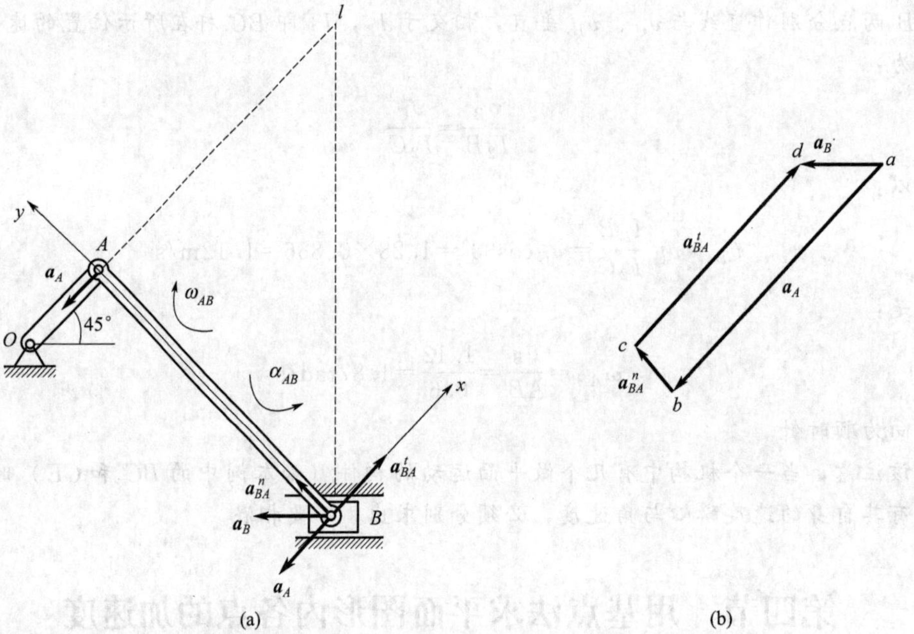

图 7-22

以 A 为基点求 B 点的加速度 $\boldsymbol{a}_B$。按式(7-8) 有：

$$\boldsymbol{a}_B=\boldsymbol{a}_A+\boldsymbol{a}_{BA}^n+\boldsymbol{a}_{BA}^t \tag{7-9}$$

其中，$\boldsymbol{a}_A$ 的大小和方向已知。在【例 7-4】中已求出 $\omega_{AB}=2\text{rad/s}$，所以 $\boldsymbol{a}_{BA}^n$ 的大小：

$$a_{BA}^n=AB\cdot\omega_{AB}^2=1\times2^2=4\text{m/s}^2$$

$\boldsymbol{a}_{BA}^n$ 的方向由 B 指向 A。a_{BA}^t 的大小未知，其方位垂直于 AB，指向假设如图 7-22(a)。$\boldsymbol{a}_B$ 的方位沿滑槽中心线，指向假设向左，因此，在式(7-9) 中只有 $\boldsymbol{a}_B$ 与 $\boldsymbol{a}_{BA}^t$ 的大小两个未知量，可以用投影法求出。

取投影轴 x、y 如图 7-22(a) 所示。将式(7-9) 投影到 x、y 轴上得：

$$-a_B\cos45°=-a_A+a_{BA}^t=-20+a_{BA}^t \tag{7-10}$$

$$a_B\sin45°=a_{BA}^n=4 \tag{7-11}$$

由式(7-10)、式(7-11) 解得：

$$a_B=5.66\text{m/s}^2$$

$$a_{BA}^t=16\text{m/s}^2$$

所得数值都是正值，表示所假设的指向是正确的。

杆 AB 的角加速度 α_{AB} 可按下式求出：

$$\alpha_{AB}=\frac{a_{BA}^{t}}{AB}=\frac{16}{1}=16\text{rad/s}^2$$

α_{AB} 的转向应与 $\boldsymbol{a}_{BA}^{t}$ 的指向一致，是逆时针向的。

我们还可用作图法求解。根据式(7-9)，按适当的比例尺作图，如图 7-22(b) 所示，先依次画出 $ab=\boldsymbol{a}_A$，$bc=\boldsymbol{a}_{BA}^{t}$，再分别从 a 和 c 作线与 $\boldsymbol{a}_B$ 和 $\boldsymbol{a}_{BA}^{t}$ 平行并相交于 d，则 $ad=\boldsymbol{a}_B$，$cd=\boldsymbol{a}_{BA}^{t}$，从图中可量出：

$$a_B=5.66\text{m/s}^2$$

$$a_{BA}^{t}=16\text{m/s}^2$$

【例 7-8】 半径为 r 的车轮沿直线轨道滚动而不滑动［图 7-23(a)］。设已知轮心的速度 $\boldsymbol{v}$ 及加速度 $\boldsymbol{a}$，试求车轮与轨道接触点 P 点的加速度。

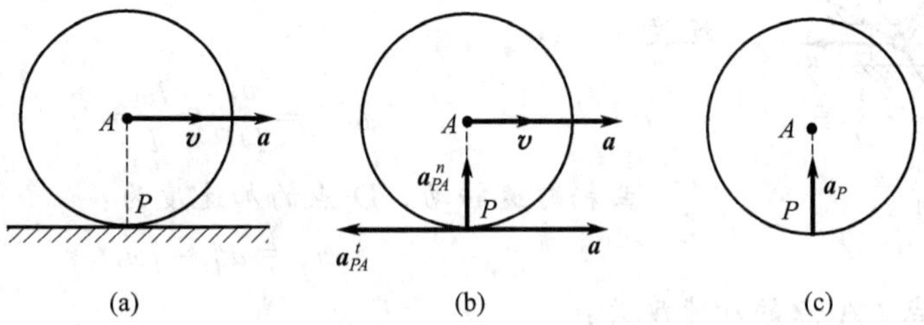

图 7-23

解　车轮做平面运动，轮心的加速度为已知，选轮心为基点，求点 P 的加速度。另外注意，车轮作纯滚动时，轮心的速度、加速度与车轮的角速度和角加速度间有关系：$v=r\omega$，$a=r\alpha$。

在例 7-5 中已求出车轮的角速度 ω 为：

$$\omega=\frac{v}{r}$$

这关系在任何瞬时都成立。由此可求得车轮的角加速度 α 为：

$$\alpha=\frac{\mathrm{d}\omega}{\mathrm{d}t}=\frac{1}{r}\frac{\mathrm{d}v}{\mathrm{d}t}$$

因轮心 A 做直线运动，所以 $\frac{\mathrm{d}\boldsymbol{v}}{\mathrm{d}t}=\boldsymbol{a}$，因此有：

$$\alpha=\frac{a}{r}$$

转向为顺时针。

现以 A 点为基点求 P 点的加速度。由式(7-8) 有：

$$\boldsymbol{a}_P=\boldsymbol{a}_A+\boldsymbol{a}_{PA}^{n}+\boldsymbol{a}_{PA}^{t}$$

其中 $a_{PA}^{n}=r\omega^2=\frac{v^2}{r}$，$a_{PA}^{t}=r\alpha=a$

它们的方向各如图 7-23(b) 所示。

因 $\boldsymbol{a}_{PA}^{t}$ 和 $\boldsymbol{a}$ 大小相等、方向相反，相互抵消，于是有：

$$a_P = a_{PA}^n = r\omega^2 = \frac{v^2}{r}$$

$\boldsymbol{a}_P$ 的方向指向轮心。

由本例可以看出，速度瞬心 P 的加速度并不为零。因此，切不可将速度瞬心 P 作为加速度为零的一点来求图形内其他各点的加速度。

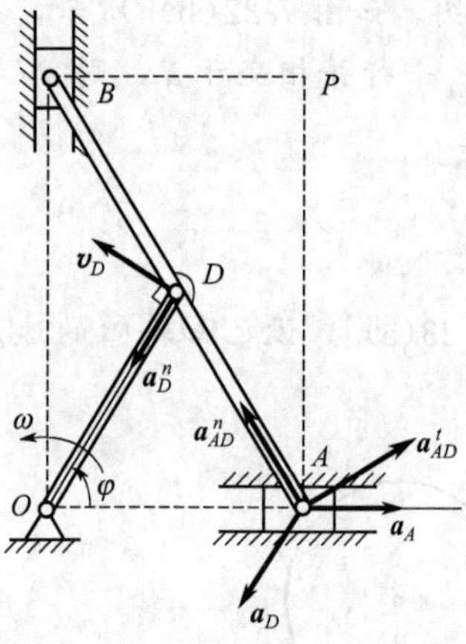

图 7-24

【例 7-9】 图 7-24 所示椭圆规的机构中，尺寸 $OD=AD=BD=l$，曲柄 OD 以匀角速度 ω 绕 O 轴转动，试求当 $\varphi=60°$ 时，尺 AB 的角加速度和点 A 的加速度。

解　曲柄定轴转动，滑块 A、B 作平动，尺 AB 作平面运动。先用速度瞬心法求出尺 AB 的角速度，然后取点 D 为基点，求点 A 的加速度，共有点 A 的加速度大小、尺的角加速度两个未知量，列投影方程求解。

尺 AB 作平面运动，其速度瞬心 P 如图 7-24 所示，其角速度为：

$$\omega_{AB} = \frac{v_D}{DP} = \frac{l\omega}{l} = \omega$$

曲柄匀速转动，D 点的加速度为：

$$a_D = a_D^n = l\omega^2$$

取点 D 为基点，A 点的加速度为：

$$\boldsymbol{a}_A = \boldsymbol{a}_D + \boldsymbol{a}_{AD}^t + \boldsymbol{a}_{AD}^n \tag{7-12}$$

式中各加速度的大小和方向见表 7-1。

表 7-1　各加速度的大小和方向

加速度	$\boldsymbol{a}_A$	$\boldsymbol{a}_D$	$\boldsymbol{a}_{AD}^t$	$\boldsymbol{a}_{AD}^n$
大小	待求	$l\omega^2$	$AD\times\alpha_{AB}$（待求）	$\omega_{AB}^2\times AD$
方向	水平	沿 DO	$\perp AD$	沿 AD

加速度图如图 7-24 所示，式(7-12)中，$a_{AD}^n=\omega_{AB}^2\times AD=l\omega^2$

现在求两个未知量 $\boldsymbol{a}_A$ 和 $\boldsymbol{a}_{AD}^t$ 的大小。取 ξ 轴垂直于 $\boldsymbol{a}_{AD}^t$，其正向由 B 指向 A，取 η 轴垂直于 $\boldsymbol{a}_A$，其正向由 A 指向 P（图中未标出）。将 $\boldsymbol{a}_A$ 的矢量合成式分别在 ξ 和 η 轴上投影，得：

$$a_A\cos\varphi = a_D\cos(\pi-2\varphi) - a_{AD}^n$$

$$0 = -a_D\sin\varphi + a_{AD}^t\cos\varphi + a_{AD}^n\sin\varphi$$

解得：

$$a_A = \frac{a_D\cos(\pi-2\varphi)-a_{AD}^n}{\cos\varphi} = \frac{\omega^2 l\cos60°-\omega^2 l}{\cos60°} = -\omega^2 l$$

$$a_{AD}^t = \frac{a_D\sin\varphi - a_{AD}^n\sin\varphi}{\cos\varphi} = \frac{(\omega^2 l-\omega^2 l)\sin\varphi}{\cos\varphi} = 0$$

$\boldsymbol{a}_A$ 为负，其实际方向向左。于是有：

$$\alpha_{AB} = \frac{a_{AD}^t}{AD} = 0$$

第五节　运动学综合应用举例

在工程机构中，有的需用点的合成运动方法求解，有的需用刚体平面运动方法求解，有的既可以用点的合成运动方法求解，也可以用刚体平面运动方法求解。在复杂的机构中，可能同时有刚体的平面运动和点的合成运动问题，这时就要既用点的合成运动方法又要用刚体平面运动方法求解，这就是运动学综合应用的问题。

对运动学问题，首先要从主动件开始，分析各个构件做什么运动，从而就可以基本决定解题思路。刚体的平面运动用来分析同一刚体上不同点间的速度和加速度之间的关系，而点的合成运动涉及两个刚体或一个点和一个刚体。当两个刚体（或一个刚体和一个点）相接触而有相对运动时，或者两个刚体（或一个刚体和一个点）间不接触但有相互运动时，则需用点的合成运动理论求解问题。

另外要注意，为分析某点的运动或某刚体的运动，如能找出其位置与时间的函数关系，则可直接建立运动方程，而得到其运动的全过程，如位置的确定、轨迹的确定、速度和加速度的确定等，称这种解决问题的方法为解析法。当难以建立点或刚体的运动方程或只对机构某些瞬时位置的运动参数感兴趣时，可根据刚体各种不同运动的形式，确定此刚体的运动与其上一点运动的关系，并常用合成运动或平面运动的理论来分析相关的两个点在某瞬时的速度和加速度的联系，称这种解决问题的方法为几何法。

下面通过例题来说明。

【例 7-10】 如图 7-25 所示平面机构中，杆 AB 以不变的速度 u 沿水平方向运动，套筒 B 与杆 AB 的端点铰接，并套在绕 O 轴转动的杆 OC 上，可沿该杆滑动。已知 AB 和 OE 两平行线间的垂直距离为 b。求在图示位置（$\alpha=60°$，$\beta=30°$，$\overline{OD}=\overline{DB}$）时杆 OC 的角速度和角加速度，滑块 E 的速度和加速度。

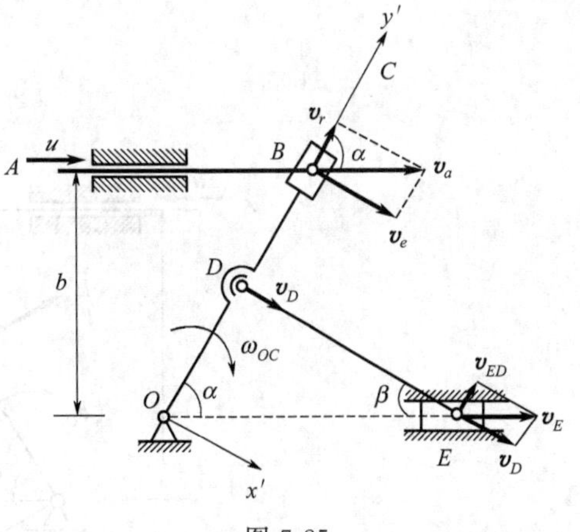

图 7-25

解　AB 杆、滑块 E 作平动，杆 OC 做定轴转动，杆 DE 做平面运动，套筒 B 相对杆 OC 有相对运动。该题中既有平面运动的构件又有点的相对运动，所以，这是一个要用到平面运动又要用到点的合成运动的题目，先用点的合成运动方法求出 OC 杆的角速度和角加速度，再用平面运动求出滑块的速度和加速度。

① 求杆 OC 的角速度 ω_{OC} 和角加速度 α_{OC}。取杆 AB 的端点 B 为动点，动系 $Ox'y'$ 固连在杆 OC 上。

运动分析如下。

相对运动：动点 B 沿 OC 方向的直线运动；

牵连运动：杆 OC 绕 O 轴的转动；

绝对运动：动点 B 的水平直线匀速运动。

根据点的速度合成定理有

$$\boldsymbol{v}_a = \boldsymbol{v}_e + \boldsymbol{v}_r$$

	$\boldsymbol{v}_a$	$\boldsymbol{v}_e$	$\boldsymbol{v}_r$
大小	u	?	?
方向	水平	$\perp OB$	沿 OC

由此可作出速度平行四边形如图 7-25 所示。由图中的几何关系可求得：

$$v_e = v_a \sin\alpha = u\sin 60° = \frac{\sqrt{3}}{2}u$$

$$v_r = v_a \cos\alpha = u\cos 60° = \frac{1}{2}u$$

杆 OC 的角速度为：

$$\omega_{OC} = \frac{v_e}{OB} = \frac{v_e}{\dfrac{b}{\cos\beta}} = \frac{v_e\cos 30°}{b} = \frac{3u}{4b}$$

根据 $\boldsymbol{v}_e$ 的指向可知 ω_{OC} 的转向为顺时针。

由于牵连运动为杆 OC 的转动，因此，根据牵连运动为转动时点的加速度合成定理，有：

$$\boldsymbol{a}_a = \boldsymbol{a}_e^t + \boldsymbol{a}_e^n + \boldsymbol{a}_r + \boldsymbol{a}_c \tag{7-13}$$

	$\boldsymbol{a}_a$	$\boldsymbol{a}_e^t$	$\boldsymbol{a}_e^n$	$\boldsymbol{a}_r$	$\boldsymbol{a}_c$
大小	0	?	$OB \cdot \omega_{OC}^2$	?	$2\omega_{OC} \cdot v_r$
方向		$\perp OB$	沿 OC	沿 OC	$\perp OB$

将式(7-13) 向 Ox' 轴上投影（图 7-26）

$$0 = -a_e^t + a_c$$

$$a_e^t = a_c = 2\omega_{OC} \cdot v_r = 2\times\frac{3u}{4b}\times\frac{u}{2} = \frac{3u^2}{4b}$$

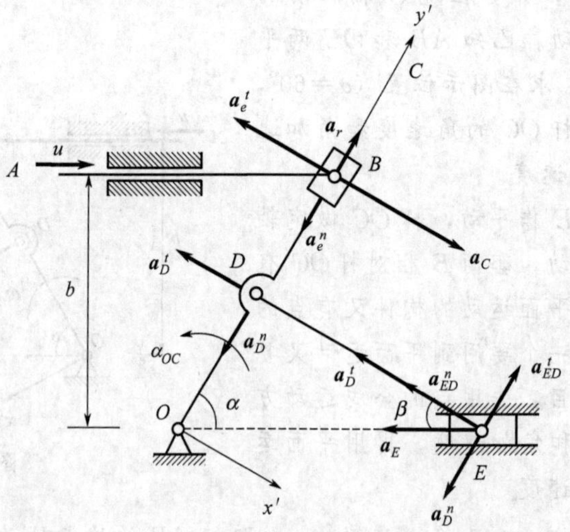

图 7-26

故杆 OC 的角加速度为：

$$\alpha_{OC} = \frac{a_e^t}{OB} = \frac{3u^2}{4b}\times\frac{\cos 30°}{b} = \frac{3\sqrt{3}}{8}\times\frac{u^2}{b^2}$$

根据 $\boldsymbol{a}_e^t$ 的方向知 α_{OC} 的转向为逆时针。

② 求滑块 E 的速度 $\boldsymbol{v}_E$ 和加速度 $\boldsymbol{a}_E$。杆 DE 做平面运动，D 点的速度大小为：

$$v_D=\overline{OD}\cdot\omega_{OC}=\frac{\sqrt{3}}{3}b\times\frac{3u}{4b}=\frac{\sqrt{3}}{4}u$$

方向垂直于 OD，如图 7-25 所示。

取点 D 为基点，求 $\boldsymbol{v}_E$，用基点法。

	$\boldsymbol{v}_E$	=	$\boldsymbol{v}_D$	+	$\boldsymbol{v}_{DE}$
大小	?		$\frac{\sqrt{3}}{4}u$		?
方向	沿 OE		沿 DE		$\perp DE$

作速度平行四边形，如图 7-25 所示，由图中几何关系求得：

$$v_E=\frac{v_D}{\cos\beta}=\frac{\frac{\sqrt{3}}{4}u}{\cos30^\circ}=\frac{u}{2}$$

$$v_{ED}=v_E\sin\beta=\frac{u}{2}\sin30^\circ=\frac{u}{4}$$

连杆 DE 的角速度为：

$$\omega_{DE}=\frac{v_{DE}}{DE}=\frac{u}{4b}$$

由 $\boldsymbol{v}_{ED}$ 的指向可知 ω_{DE} 为逆时针转向。

点 D 的加速度 $\boldsymbol{a}_D$ 可分解为切向加速度 $\boldsymbol{a}_D^t$ 和法向加速度 $\boldsymbol{a}_D^n$，它们的大小分别为：

$$a_D^t=OD\cdot\alpha_{OC}=\frac{b}{\sqrt{3}}\times\frac{3\sqrt{3}}{8}\times\frac{u^2}{b^2}=\frac{3u^2}{8b}$$

$$a_D^n=OD\cdot\omega_{OC}^2=\frac{b}{\sqrt{3}}\times\left(\frac{3u}{4b}\right)^2=\frac{3\sqrt{3}u^2}{16b}$$

$\boldsymbol{a}_D^t$、$\boldsymbol{a}_D^n$ 的方向如图 7-26 所示。

取点 D 为基点，E 点的加速度为：

$$\boldsymbol{a}_E=\boldsymbol{a}_D^t+\boldsymbol{a}_D^n+\boldsymbol{a}_{ED}^t+\boldsymbol{a}_{ED}^n \tag{7-14}$$

	$\boldsymbol{a}_E$	$\boldsymbol{a}_D^t$	$\boldsymbol{a}_D^n$	$\boldsymbol{a}_{ED}^t$	$\boldsymbol{a}_{ED}^n$
大小	?	$\frac{3u^2}{8b}$	$\frac{3\sqrt{3}u^2}{16b}$	?	$DE\cdot\omega_{DE}^2$
方向	沿 EO	$\perp OD$	沿 OD	$\perp DE$	沿 ED

式中　$a_{ED}^n=DE\cdot\omega_{DE}^2=b\times\left(\frac{u}{4b}\right)^2=\frac{u^2}{16b}$

假定 $\boldsymbol{a}_E$ 的指向如图 7-26 所示，将式(7-14) 投影到 ED 方向，得：

$$a_E\cos\beta=a_D^t+a_{ED}^n$$

$$a_E=\frac{a_D^t+a_{ED}^n}{\cos\beta}=\frac{\frac{3u^2}{8b}+\frac{u^2}{16b}}{\frac{\sqrt{3}}{2}}=\frac{7u^2}{8\sqrt{3}b}$$

【例 7-11】 图 7-27(a) 所示平面机构，滑块 B 可沿杆 OA 滑动。杆 BE 与 BD 分别与滑块 B 铰接，BD 杆沿水平导槽运动。滑块 E 以匀速 $\boldsymbol{v}$ 沿铅直导槽向上运动。图示瞬时杆 OA 铅直，且与杆 BE 夹角为 45°，尺寸如图所示。求该瞬时杆 OA 的角速度与角加速度。

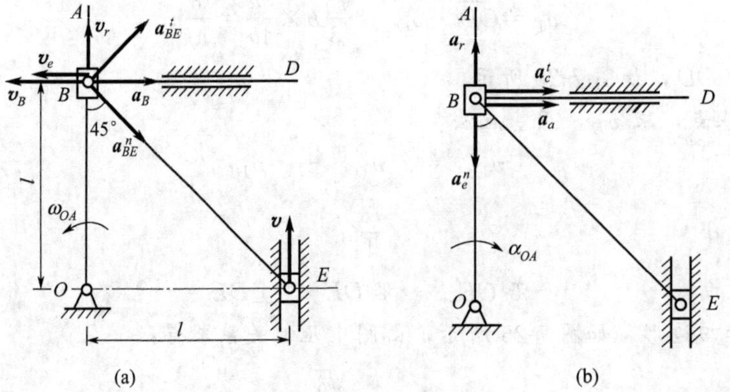

图 7-27

解 BE 杆做平面运动，滑块 E 和杆 BD 为平移。杆 OA 为定轴转动，滑块 B 相对杆 OA 有相对运动。同【例 7-10】一样，机构中既有平面运动的构件又有点的相对运动出现，所以也要用到刚体平面运动和点的合成运动方法求解的题目。先用刚体平面运动的方法求出滑块 B 的速度和加速度，然后把动系建在 OA 杆上，取滑块 B 为动点，则用刚体平面运动方法求出的速度和加速度为绝对速度和加速度，再用点的合成运动的方法求解。

BE 杆做平面运动，其速度瞬心为点 O，故有：

$$\omega_{BE}=\frac{v}{OE}=\frac{v}{l} \quad v_B=\omega_{BE}\cdot OB=v$$

取滑块 B 为动点，动系固结在杆 OA 上，由点的速度合成定理

$$\boldsymbol{v}_a=\boldsymbol{v}_B=\boldsymbol{v}_e+\boldsymbol{v}_r$$

速度图如图 7-27(a) 所示，由于 $\boldsymbol{v}_a$ 和 $\boldsymbol{v}_e$ 同向，相对速度 $\boldsymbol{v}_r$ 沿 OA 杆。显然有：

$$\boldsymbol{v}_a=\boldsymbol{v}_e，\boldsymbol{v}_r=\boldsymbol{0}$$

所以，杆 OA 的角速度为：

$$\omega_{OA}=\frac{v_e}{OB}=\frac{v}{l}$$

转向为逆时针。

以点 E 为基点，求点 B 的加速度

	$\boldsymbol{a}_B=$	$\boldsymbol{a}_E+$	$\boldsymbol{a}_{BE}^t+$	$\boldsymbol{a}_{BE}^n$	
大小	？	√	？	√	(7-15)
方向	√	√	√	√	

加速度图如图 7-27(a) 所示，式中：

$$a_E=0，a_{BE}^n=BE\cdot\omega_{BE}^2=\frac{\sqrt{2}\,v^2}{l}$$

将式(7-15) 沿杆 BE 投影为：

$$a_B\cos45°=a_{BE}^n$$

解得

$$a_B=\frac{a_{BE}^n}{\cos45°}=\frac{2v^2}{l}$$

仍然把动系建于 OA 杆，取滑块 B 为动点，有：

$$\boldsymbol{a}_a=\boldsymbol{a}_B=\boldsymbol{a}_e^n+\boldsymbol{a}_e^t+\boldsymbol{a}_r+\boldsymbol{a}_c \tag{7-16}$$

大小	√	√	?	?	√
方向	√	√	√	√	√

加速度如图 7-27(b) 所示，式中有：

$$a_e^n=OB\cdot\omega_{OA}^2=\frac{v^2}{l},\ \boldsymbol{a}_c=2\omega_{OA}v_r=0$$

把式(7-16) 沿水平方向投影，得：

$$a_B=a_e^t$$

$$a_e^t=a_B=\frac{2v^2}{l}$$

杆 OA 的角加速度为：

$$\alpha_{OA}=\frac{a_e^t}{OB}=\frac{2v^2}{l^2}$$

转向为顺时针。

应用本章方法计算分析平面运动刚体的速度和加速度问题时，需要注意以下几个问题。

① 所要研究的运动机构往往是由多个运动物体组成的运动系统，所以解题时，应先弄清楚每个物体的运动形式及题设的已知条件，然后按运动传递顺序，由已知运动的构件依次向待求运动的构件进行分析。特别应注意连接点或特殊点（纯滚动轮的速度瞬心、构件的形心）的运动特征的分析，以便求得所需的未知量。

② 对做平面运动的刚体进行速度分析时，可采用三种不同的方法，如何选择要根据具体情况分析。基点法是最基本的方法，应用时必须正确画出速度矢量的平行四边形。速度投影法比较简捷，但不能计算出构件的角速度。瞬心法解题时，必须正确指明速度瞬心，并应当弄清楚其相应的角速度，尤其在多刚体系统中，更要弄清楚非平动刚体的角速度。每个平面运动刚体都有各自的速度瞬心和角速度，绝不能混淆不同构件的速度瞬心和角速度。

③ 应用基点法计算平面运动刚体上任一点的加速度时，往往要分析平面运动刚体的角速度，用于计算相关的法向加速度。由于加速度表达式中矢量的项数一般多于 3 项，因而多用解析法来求解未知量。加速度合成的投影式是根据合矢量投影定理得到的，它的等号左边是合矢量的投影，等号右边是分矢量的投影，不能写成所有加速度矢量的投影的代数和为零的形式。

④ 应当清楚，平面运动刚体速度瞬心的加速度不为零。若刚体系统中有某一刚体做匀速转动，不能臆断地认为其他相关做平面运动的刚体转动的角速度也为常值，更不能对特定位置的速度值或角速度值求导，得出相应加速度为零的结论，这样常常会得出错误的结果。

小结

本章把刚体的平面运动简化为平面图形在自身平面内的运动。在平面图形上任选一点作为基点，并在基点上建立一平动坐标系，根据合成运动的概念，平面图形的运动可分解为随基点（动坐标系）的平动（牵连运动）和绕基点（动坐标系）的转动（相对运动），从而可应用点的速度合成定理及牵连运动为平动时点的加速度合成定理，求出图形上任一点的速度和加速度。这是本章内容的基本理论部分，应深刻理解。

本章介绍了三种对常见平面机构进行速度分析的方法，应熟练掌握。

① 基点法是平面机构速度分析的基本方法，一般选取速度已知的点作为基点，这种点一般是平面机构中主动件上与其他构件的连接点。

② 速度投影法，若已知构件上一点速度的大小和方向，以及另一点的速度方向，用此法可以很方便地求出另一点的速度大小，但不能求出构件的角速度。

③ 瞬心法，用此法求平面机构上各构件的角速度及其上各点的速度往往比基点法方便，它是工程中常用的方法，此法关键在于确定瞬心的几何位置。

本章只介绍了一种加速度分析方法：基点法。与速度基点法相似，但值得注意的是：①因牵连运动是随基点的平动，所以在分析加速度时没有科氏加速度；②注意画好所求点的加速度矢量图，一般应用解析法求解，要选择合适的投影轴（一般选与多个未知加速度方向平行或垂直的投影轴），对未知加速度分量的指向可任意假设。

思考题

7-1　判断下列结论是否正确。

① 运动的刚体内，有一个平面始终与某个一固定平面平行，则此刚体做平面运动。

② 刚体做瞬时平动时，其上各点的速度相同，加速度也相同。

③ 刚体做瞬时转动时，其瞬心的速度为零，而其加速度不为零。

④ 刚体运动时，其上任意两点的速度在该两点连线上的投影相等，而该两点的加速度在该两点连线上的投影不相等。

⑤ 刚体的平面运动与刚体平动，其相似之处是刚体上各点的运动轨迹都在同一平面上。

⑥ 用基点法求得的图形角速度与用速度瞬心法求得的图形角速度相同。

⑦ 平面图形上任一点的速度随基点选择的不同而不同。

⑧ 平面图形 S 运动时，若基点改变，图形内任一点的牵连速度、相对速度、绝对速度也要改变。

7-2　下列各题的计算过程有无错误？

① 如思考题 7-2 图（a）所示，已知 $\boldsymbol{v}_B$，则 $v_{BA}=v_B\sin\alpha$，所以有 $\omega_{BA}=\dfrac{v_{BA}}{AB}=\dfrac{v_B\sin\alpha}{AB}$

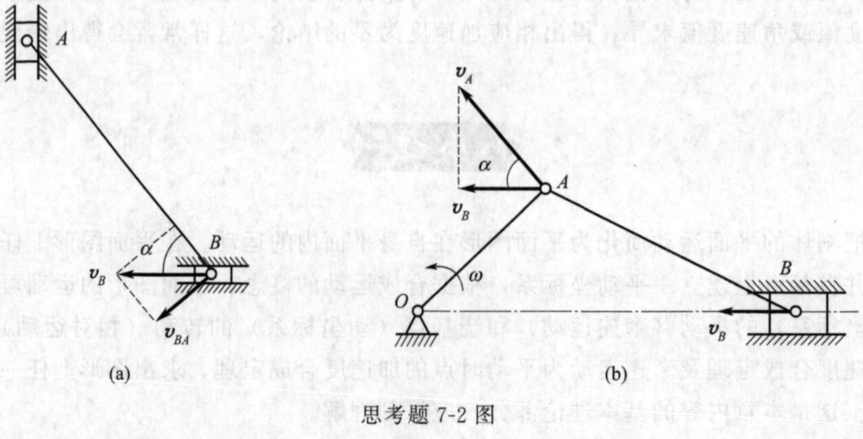

思考题 7-2 图

② 如思考题 7-2 图（b）所示，已知 $v_A = OA \times \omega$，所以有 $v_B = v_A \cos\alpha$。

7-3 一汽车沿直线轨道行驶，其车轮作纯滚动，如图所示。当汽车做匀速运动时，车轮瞬心的加速度的大小、方向如何？当汽车做匀加速运动时，其瞬心的加速度的大小和方向有无变化？

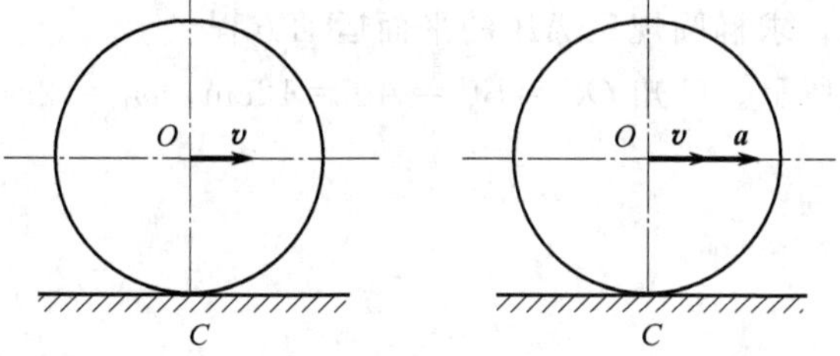

思考题 7-3 图

7-4 四连杆机构如图所示，在这一瞬时，由于杆 O_1A 与 O_2B 平行且相等，连杆 AB 瞬时平动，所以 $\omega_2 = \omega_1$，$\alpha_2 = \alpha_1$，是否正确？

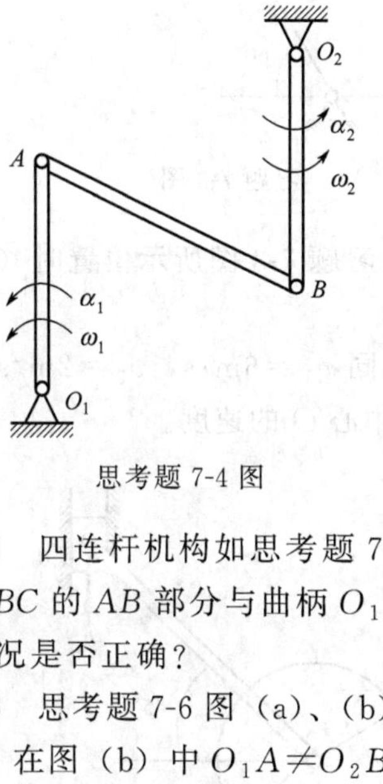

思考题 7-4 图

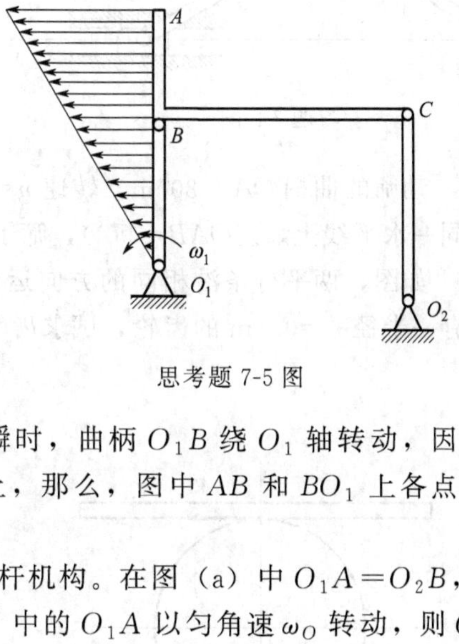

思考题 7-5 图

7-5 四连杆机构如思考题 7-5 图所示，此瞬时，曲柄 O_1B 绕 O_1 轴转动，因为直角曲杆 ABC 的 AB 部分与曲柄 O_1B 在同一直线上，那么，图中 AB 和 BO_1 上各点的速度分布情况是否正确？

7-6 思考题 7-6 图（a）、（b）各表示一四连杆机构。在图（a）中 $O_1A = O_2B$，$AB = O_1O_2$；在图（b）中 $O_1A \neq O_2B$。若（a）、（b）中的 O_1A 以匀角速 ω_O 转动，则 O_2B 也都以匀角速转动。对吗？

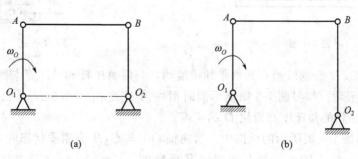

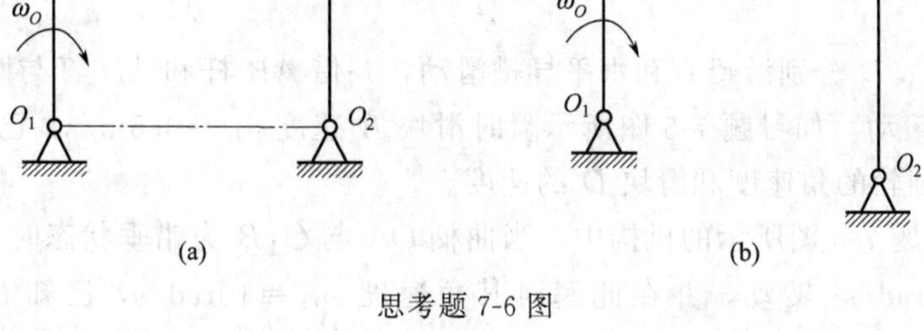

思考题 7-6 图

习题

7-1　椭圆规尺 AB 由曲柄 OC 带动，曲柄以匀角速度 ω_O 绕 O 轴匀速转动。如 $OC=BC=AC=r$，并取 C 为基点，求椭圆规尺 AB 的平面运动方程。

7-2　如习题 7-2 图所示。已知 $OC=BC=AC=12\text{cm}$，$\omega_O=2\text{rad/s}$。求当 $\varphi=45°$时点 A 与点 B 的速度。

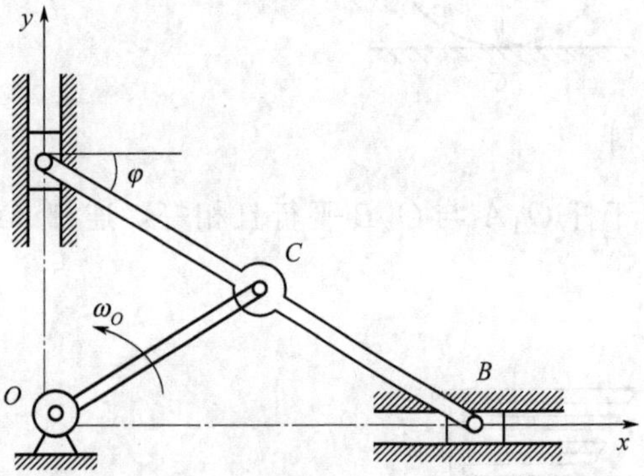

习题 7-2 图

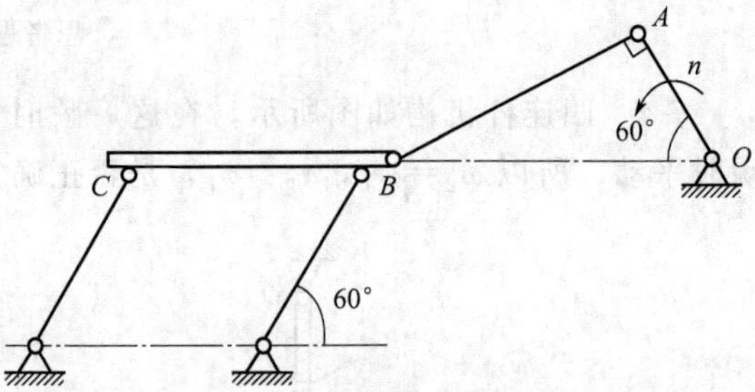

习题 7-3 图

7-3　动筛的曲柄 $OA=30\text{cm}$，转速 $n=40\text{r/min}$，求如习题 7-3 图所示位置时（C、B、O 位于同一水平线上，$\angle OAB=90°$），筛子 BC 的速度。

7-4　如图，两平行条沿相同的方向运动，速度大小不同 $v_1=6\text{m/s}$，$v_2=2\text{m/s}$。齿条之间夹有一半径 $r=0.5\text{m}$ 的齿轮，试求齿轮的角速度及其中心 O 的速度。

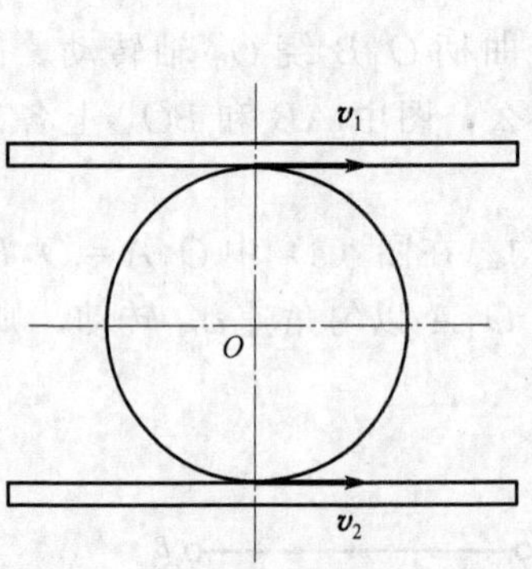

习题 7-4 图

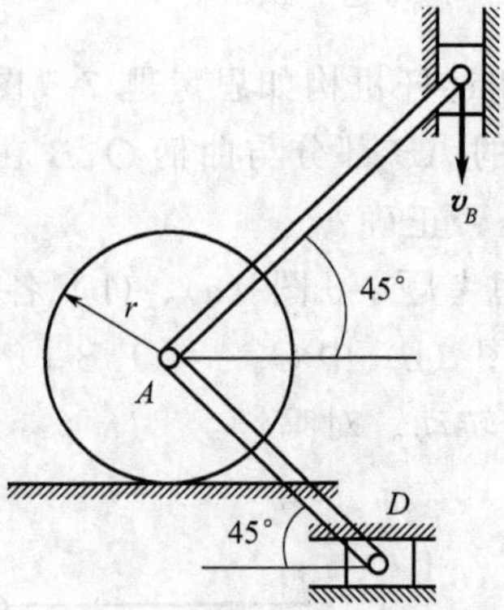

习题 7-5 图

7-5　滑块 B、D 分别沿铅直和水平导槽滑动，并借 AB 杆和 AD 杆与圆轮中心点 A 铰接，设圆轮作纯滚动。如习题 7-5 图所示瞬时滑块 B 速度 $v_B=0.5\text{m/s}$，已知 $AB=0.5\text{m}$，$r=0.2\text{m}$。试求圆轮的角速度和滑块 D 的速度。

7-6　在如习题 7-6 图所示的机构中，当曲柄 OA 与 O_1B 为铅垂状态时，曲柄 OA 以等角加速度 $\alpha_O=5\text{rad/s}^2$ 转动，并在此瞬时其角速度 $\omega_O=10\text{rad/s}$，已知 $OA=r=20\text{cm}$，

$O_1B=100\text{cm}$，$AB=l=120\text{cm}$，$BC=100\text{cm}$。求点 B 与点 C 的速度与加速度。

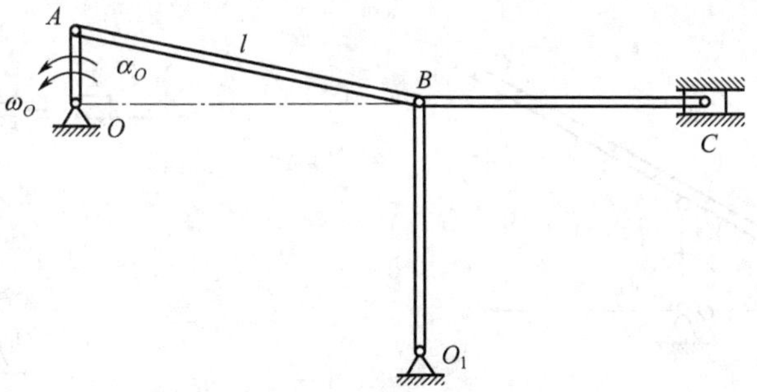

习题 7-6 图

7-7　滚压机构的滚子沿水平面滚动而不滑动。已知曲柄 OA 长 $r=10\text{cm}$，以匀转速 $n=30\text{r/min}$ 转动。连杆 AB 长 $l=17.3\text{cm}$，滚子半径 $R=10\text{cm}$，求在习题 7-7 图所示位置时滚子的角速度及角加速度。

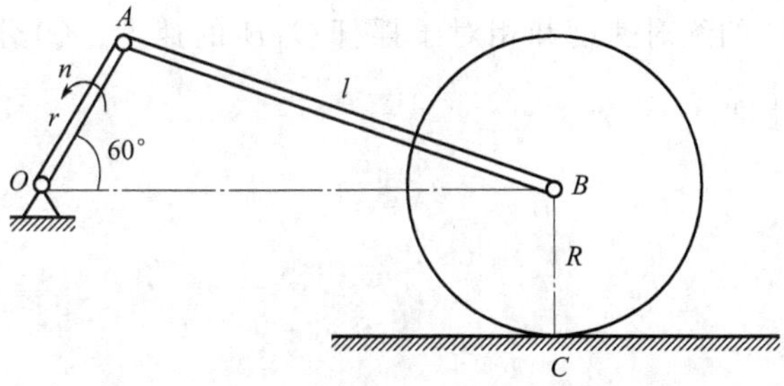

习题 7-7 图

7-8　在图示机构中，曲柄 OA 长 r，绕 O 轴以匀角速度 ω_O 转动。在图示瞬时 $\alpha=60°$，$\beta=90°$，又 $AB=6r$，$BC=3\sqrt{3}r$，试求滑块 C 的速度和加速度。

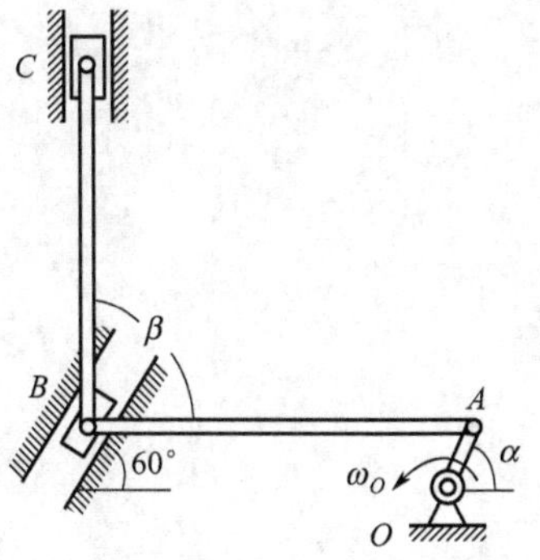

习题 7-8 图

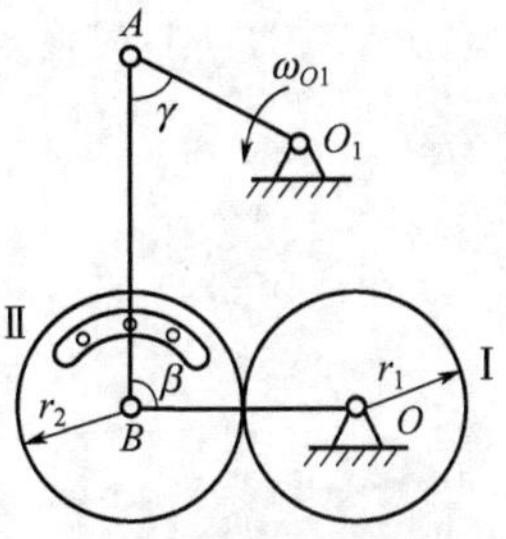

习题 7-9 图

7-9　如图，在瓦特行星传动机构中，杆 O_1A 绕 O_1 轴转动，并借杆 AB 带动曲柄 OB，曲柄 OB 活动地装置在 O 轴上。在 O 轴上装有齿轮Ⅰ；齿轮Ⅱ与杆 AB 固连于一体。已知：$r_1=r_2=300\sqrt{3}\,\text{mm}$，$O_1A=750\text{mm}$，$AB=1500\text{mm}$，又杆 O_1A 的角速度 $\omega_{O1}=6\text{rad/s}$，求当 $\gamma=60°$ 与 $\beta=90°$ 时，曲柄 OB 及轮Ⅰ的角速度。

7-10　在图示机构中，曲柄 OA 长 l，以匀角速 ω_O 绕 O 转动，滑块 B 沿 x 轴滑动。已知 $AB=AC=2l$，在图示瞬时，OA 垂直于 x 轴，求该瞬时 C 点的速度及加速度。

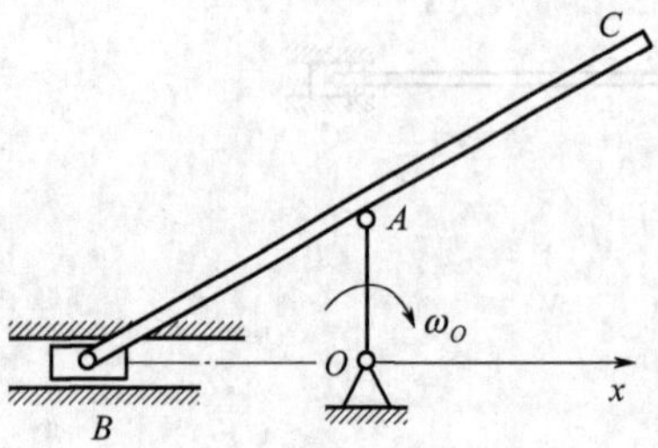

习题 7-10 图

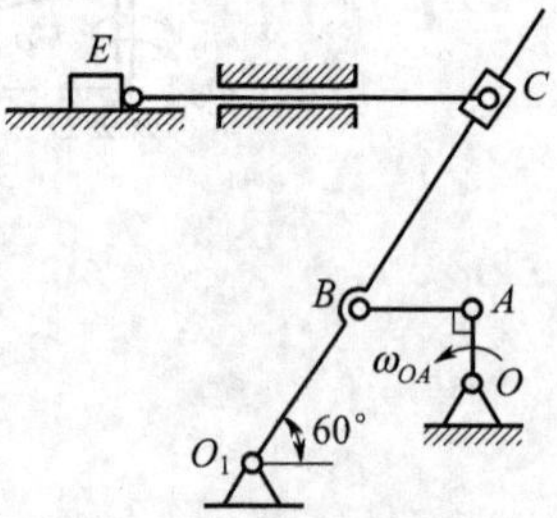

习题 7-11 图

7-11　图示轻型杠杆式推钢机，曲柄 OA 借助连杆 AB 带动摇杆 O_1B 绕轴 O_1 摆动，杆 EC 以铰链与滑块 C 相连，滑块 C 可沿杆 O_1B 滑动，摇杆摆动时带动杆 EC 推动钢材。$OA=r$，$AB=\sqrt{3}r$，$O_1B=\dfrac{2l}{3}$（$r=0.2\text{m}$，$l=1\text{m}$），$\omega_{OA}=0.5\text{rad/s}$，$\alpha_{OA}=0$。在图示位置时，$BC=\dfrac{3l}{4}$。求：①滑块 C 的绝对速度和相对于摇杆 O_1B 的速度；②滑块 C 的绝对加速度和相对于摇杆 O_1B 的加速度。

第三篇　动力学

在静力学中，我们只研究了作用于物体上的力的性质及力系的简化和平衡问题，而没有讨论物体在不平衡力系作用下将如何运动。在运动学中，仅从几何方面分析了物体的运动，而不涉及作用于物体上的力。动力学则是对物体的机械运动进行全面的分析，即研究物体运动的变化与其上作用力之间的关系，建立物体机械运动的普遍规律。因此，动力学是研究物体的机械运动与作用力之间的关系的科学。

科学技术的迅猛发展和现代工业的突飞猛进，对动力学提出了更高的要求。例如：高速旋转机械的均衡、振动及稳定，高层结构受风载及地震的影响，控制系统的动态特性和稳定性，交通运输工具的操纵性、稳定性和舒适性，宇宙飞行及火箭的推进技术等，都需要应用动力学的理论。尽管在动力学中，我们不能详细地研究这些问题，但学好动力学的基本理论和分析方法，将为今后解决这些问题打下良好的基础。

以牛顿运动定律为基础的动力学称为牛顿力学或经典力学。牛顿定律是以实验为根据的，它只适用于某些参考系。凡是牛顿定律适用的参考系称为惯性参考系。相对于惯性参考系静止或做匀速直线平动的参考系都是惯性参考系。科学技术的进一步发展表明，只有宏观物体的速度远小于光速（3×10^5km/s）时，经典力学才是正确的。这说明经典力学的应用范围是有限的。如果物体运动的速度接近光速或研究的是微观粒子的运动，则要用相对论力学或量子力学分析研究。但在一般的工程技术问题中，物体大多是宏观物体，且速度远小于光速，所以用经典力学的理论来解决，可以得到足够精确的结果。

动力学研究的问题比较广泛，根据所研究问题的性质，可将研究对象分为质点和质点系。质点是指具有一定质量但其形状和大小可以忽略不计的物体。当忽略物体的形状和大小并不影响所研究问题的结果时，可将该物体抽象为质点。例如研究人造地球卫星的轨道时，就可将卫星抽象为质点。质点系是指具有某种联系的一群质点。质点系包括刚体、弹性体、流体及几个物体组成的系统。

从研究的对象来讲，动力学可分为质点动力学和质点系动力学，前者是后者的基础。

第八章 质点动力学基本方程

第一节 动力学基本方程概述

静力学研究了物体的受力分析与力系的简化及平衡问题，运动学分析了点和刚体的运动几何特征，动力学则研究机械运动与其受力的关系。动力学的研究对象是一般质点系，可以是有限个孤立质点的离散型，也可以是无限个无空隙质点群的连续型，包括刚体、变形固体和流体。针对这一普遍模型建立的动力学原理、定理和方程是机械运动的普遍规律，可直接运用于刚体动力学、结构动力学、弹塑性动力学与流体动力学中。

动力学的内容可分为经典动力学与分析动力学两部分，前者由牛顿运动定律和动力学普遍定理（包括动量定理、动量矩定理和动能定理）构成；后者以达朗贝尔原理和虚位移原理为基础，包括动力学普遍方程、拉格朗日方程、哈密顿正则方程及哈密顿原理等内容。

动力学研究两类基本问题：

① 已知物体的运动规律，求物体所受的力；

② 已知物体的受力，求物体的运动规律。

同时也研究以上两类的混合问题。离散型质点系和刚体的运动，可用常微分方程描述；变形固体和流体的运动，常用偏微分方程描述。在某些情形下，运动微分方程可以获得精确解析解；多数情况下，包括大量非线形问题，需要借助计算机求得数值解。

第二节 动力学基本定律

一、牛顿三大定律

牛顿三大定律是牛顿综合前人研究成果而发现的，并在其巨著《自然哲学的数学原理》中进行了总结。

1. 惯性定律

不受力的质点，永远保持静止或匀速直线运动的状态。

说明：

① 任何质点具有保持原运动状态的性质即惯性（物体的固有属性）。

② 力的作用表现在速度的改变上。

③ 提供了惯性参考系（对于惯性定律成立的参考系）。

2. 力与加速度关系定律

质点的质量与加速度的乘积等于作用其上力系的合力。

$$\boldsymbol{F}=m\boldsymbol{a} \tag{8-1}$$

说明：

① m 是质点惯性的度量，称为惯量，数值和质点的质量近似相等，故可用质量表达。

② 加速度与合力同时存在，且方向一致。

③ 在惯性系精确成立。

3. 作用与反作用定律

两物体之间的作用力与反作用力总是大小相等，方向相反，沿着同一直线，且同时分别作用在这两个物体上。

说明：

① 牛顿个人的特殊贡献。

② 质点系动力学的基础。

③ 对任何参考系均适用。

二、质点的运动微分方程

1. 两种形式方程

由式(8-1) 并将加速度写成微分形式，可得如下两种形式质点运动微分方程：

(1) 矢量式

$$m\ddot{\boldsymbol{r}}=\sum \boldsymbol{F}_i(t,\boldsymbol{r},\dot{\boldsymbol{r}}) \tag{8-2}$$

式中，$\dot{\boldsymbol{r}}$，$\ddot{\boldsymbol{r}}$ 分别表示质点的位置矢径对时间 t 的一阶与二阶导数。

(2) 投影式

将式(8-2) 分别向各类坐标轴投影，可得各类坐标形式的方程。对直角坐标系：

$$m\ddot{x}=\sum F_x，\ m\ddot{y}=\sum F_y，\ m\ddot{z}=\sum F_z \tag{8-3}$$

2. 两类问题

应用质点运动微分方程，可以求解质点动力学的两类基本问题。

第一类问题，是已知运动求力，只需进行微分运算，往往比较简单；

第二类问题，是已知力求运动，需积分运算，或解微分方程，比第一类问题复杂。

【例 8-1】 如图 8-1(a) 所示，半径为 r 的绕线轮以角速度 ω 匀速转动，拉动质量为 m 的滑块 A 沿 OA 杆水平运动，不计摩擦，求绳的拉力 F_T 与 x 的关系。

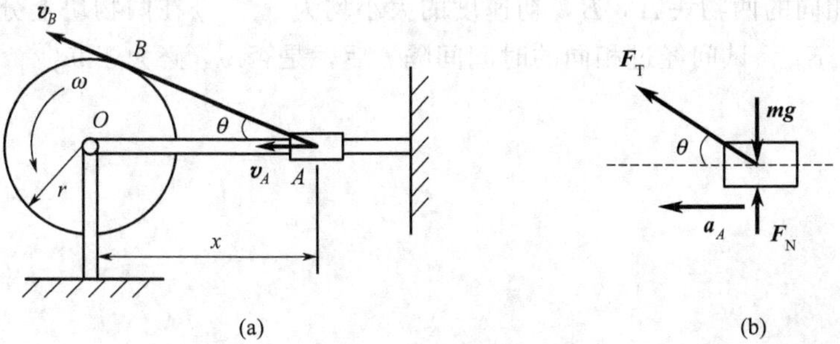

图 8-1

解　研究绳段 AB，速度如图 8-1 所示，有 $v_B=v_A\cos\theta$，而 $v_B=r\omega$，$\cos\theta=\dfrac{\sqrt{x^2-r^2}}{x}$。

故

$$v_A=\frac{r\omega}{\sqrt{1-\frac{r^2}{x^2}}} \tag{8-4}$$

$$a_A=\frac{\mathrm{d}v_A}{\mathrm{d}t}=-\frac{r^3\omega}{(x^2-r^2)^{3/2}}\dot{x} \tag{8-5}$$

将式(8-4) 代入式(8-5) 并注意到 $\dot{x}=-v_A$，得：

$$a_A=\frac{r^4\omega^2 x}{(x^2-r^2)^2} \tag{8-6}$$

再研究物块 A，其受力如图 8-1(b) 所示。由 $F_T\cos\theta=ma_A$，并将式(8-6) 代入得：

$$F_T=m\frac{r^4\omega^2 x^2}{(x^2-r^2)^{5/2}}$$

小结

本章主要讲述牛顿三大定律，是经典力学的基础，还有质点的运动微分方程及两类问题，要牢固掌握。

思考题

8-1 分析以下论述是否正确：

① 一个运动的质点必定受到力的作用；质点运动的方向总是与所受的力的方向一致。

② 质点运动时，速度大则受力也大，速度小则受力也小，速度等于零则不受力。

③ 两质量相同的质点，在相同的力 $\boldsymbol{F}$ 作用下，任一瞬时的速度、加速度均相等。

8-2 小车沿水平轨道做四种不同的运动，一物块停在车的水平板面上保持不动，试分析其受力情况。

①匀速直线运动。②变速直线运动。③匀速曲线运动。④变速曲线运动。

8-3 质量相同的两物块 A，B，初速度的大小均为 v_0。今在两物块上分别作用一力 $\boldsymbol{F}_A$ 和 $\boldsymbol{F}_B$。若 $F_A>F_B$，试问经过相同的时间间隔 t 后，是否 $\boldsymbol{v}_A$ 必大于 $\boldsymbol{v}_B$？

第九章 动量定理

以牛顿运动定律为基础，质点系的动量定理揭示了质点系运动量（动量）与作用量（力和冲量）的关系。

第一节　质点系动量定理

一、质点系的动量

（1）质点系

许多相互联系着的质点所组成的系统。

（2）质心

质点系的质量中心。

矢量表达：

$$\boldsymbol{r}_C=\frac{\sum\limits_{i=1}^{n} m_i \boldsymbol{r}_i}{\sum\limits_{i=1}^{n} m_i}$$

分量形式：

$$x_C=\frac{\sum\limits_{i=1}^{n} m_i x_i}{\sum\limits_{i=1}^{n} m_i},\quad y_C=\frac{\sum\limits_{i=1}^{n} m_i y_i}{\sum\limits_{i=1}^{n} m_i},\quad z_C=\frac{\sum\limits_{i=1}^{n} m_i z_i}{\sum\limits_{i=1}^{n} m_i}$$

说明：

① 质心是一个特殊的几何点。

② 它的运动很容易被确定。

③ 如果以质心作为参照点，又常能使问题简化。

（3）动量（动力学基本量之一）

① 质点的动量：$\boldsymbol{p}=m\boldsymbol{v}$

② 质点系的动量：质点系运动时，各质点在每一瞬时均有各自的动量矢。与力系一样，质点系动量也是一个矢量系。质点系中所有质点动量的矢量和，即动量系的主矢量，称为质点系的动量。

$$\boldsymbol{p}=\sum m_i \boldsymbol{v}_i \tag{9-1}$$

质点系的动量 $\boldsymbol{p}$ 是自由矢量，因为它只有大小和方向二要素。质点系的动量是度量质点系整体运动的基本特征量之一。

由质点系质心的位矢公式对时间求一阶导数得：

$$v_C = \dot{r}_C = \frac{\sum m_i \dot{r}_i}{m} \tag{9-2}$$

式中，$\dot{r}_C$ 为质点系质心的位矢；v_C 为质心的速度；m_i，$\dot{r}_i$ 分别为第 i 个质点的质量与速度；m 为质点系的总质量。式(9-1) 可改写为：

$$p = m v_C \tag{9-3}$$

式(9-3) 表明，质点系的动量等于其总质量乘以质心速度。这相当于将质点系总质量集中于质心时系统的动量。因此，质点系的动量描述了质心的运动，这是质点系整体运动的一部分。

【例 9-1】 如图 9-1 所示水平均质圆盘质量为 $2m$，小球质量为 m，圆盘转动角速度大小为 ω，小球沿径向槽运动速度为 v_r，则系统动量大小由式(9-3)，得 $p=3m\frac{x}{3}\omega$，对吗?

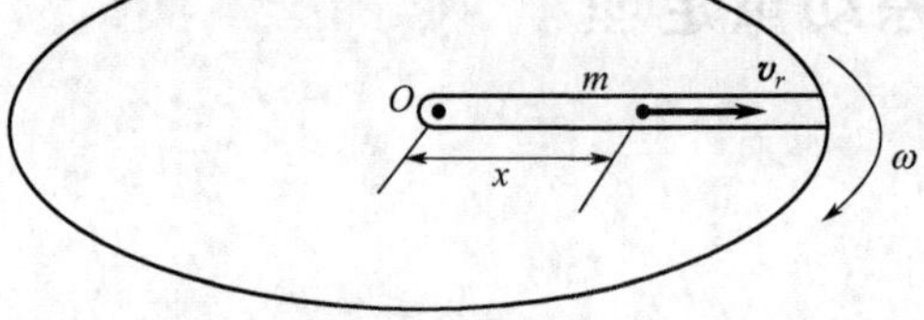

图 9-1

解　不对，系统质心位置虽在距 O 点 $\frac{x}{3}$ 处，但质心速率不等于 $\frac{x}{3}\omega$，应为：

$$v_C = \frac{1}{3}\sqrt{(x\omega)^2 + v_r^2}$$

故

$$p = 2m \times 0 + m\sqrt{(x\omega)^2 + v_r^2} = 3 m v_C$$

二、质点系动量定理

对质点系中每个质点，其所受合外力为 F_i，由质点动量定理有：

$$\frac{\mathrm{d}}{\mathrm{d}t}(m_i v_i) = F_i \quad (i=1,2,\cdots,n)$$

将这 n 个式求和，并交换求和“$\sum$”与求导数“$\frac{\mathrm{d}}{\mathrm{d}t}$”顺序，在右边消去质点间成对出现的内力，得：

$$\frac{\mathrm{d}}{\mathrm{d}t}(\sum m_i v_i) = \sum F_i^e \tag{9-4}$$

即

$$\frac{\mathrm{d}p}{\mathrm{d}t} = F_R^e \tag{9-5}$$

式中，$\sum F_i^e$ 和 F_R^e 皆为作用在质点系上外力系主矢量。式(9-4) 和式(9-5) 表明，质点系动量主矢对时间的一阶导数等于作用在该质点系上外力系的主矢。这就是质点系动量定理。

质点系动量的变化仅取决于外力系的主矢，内力系不能改变质点系的动量。式(9-4) 和式(9-5) 是质点系动量定理的微分形式，将其两边对时间 t 积分，得其积分形式为：

$$\sum m_i v_{i2} - \sum m_i v_{i1} = \sum I_i^e \tag{9-6}$$

即：

$$p_2 - p_1 = I_R^e \tag{9-7}$$

式中，$\boldsymbol{I}_i^e=\int_{t_1}^{t_2}\boldsymbol{F}_i^e\mathrm{d}t$，是作用在任意质点 i 上的系统外力在时间间隔 t_2-t_1 中的冲量；$\boldsymbol{I}_R^e$ 是作用在质点系上所有外力在同一时间中的冲量和，即外力冲量的主矢。这就是质点系的冲量定理：质点系在 t_1 至 t_2 时间内动量的改变量等于作用在该质点系的外力在这段时间内的冲量。

【例 9-2】 如图 9-2(a) 所示圆锥摆中，已知小球质量为 m，圆周速率为 v，试求在半个周期，即 $\frac{T}{2}$ 内，绳之张力 $\boldsymbol{F}$ 的冲量 $\boldsymbol{I}_F$。

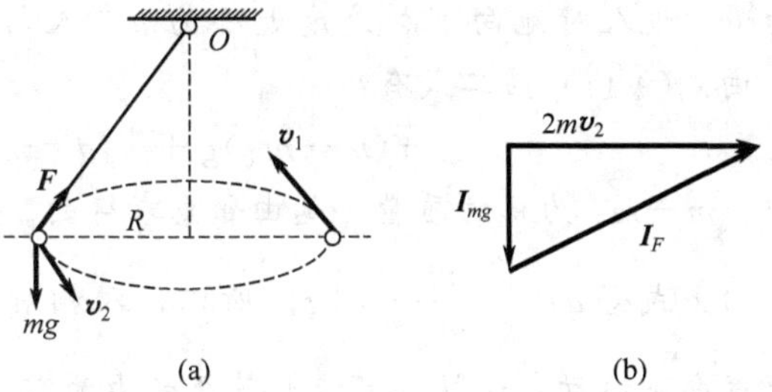

图 9-2

解 对摆球，由冲量定理有

$$\boldsymbol{I}_F+\boldsymbol{I}_{mg}=m\boldsymbol{v}_2-m\boldsymbol{v}_1=2m\boldsymbol{v}_2 \quad (因\ \boldsymbol{v}_2=-\boldsymbol{v}_1)$$

由图 9-2(b) 可得 $I_F=\sqrt{(2mv)^2+\left(mg\frac{\pi R}{v}\right)^2}$。其中根号内第二项是重力在 $\frac{T}{2}$ 内的冲量，R 是摆球轨迹圆的半径。

第二节　质心运动定理

将式(9-2) 两边对时间 t 求一次导数得：

$$\dot{\boldsymbol{v}}_C=\frac{\sum m_i\dot{\boldsymbol{v}}_i}{m}$$

即

$$\boldsymbol{a}_C=\frac{\sum m_i\boldsymbol{a}_i}{m} \tag{9-8}$$

式中，$\boldsymbol{a}_C$ 为质心的加速度；$\boldsymbol{a}_i$ 为第 i 个质点的加速度。结合式(9-3) 和式(9-5)，得：

$$m\boldsymbol{a}_C=\boldsymbol{F}_R^e \tag{9-9}$$

即质点系的质量与质心加速度的乘积等于作用在该质点系上的外力主矢。这称为**质心运动定理**。

式(9-9) 与式(9-1) 相类似。但前者是描述质点系整体运动的动力学方程，后者仅描述单个质点的动力学关系。

质心运动定理是动量定理的质心运动形式，揭示了外力主矢与质点系质心运动状态变化的关系，质心的运动由外力主矢及质心运动的初始条件确定。

质点系动量定理与质心运动定理在实际应用时通常采用投影式。式(9-5) 与式(9-9) 在直角坐标系中的投影式分别为：

$$\frac{dp_x}{dt}=F_{Rx}^e,\ \frac{dp_y}{dt}=F_{Ry}^e,\ \frac{dp_z}{dt}=F_{Rz}^e \tag{9-10}$$

$$ma_{Cx}=F_{Rx}^e,\ ma_{Cy}=F_{Ry}^e,\ ma_{Cz}=F_{Rz}^e \tag{9-11}$$

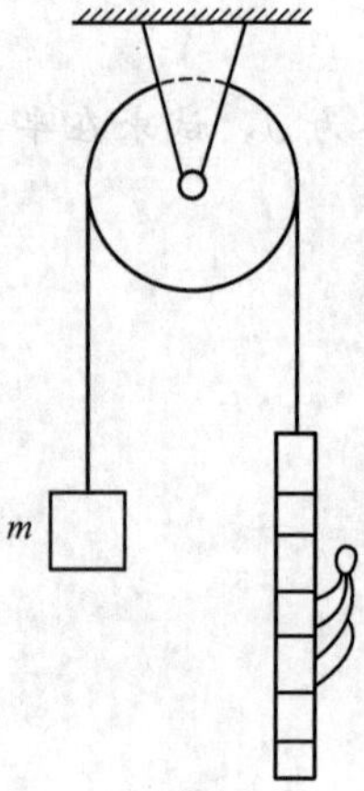

图 9-3

【例 9-3】 如图 9-3 所示，一绳跨过装在天花板上的滑轮，绳的一端吊一质量为 m 的物体，另一端挂一载人梯子，人质量为 m_1，人静止时，系统处于平衡，若不计摩擦及滑轮与绳的质量。要使天花板受力为零，试求人应如何运动？

解　应使绳张力为零，物块 m 须自由落体，即梯向上加速度大小亦为 g。设人对地向下加速度大小为 a。人与梯系统的质心也自由落体，由式(9-11) 第二式有：

$$-(m-m_1)g+m_1a=mg$$

式中，$m-m_1$ 为梯的质量，是由题意求得的。

由上式得 $a=\left(2\frac{m}{m_1}-1\right)g$。所以，人相对于梯应以 $a_1=2\frac{m}{m_1}g$ 的加速度向下运动，这样，可使天花板受力为零。

第三节　动量守恒与质心运动守恒

① 若作用于质点系的外力主矢恒等于零，即 $\boldsymbol{F}_R^e=0$，根据式(9-5) 和式(9-3)，有：

$$\boldsymbol{p}=\boldsymbol{C}_1 \tag{9-12}$$

$$\boldsymbol{v}_C=\boldsymbol{C}_2 \tag{9-13}$$

其中，$\boldsymbol{C}_1$ 与 $\boldsymbol{C}_2$ 均为常矢量，它们取决于运动的初始条件。式(9-12) 称为**质点系动量守恒方程**，式(9-13) 称为**质心运动守恒方程**。

② 若作用于质点系的外力主矢恒不等于零，但它在某一坐标轴（如轴 Ox）上的投影恒等于零，即 $\boldsymbol{F}_R^e\neq0$，$F_{Rx}^e=0$，则根据式(9-12) 与式(9-13)，分别有：

$$p_x=\sum m_i\dot{x}_i=C_3 \tag{9-14}$$

$$v_{Cx}=C_4 \tag{9-15}$$

其中，C_3 与 C_4 为两个常标量，它们取决于运动的初始条件。式(9-14) 和式(9-15) 分别表示质点系动量和质心速度在 x 轴上的投影（或分量）守恒。

在满足式(9-15) 条件下，若初始速度 $V_{Cx0}=0$，则 $x_C=$常数，即 $\Delta x_C=0$，这表明质心 C 在 x 方向不动（或守恒）。再由 $mx_C=\sum m_ix_i$，结合 $\Delta x_C=0$，可得：

$$\sum m_i\Delta x_i=0 \tag{9-16}$$

这是质心在 x 方向运动守恒的又一表达形式，应用十分方便。

【例 9-4】 ① 如图 9-4(a) 所示，物 A 置于光滑水平面上，物 B 用铰链与 A 相连，一力偶 M 使物 B 由静止沿水平位置运动到虚线铅垂位置，试求物 A 移动的距离。② 如图 9-4(b) 所示，均质杆 AB 长为 l，铅直立于光滑水平面上，并让其在铅直面内滑倒，试求杆端 A 的运动轨迹。

解　① 研究整体，因 $\sum F_x=0$，且初始静止，故 $\Delta x_C=0$，设 A 右移 s_A，由 $\sum m_i\Delta x_i=0$，有

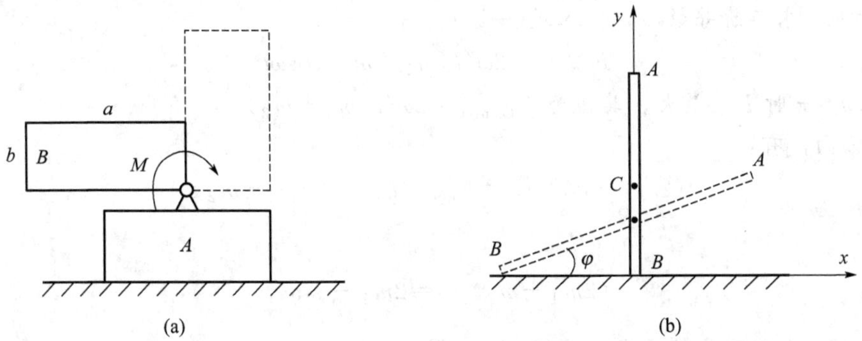

图 9-4

$$m_A s_A + m_B\left(s_A + \frac{a+b}{2}\right) = 0$$

故

$$s_A = -\frac{(a+b)m_B}{2(m_A+m_B)}$$

负号表示物 A 实际移动方向向左。

② 因 $\sum F_x = 0$，且初始静止，故 $v_{Cx} = 0$。所以，杆在滑倒过程中质心 C 无水平位移，即 $\Delta x_C = 0$。建立如图 9-4 所示坐标系，y 轴始终过杆的质心 C 点。在任意位置时，A 点坐标为：

$$x_A = \frac{l}{2}\cos\varphi,\ y_A = l\sin\varphi$$

故有 $\frac{4x_A^2}{l^2} + \frac{y_A^2}{l^2} = 1$，即为所求 A 点的椭圆轨迹方程。

【例 9-5】 如图 9-5 所示，在曲柄滑块机构中，曲柄 OA 受力偶作用以匀角速度 ω 转动，滑块 B 沿 x 轴滑动。若 $OA = AB = l$，OA 与 AB 为均质杆，质量均为 m_1，滑块 B 质量为 m_2，不计摩擦，试求支座 O 处的水平约束力。

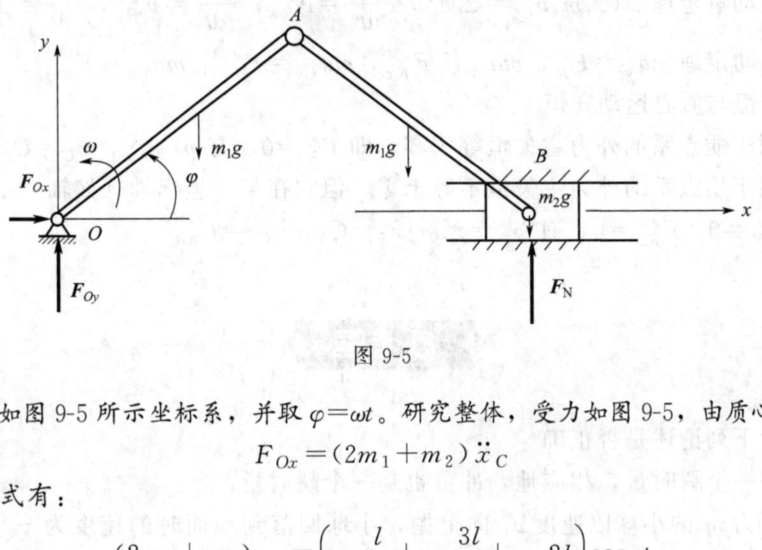

图 9-5

解 建立如图 9-5 所示坐标系，并取 $\varphi = \omega t$。研究整体，受力如图 9-5，由质心运动定理得：

$$F_{Ox} = (2m_1 + m_2)\ddot{x}_C \tag{9-17}$$

由质心坐标公式有：

$$(2m_1+m_2)x_C = \left(m_1\frac{l}{2} + m_1\frac{3l}{2} + m_2 2l\right)\cos\omega t$$

将 x_C 对时间 t 求二阶导数后，代入式(9-17)，得：

$$F_{Ox}=-2\omega^2 l(m_1+m_2)\cos\omega t$$

显然，当 $\omega t=\pi$ 时 F_{Ox} 最大，其值为 $F_{Ox\max}=2\omega^2 l(m_1+m_2)$

在 y 方向，有：

$$(2m_1+m_2)\ddot{y}_C=F_{Oy}+F_N-2m_1 g-m_2 g$$

而

$$(2m_1+m_2)y_C=2m_1\frac{l}{2}\sin\omega t \tag{9-18}$$

将 y_C 对时间 t 求二阶导数后代入式(9-18)，得：

$$F_{Oy}+F_N=2m_1 g+m_2 g-\omega^2 l m_1\sin\omega t$$

这里只求出了 O，B 两处竖向约束力之和。若求二力大小，可用动量矩定理或达朗贝尔原理再列一个补充方程求解。读者可在学完相关章节后自行解决。

小 结

本章主要介绍了质点系的动量定理及动量守恒定律，质心运动定理及质心运动守恒定律，揭示了质点系的一些规律，这对解决一些问题非常有效。

1. 质心

$$\boldsymbol{r}_C=\frac{\sum_{i=1}^{n}m_i\boldsymbol{r}_i}{\sum_{i=1}^{n}m_i},\quad x_C=\frac{\sum_{i=1}^{n}m_i x_i}{\sum_{i=1}^{n}m_i},\quad y_C=\frac{\sum_{i=1}^{n}m_i y_i}{\sum_{i=1}^{n}m_i},\quad z_C=\frac{\sum_{i=1}^{n}m_i z_i}{\sum_{i=1}^{n}m_i}$$

2. 质点的动量：$\boldsymbol{p}=m\boldsymbol{v}$

3. 质点系的动量：$\boldsymbol{p}=\sum m_i\boldsymbol{v}_i$，$\boldsymbol{p}=m\boldsymbol{v}_C$

4. 质点系动量定理 $\frac{\mathrm{d}}{\mathrm{d}t}(\sum m_i\boldsymbol{v}_i)=\sum\boldsymbol{F}_i^e$，$\frac{\mathrm{d}p_x}{\mathrm{d}t}=F_{Rx}^e$，$\frac{\mathrm{d}p_y}{\mathrm{d}t}=F_{Ry}^e$，$\frac{\mathrm{d}p_z}{\mathrm{d}t}=F_{Rz}^e$

5. 质心运动定理 $m\boldsymbol{a}_C=\boldsymbol{F}_R^e$，$ma_{Cx}=F_{Rx}^e$，$ma_{Cy}=F_{Ry}^e$，$ma_{Cz}=F_{Rz}^e$

6. 动量守恒与质心运动守恒

① 若作用于质点系的外力主矢恒等于零，即 $\boldsymbol{F}_R^e=0$，有 $\boldsymbol{p}=\boldsymbol{C}_1$，$\boldsymbol{v}_C=\boldsymbol{C}_2$

② 若作用于质点系的外力主矢恒不等于零，但它在某一坐标轴（如轴 Ox）上的投影恒等于零，即 $\boldsymbol{F}_R^e\neq 0$，$F_{Rx}^e=0$，有 $p_x=\sum m_i\dot{x}_i=C_3$，$v_{Cx}=C_4$。

思考题

9-1 分析下列论述是否正确

① 动量是一个瞬时量，相应地，冲量也是一个瞬时量。

② 将质量为 m 的小球以速度 $\boldsymbol{v}_1$ 向上抛，小球回落到地面时的速度为 $\boldsymbol{v}_2$。因 $\boldsymbol{v}_1$ 与 $\boldsymbol{v}_2$ 的大小相等，所以两个时刻小球的动量也相等。

③ 力 $\boldsymbol{F}$ 在直角坐标轴上的投影为 F_x、F_y、F_z，作用时间从 $t=0$ 到 $t=t_1$，其冲量的投影应是 $I_x=F_xt_1$，$I_y=F_yt_1$，$I_z=F_zt_1$。

④ 一个物体受到大小为 10N 的常力 $\boldsymbol{F}$ 作用，在 $t=3\text{s}$ 的瞬时，该力的冲量的大小 $I=Ft=30\text{N}\cdot\text{s}$。

9-2　当质点系中每一质点都做高速运动时，该系统的动量是否一定很大？为什么？

9-3　炮弹在空中飞行时，若不计空气阻力，则质心的轨迹为一抛物线。炮弹在空中爆炸后，其质心轨迹是否改变？又当部分弹片落地后，其质心轨迹是否改变？为什么？

9-4　试求图示各均质物体的动量，设各物体质量均为 m。

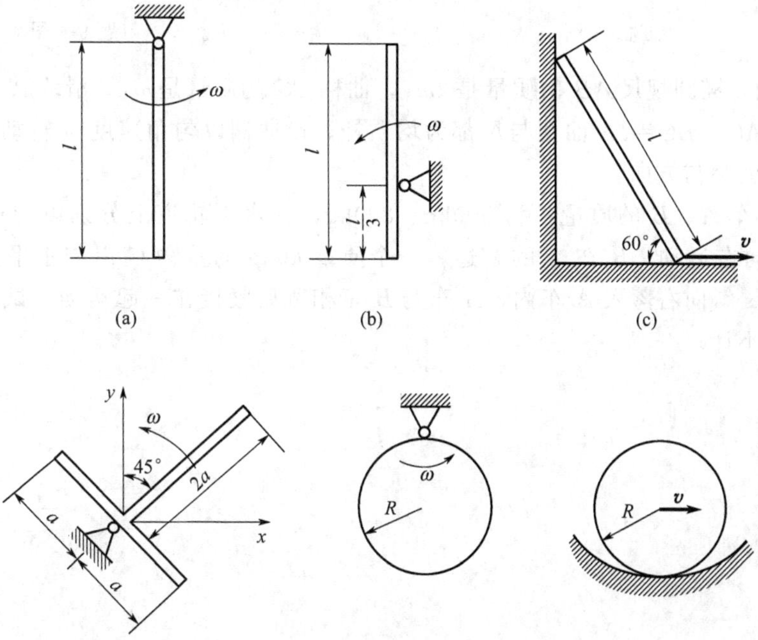

思考题 9-4 图

习题

9-1　有一船长为 $AB=2a$，质量为 m_1，船上有质量为 m_2 的人，如习题 9-1 图所示。设人最初在船上 A 处，后来沿甲板向右行走，如不计水对船的阻力，求当人行走到船上 B 点处时，船向左方移动的距离。

习题 9-1 图

9-2　在物块 A 上作用一个常力 $\boldsymbol{F}_1$，使其沿水平面移动，已知物块的质量为 10kg，$\boldsymbol{F}_1$ 与水平面夹角 $\theta=30°$。经过 5s，物块的速度从 2m/s 增至 4m/s。已知摩擦系数 $f=0.15$，试求 $\boldsymbol{F}_1$ 力的大小。

9-3　如图，计算下列各系统在已知条件下的动量。

① 质量为 m 的均质圆轮，轮心具有速度 $\boldsymbol{v}_0$；

② 非均质圆盘以角速度 ω 绕 O 轴转动，圆盘质量为 m，质心 C 离转动轴的距离 $OC=e$。

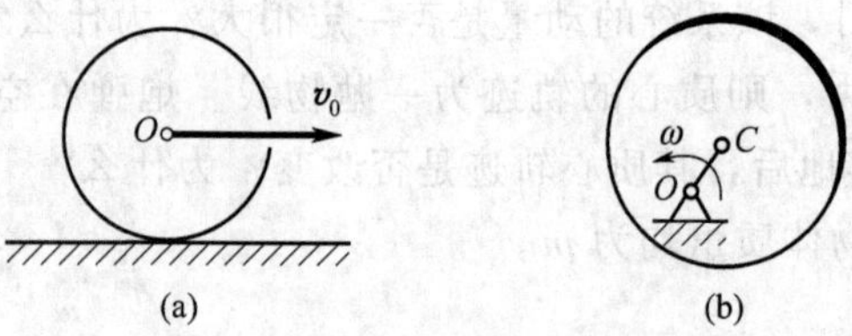

习题 9-3 图

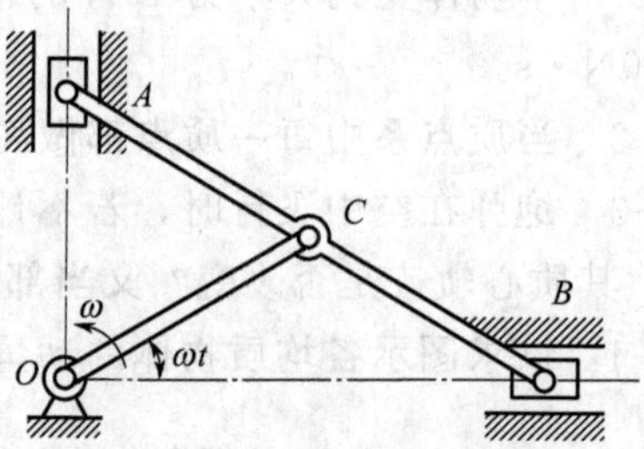

习题 9-4 图

9-4　如图，椭圆规尺 AB 的质量是 $2m_1$，曲柄 OC 的质量是 m_1，滑块 A 与 B 的质量各为 m_2，$OC=AC=BC=l$。曲柄与尺都为均质杆。设曲柄以匀角速度 ω 转动。求此椭圆规机构的动量的大小与方向。

9-5　两小车 A、B 的质量各为 600kg、800kg，在水平轨道上分别以匀速 $v_A=1\text{m/s}$，$v_B=0.4\text{m/s}$ 向右运动，B 在 A 的右边。一个质量 40kg 的重物 C 以与水平方向成 30°角、速度 $v_C=2\text{m/s}$ 斜向右落入 A 车内，A 车与 B 车相碰后紧接在一起运动，试求两车共同的速度。设摩擦不计。

第十章 动量矩定理

第九章阐述的动量定理建立了作用力与动量变化之间的关系，揭示了质点系机械运动规律的一个侧面，而不是全貌。动量矩定理则是从另一个侧面，揭示出质点系相对于某一点的运动规律。本章将推导动量矩定理并阐明其应用。

第一节　质点和质点系的动量矩

一、质点的动量矩

设质点 Q 某瞬间时的动量为 $m\boldsymbol{v}$，质点相对于 O 的位置以矢径 $\boldsymbol{r}$ 表示，如图 10-1 所示。质点 Q 的动量对于点 O 的矩，定义为质点对于点 O 的**动量矩**，即：

$$\boldsymbol{M}_O(m\boldsymbol{v})=\boldsymbol{r}\times m\boldsymbol{v} \tag{10-1}$$

质点对于点 O 的动量矩是矢量，如图 10-1 所示。

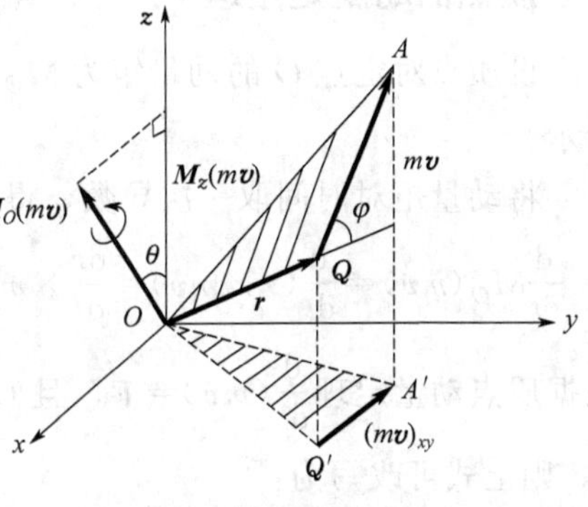

图 10-1

质点动量 $m\boldsymbol{v}$ 在 Oxy 平面内的投影 $(m\boldsymbol{v})_{xy}$ 对于点 O 的矩，定义为质点动量对于 z 轴的矩，简称对于 z 轴的动量矩。对轴的动量矩是代数量，由图 10-1 可见，质点对点 O 的动量矩与对 z 轴的动量矩和力对点与对轴的矩相似，有质点对点 O 的动量矩矢在 z 轴上的投影，等于对 z 轴的动量矩，即：

$$[\boldsymbol{M}_O(m\boldsymbol{v})]_z=M_z(m\boldsymbol{v}) \tag{10-2}$$

在国际单位制中动量矩的单位为 $kg\cdot m^2/s$。

二、质点系的动量矩

质点系对某点 O 的动量矩等于各质点对同一点 O 的动量矩的矢量和，或称为质点系动量对点 O 的主矩，即：

$$\boldsymbol{L}_O=\sum_{i=1}^{n}\boldsymbol{M}_O(m_i\boldsymbol{v}_i) \tag{10-3}$$

质点系对某轴 z 的动量矩等于各质点对同一 z 轴动量矩的代数和，即：

$$L_z=\sum_{i=1}^{n}M_z(m_i\boldsymbol{v}_i) \tag{10-4}$$

与式(10-2) 相似，得：

$$[\boldsymbol{L}_O]_z=L_z \tag{10-5}$$

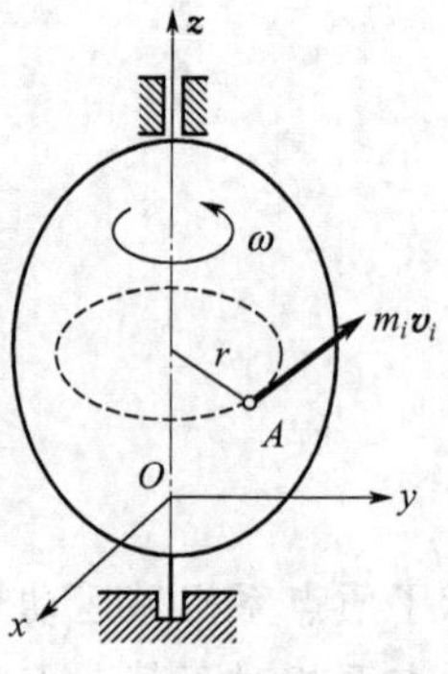

图 10-2

即质点系对某点 O 的动量矩矢在通过该点的 z 轴上的投影等于质点系对于该轴的动量矩。

刚体平移时，可将全部质量集中于质心，作为一个质点计算其动量矩。

刚体绕定轴转动是工程中最常见的一种运动情况。绕 z 轴转动的刚体如图 10-2 所示，它对转轴的动量矩为：

$$L_z = \sum_{i=1}^{n} M_z(m_i \boldsymbol{v}_i) = \sum_{i=1}^{n} m_i v_i r_i = \sum_{i=1}^{n} m_i \omega_i r_i r_i = \omega \sum_{i=1}^{n} m_i r_i^2$$

令 $\sum_{i=1}^{n} m_i r_i^2 = J_z$，称为刚体对于 z 轴的**转动惯量**。于是得：

$$L_z = J_z \omega \tag{10-6}$$

即：绕定轴转动刚体对其转轴的动量矩等于刚体对转轴的转动惯量与转动角速度的乘积。

第二节 动量矩定理

一、质点的动量矩定理

设质点对定点 O 的动量矩为 $\boldsymbol{M}_O(m\boldsymbol{v})$，作用力 $\boldsymbol{F}$ 对同一点的矩为 $\boldsymbol{M}_O(\boldsymbol{F})$，如图 10-3 所示。

将动量矩对时间取一次导数，得：

$$\frac{\mathrm{d}}{\mathrm{d}t} M_O(m\boldsymbol{v}) = \frac{\mathrm{d}}{\mathrm{d}t}(\boldsymbol{r} \times m\boldsymbol{v}) = \frac{\mathrm{d}\boldsymbol{r}}{\mathrm{d}t} \times m\boldsymbol{v} + \boldsymbol{r} \times \frac{\mathrm{d}}{\mathrm{d}t}(m\boldsymbol{v})$$

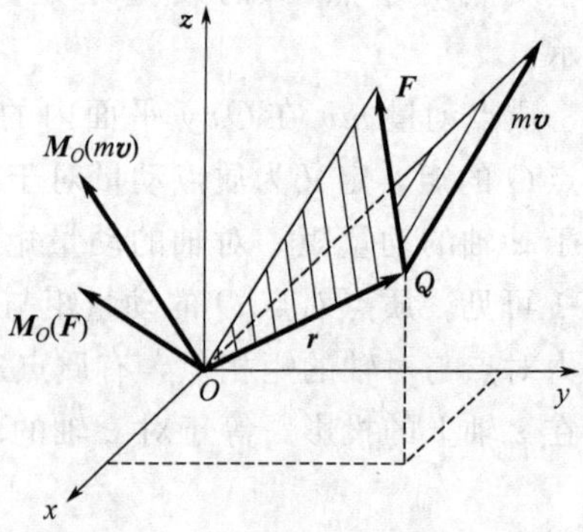

图 10-3

根据质点动量定理 $\frac{\mathrm{d}}{\mathrm{d}t}(m\boldsymbol{v}) = \boldsymbol{F}$，且 O 为定点，有 $\frac{\mathrm{d}\boldsymbol{r}}{\mathrm{d}t} = \boldsymbol{v}$，则上式可改写为：

$$\frac{\mathrm{d}}{\mathrm{d}t} \boldsymbol{M}_O(m\boldsymbol{v}) = \boldsymbol{v} \times m\boldsymbol{v} + \boldsymbol{r} \times \boldsymbol{F}$$

因为 $\boldsymbol{v} \times m\boldsymbol{v} = 0$，$\boldsymbol{r} \times \boldsymbol{F} = \boldsymbol{M}_O(\boldsymbol{F})$，于是得：

$$\frac{\mathrm{d}}{\mathrm{d}t} \boldsymbol{M}_O(m\boldsymbol{v}) = \boldsymbol{M}_O(\boldsymbol{F}) \tag{10-7}$$

式(10-7) 为质点**动量矩定理**：质点对某点的动量矩对时间的一阶导数，等于作用力对同一点的矩。

取式(10-7) 在直角坐标轴上的投影式，并将对点的动量矩与对轴的动量矩的关系式(10-2) 代入，得：

$$\begin{aligned} \frac{\mathrm{d}}{\mathrm{d}t} M_x(m\boldsymbol{v}) &= M_x(\boldsymbol{F}) \\ \frac{\mathrm{d}}{\mathrm{d}t} M_y(m\boldsymbol{v}) &= M_y(\boldsymbol{F}) \\ \frac{\mathrm{d}}{\mathrm{d}t} M_z(m\boldsymbol{v}) &= M_z(\boldsymbol{F}) \end{aligned} \tag{10-8}$$

二、质点系的动量矩定理

设质点系内有 n 个质点，作用于每个质点的力分为内力 $\boldsymbol{F}_i^i$ 和外力 $\boldsymbol{F}_i^e$。根据质点的动量矩定理有

$$\frac{\mathrm{d}}{\mathrm{d}t}\boldsymbol{M}_O(m_i\boldsymbol{v}_i)=\boldsymbol{M}_O(\boldsymbol{F}_i^i)+\boldsymbol{M}_O(\boldsymbol{F}_i^e)$$

这样的方程共有 n 个，相加后得：

$$\sum_{i=1}^{n}\frac{\mathrm{d}}{\mathrm{d}t}\boldsymbol{M}_O(m_i\boldsymbol{v}_i)=\sum_{i=1}^{n}\boldsymbol{M}_O(\boldsymbol{F}_i^i)+\sum_{i=1}^{n}\boldsymbol{M}_O(\boldsymbol{F}_i^e)$$

由于内力总是大小相等、方向相反的成对出现，因此上式右端的第一项为：

$$\sum_{i=1}^{n}\boldsymbol{M}_O(\boldsymbol{F}_i^i)=0$$

上式左端为：

$$\sum_{i=1}^{n}\frac{\mathrm{d}}{\mathrm{d}t}\boldsymbol{M}_O(m_i\boldsymbol{v}_i)=\frac{\mathrm{d}}{\mathrm{d}t}\sum_{i=1}^{n}\boldsymbol{M}_O(m_i\boldsymbol{v}_i)=\frac{\mathrm{d}}{\mathrm{d}t}\boldsymbol{L}_O$$

于是得：

$$\frac{\mathrm{d}}{\mathrm{d}t}\boldsymbol{L}_O=\sum_{i=1}^{n}\boldsymbol{M}_O(\boldsymbol{F}_i^e) \tag{10-9}$$

式(10-9) 为**质点系动量矩定理**：质点系对于某定点 O 的动量矩对时间的导数，等于作用于质点系的外力对于同一点的矩的矢量和（外力对点 O 的主矩）。

应用时，取投影式：

$$\frac{\mathrm{d}}{\mathrm{d}t}L_x=\sum_{i=1}^{n}M_x[\boldsymbol{F}_i^{(e)}],\quad \frac{\mathrm{d}}{\mathrm{d}t}L_y=\sum_{i=1}^{n}M_y[\boldsymbol{F}_i^{(e)}],\quad \frac{\mathrm{d}}{\mathrm{d}t}L_z=\sum_{i=1}^{n}M_z[\boldsymbol{F}_i^{(e)}] \tag{10-10}$$

必须指出，上述动量矩定理的表达形式只适用于对固定点或固定轴。对于一般的动点或动轴，其动量矩定理具有较复杂的表达式。

【例 10-1】 高炉运送矿石用的卷扬机如图 10-4 所示。已知滑轮的半径为 R，滑轮为匀质轮，作用在滑轮上的力偶矩为 M。小车和矿石总质量为 m，轨道的倾角为 θ。设绳的质量和各处摩擦均忽略不计，求小车的加速度 $\boldsymbol{a}$。$\left(\text{匀质轮转动惯量为}\dfrac{1}{2}mR^2\right)$

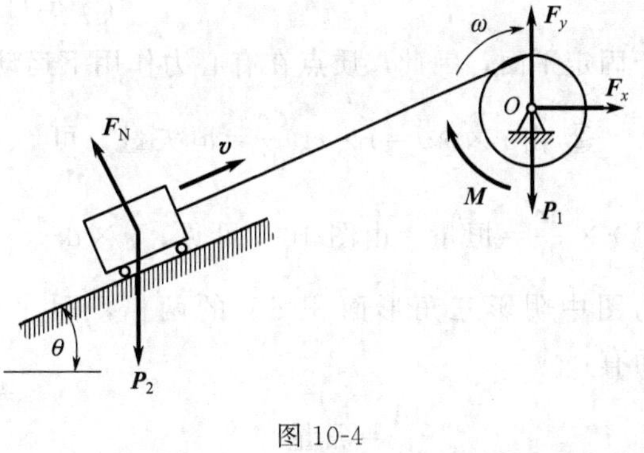

图 10-4

解 取小车与鼓轮组成质点系，视小车为质点。以顺时针为正，此质点系对轴 O 的动量矩为

$$L_{Oz}=J\omega+mvR=\frac{1}{2}mR^2\left(\frac{v}{R}\right)+mvR=\frac{1}{2}mvR+mvR=\frac{3}{2}mvR$$

作用于质点系的外力除力偶 $\boldsymbol{M}$、重力 $\boldsymbol{P}_1$ 和 $\boldsymbol{P}_2$ 外，尚有轴承 O 的约束力 $\boldsymbol{F}_x$，$\boldsymbol{F}_y$ 和轨道对小车的约束力 $\boldsymbol{F}_{\mathrm{N}}$。其中 $\boldsymbol{P}_1$，$\boldsymbol{F}_x$，$\boldsymbol{F}_y$ 对轴 O 的力矩为零。系统外力对轴 O 的矩为：

$$M^{(e)}=M-mg\sin\theta\cdot R$$

由质点系对轴 O 的动量矩定理，有

$$\frac{\mathrm{d}}{\mathrm{d}t}\left(\frac{3}{2}mvR\right)=M-mg\sin\theta\cdot R$$

因 $\omega=\frac{v}{R}$，$\frac{\mathrm{d}v}{\mathrm{d}t}=a$，于是解得：

$$a=\frac{2(M-mgR\sin\theta)}{3mR}$$

三、动量矩守恒定律

如果作用于质点的力对于某定点 O 的矩恒等于零，则由式(10-7)知，质点对该点的动量矩保持不变。即：

$$\boldsymbol{M}_O(m\boldsymbol{v})=\text{恒矢量}$$

如果作用于质点的力对于某定轴的矩恒等于零，则由式(10-8)知，质点对该轴的动量矩保持不变。例如 $M_z(\boldsymbol{F})=0$，则：

$$M_z(m\boldsymbol{v})=\text{恒量}$$

以上结论称为**质点动量矩守恒定律**。

由式(10-9)可知，质点系的内力不能改变质点系的动量矩。

当外力对于某定点（或某定轴）的主矩等于零时，质点系对于该点（或该轴）的动量矩保持不变。这就是**质点系动量矩守恒定律**。

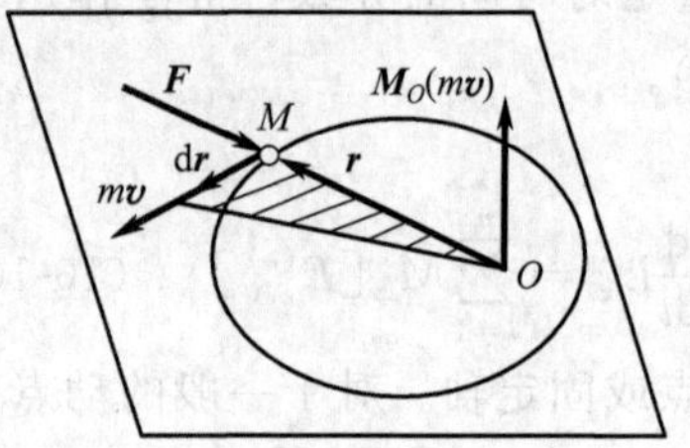

图 10-5

质点在运动中受到恒指向某定点 O 的力 $\boldsymbol{F}$ 作用，称该质点在有心力作用下运动，如行星绕太阳运动、人造卫星绕地球运动等。如图 10-5 所示，力 $\boldsymbol{F}$ 对于点 O 的矩恒等于零，于是质点对于点 O 的动量矩守恒，即：

$$\boldsymbol{M}_O(m\boldsymbol{v})=\boldsymbol{r}\times m\boldsymbol{v}=\text{恒矢量}$$

由上式可知。

① 矢量积 $\boldsymbol{r}\times m\boldsymbol{v}$ 方向不变，即矢径 $\boldsymbol{r}$ 和速度 $\boldsymbol{v}$ 位于一个固定平面，因此，质点在有心力作用下运动的轨迹是平面曲线。

② 由 $\boldsymbol{r}\times m\boldsymbol{v}=\boldsymbol{r}\times m\frac{\mathrm{d}\boldsymbol{r}}{\mathrm{d}t}=$恒矢量，可得 $\boldsymbol{r}\times\frac{\mathrm{d}\boldsymbol{r}}{\mathrm{d}t}=$恒量。由图 10-5 可见，$\boldsymbol{r}\times\mathrm{d}\boldsymbol{r}$ 为图中阴影三角形面积 $\mathrm{d}A$ 的两倍，因而有：

$$\frac{\mathrm{d}A}{\mathrm{d}t}=\text{常量}$$

A 是质点矢径 $\boldsymbol{r}$ 所扫过的面积，$\frac{\mathrm{d}A}{\mathrm{d}t}$称为面积速度，上述结论称为**面积速度定理**。

由此定理可知，当人造卫星绕地球运动时，离地心近时速度大，离地心远时速度小。

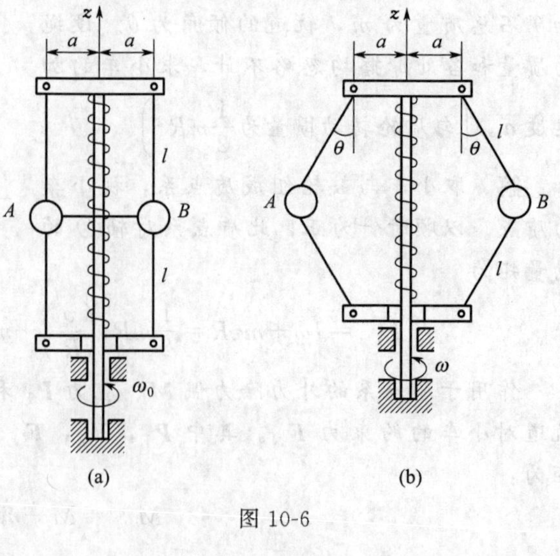

图 10-6

【例 10-2】 图 10-6(a) 中，小球 A，B 以绳相连，质量皆为 m，其余构件质量不计。忽略摩擦，系统绕铅垂轴 z 自由转动，初始时系统的角速度为 ω_0。当细绳拉断后，求各杆与铅垂线成 θ 角时系统的角速度 ω [图 10-6(b)]。

解 此系统所受的重力和轴承的约束力对于转轴的矩都等于零，因此系统对于转轴的动量矩守恒，

当 $\theta=0$ 时，动量矩

$$L_{z1}=2ma\omega_0 a=2ma^2\omega_0$$

当 $\theta\neq0$ 时，动量矩

$$L_{z2}=2m(a+l\sin\theta)^2\omega$$

由 $L_{z1}=L_{z2}$，得：

$$\omega=\frac{a^2}{a+l\sin\theta}\omega_0$$

第三节 刚体对轴的转动惯量

刚体的转动惯量是刚体转动时惯性的度量，刚体对任意轴 z 的转动惯量定义为：

$$J_z=\sum_{i=1}^{n}m_i r_i^2 \tag{10-11}$$

由式(10-11) 可见，转动惯量的大小不仅与质量大小有关，而且与质量的分布情况有关。在国际单位制中其单位为 $\mathrm{kg\cdot m^2}$。

工程中，常常根据工作需要来选定转动惯量的大小。例如往复式活塞发动机、冲床和剪床等机器常在转轴上安装一个大飞轮，并使飞轮的质量大部分分布在轮缘，如图 10-7 所示。这样的飞轮转动惯量大，机器受到冲击时，角加速度小，可以保持比较平稳的运转状态。又如，仪表中的某些零件必须具有较高的灵敏度，因此这些零件的转动惯量必须尽可能的小，为此，这些零件用轻金属制成，并且尽量减小体积。

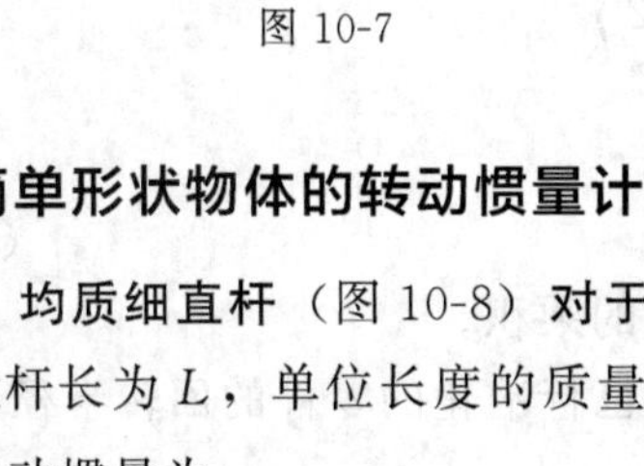

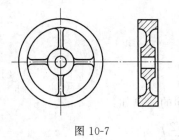

图 10-7

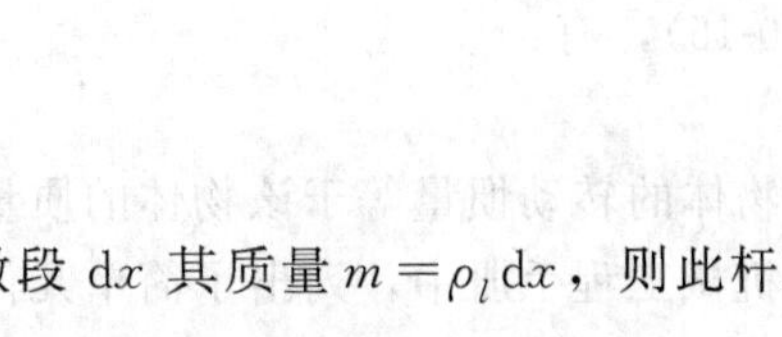

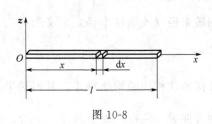

图 10-8

一、简单形状物体的转动惯量计算

1. 均质细直杆（图 10-8）对于 z 轴的转动惯量

设杆长为 L，单位长度的质量为 ρ_l 取杆上一微段 $\mathrm{d}x$ 其质量 $m=\rho_l\mathrm{d}x$，则此杆对于 z 轴的转动惯量为：

$$J_z=\int_0^l(\rho_l\mathrm{d}x\times x^2)=\rho_l\times\frac{l^3}{3}$$

杆的质量 $m=\rho_l l$，于是有：

$$J_z=\frac{1}{3}ml^2 \tag{10-12}$$

2. 均质薄圆环（图 10-9）**对于中心轴的转动惯量**

设圆环质量为 m，质量 m_i 到中心轴的距离都等于半径 R，所以圆环对于中心轴 z 的转动惯量为：

$$J_z=\sum m_iR^2=R^2\sum m_i=mR^2 \tag{10-13}$$

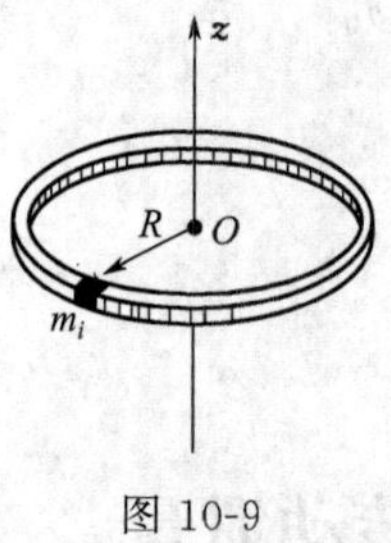

图 10-9

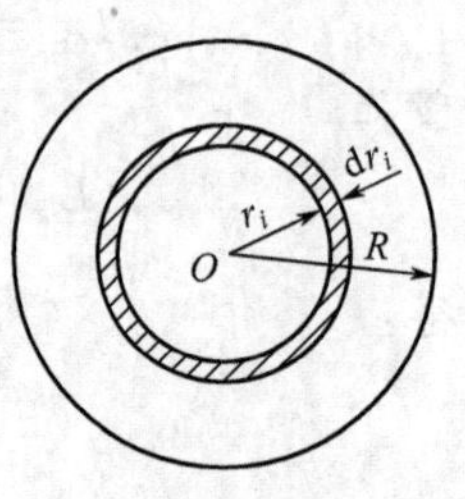

图 10-10

3. 均质圆板（图 10-10）**对于中心轴的转动惯量**

设圆板的半径为 R，质量为 m。将圆板分为无数同心的薄圆环，任一圆环的半径为 r_i，宽度为 dr_i，则薄圆环的质量为：

$$m_i=2\pi r_i\,dr_i\times\rho_A$$

式中 $\rho_A=\dfrac{m}{\pi R^2}$，是均质圆板单位面积的质量。因此圆板对于中心轴的转动惯量为

$$J_O=\int_0^R 2\pi r\rho_A\,dr\times r^2=2\pi\rho_A\frac{R^2}{4}$$

化简得

$$J_O=\frac{1}{2}mR^2 \tag{10-14}$$

二、回转半径（或惯性半径）

回转半径（或惯性半径）定义为

$$\rho_z=\sqrt{\frac{J_z}{m}} \tag{10-15}$$

对于几何形状相同的均质物体，其回转半径的公式是相同的，例如：

细直杆 $\rho_z=\dfrac{\sqrt{3}}{3}l$，均质圆环 $\rho_z=R$，均质圆板 $\rho_z=\dfrac{\sqrt{2}}{2}R$

由式(10-15)，有：

$$J_z=m\rho_z^2 \tag{10-16}$$

即物体的转动惯量等于该物体的质量与回转半径平方的乘积。

在机械工程手册中，列出了简单几何形状或几何形状已标准化的零件的回转半径，以供工程技术人员查阅。

三、平行轴定理

定理　刚体对于任一轴的转动惯量，等于刚体对于通过质心、并与该轴平行的轴的转动

惯量，加上刚体的质量与两轴间距离平方的乘积，即：

$$J_z = J_{zC} + md^2 \tag{10-17}$$

证明：如图 10-11 所示，设点 C 为刚体的质心，刚体对于通过质心的 z_1 轴的转动惯量为 J_{zC}，刚体对于平行于该轴的另一轴 z 的转动惯量为 J_z，两轴间距离为 d。分别以 C、O 两点为原点，作直角坐标轴系 $Cx_1y_1z_1$ 和 $Oxyz$，不失一般性，可令轴 y 与 y_1 轴重合。由图易见

$$J_{zC} = \sum m_i r_1^2 = \sum m_i (x_1^2 + y_1^2),\ J_z = \sum m_i r^2 = \sum m_i (x^2 + y^2)$$

因为 $x = x_1$，$y = y_1 + d$，于是有：

$$J_z = \sum m_i [x_1^2 + (y_1 + d)^2] = \sum m_i (x_1^2 + y_1^2) + 2d \sum m_i y_1 + d^2 \sum m_i$$

由质心坐标公式：

$$y_C = \frac{\sum m_i y_1}{\sum m_i}$$

当坐标原点取在质心 C 时，$y_C = 0$，$\sum m_i y_i = 0$，又有 $\sum m_i = m$，于是得：

$$J_z = J_{zC} + md^2$$

定理证毕。

由平行轴定理可知，刚体对于诸平行轴，以通过质心的轴的转动惯量为最小。

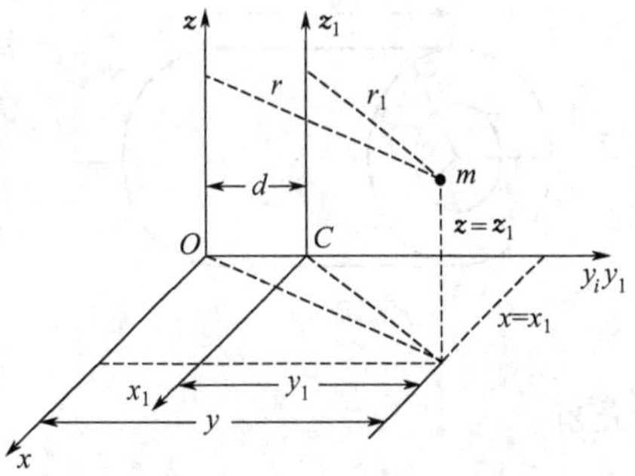

图 10-11

【例 10-3】 质量为 m，长为 l 的均质细直杆如图 10-12 所示，求此杆对于垂直于杆轴且通过质心 C 的轴 z_C 的转动惯量。

解　由式(10-12) 知，均质细直杆对于通过杆端点 A 且与杆垂直的 z 轴的转动惯量为

$$J_z = \frac{1}{3} ml^2$$

应用平行轴定理，对于 z_C 轴的转动惯量为：

$$J_{zC} = J_z - m\left(\frac{l}{2}\right)^2 = \frac{1}{12} ml^2 \tag{10-18}$$

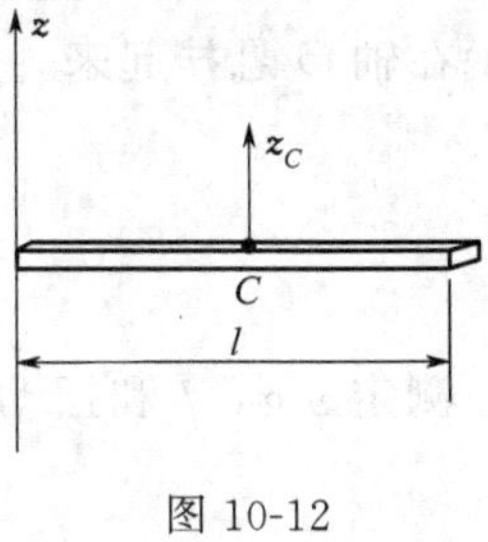

图 10-12

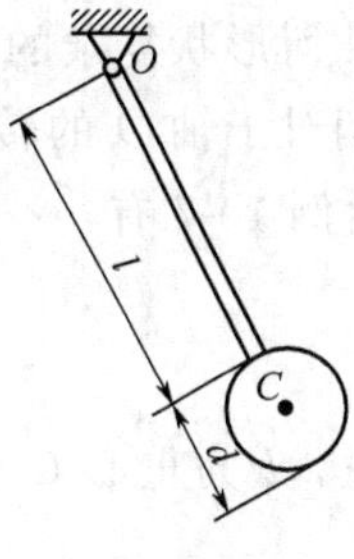

图 10-13

【例 10-4】 钟摆简化如图 10-13 所示。已知均质细杆和均质圆盘的质量分别为 m_1 和 m_2，杆长为 l，圆盘直径为 d。求摆对于通过悬挂点 O 的水平轴的转动惯量。

解　摆对于水平轴 O 的转动惯量

$$J_O = J_{O杆} + J_{O盘}$$

式中

$$J_{O杆} = \frac{1}{3} m_1 l^2$$

设 J_C 为圆盘对于中心 C 的转动惯量，则：

$$J_{O盘}=J_C+m_2\left(l+\frac{d}{2}\right)^2=\frac{1}{2}m_2\left(\frac{d}{2}\right)^2+m_2\left(l+\frac{d}{2}\right)^2=m_2\left(\frac{3}{8}d^2+l^2+ld\right)$$

于是得

$$J_O=\frac{1}{3}m_1l^2+m_2\left(\frac{3}{8}d^2+l^2+ld\right)$$

【例 10-5】 如图 10-14 所示，质量为 m 的均质空心圆柱体外径为 R_1，内径为 R_2，求对于中心轴 z 的转动惯量。

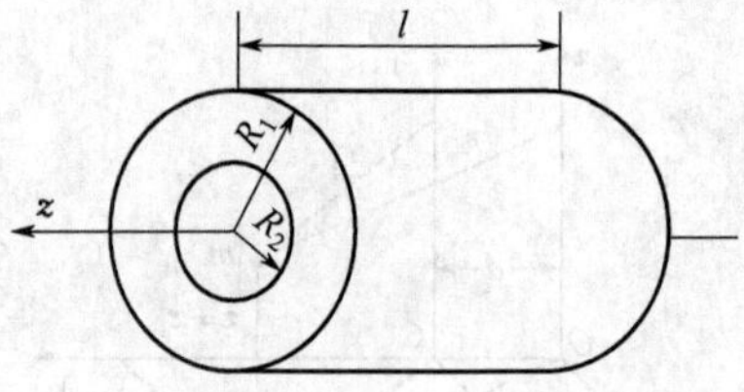

图 10-14

解　空心圆柱可看成由两个实心圆柱体组成，外圆柱体的转动惯量为 J_1，内圆柱体的转动惯量 J_2 取负值，即：

$$J_z=J_1-J_2$$

设 m_1、m_2 分别为外、内圆柱体的质量，则：

$$J_1=\frac{1}{2}m_1R_1^2,\ J_2=\frac{1}{2}m_2R_2^2$$

于是有：

$$J_z=\frac{1}{2}m_1R_1^2-\frac{1}{2}m_2R_2^2$$

设单位体积的质量为 ρ，则：

$$m_1=\rho\pi R_1^2l,\ m_2=\rho\pi R_2^2l$$

代入前式，得：

$$J_z=\frac{1}{2}\rho\pi(R_1^4-R_2^4)=\frac{1}{2}\rho\pi l(R_1^2-R_2^2)(R_1^2+R_2^2)$$

注意到 $\rho\pi l(R_1^2-R_2^2)=m$，则得：

$$J_z=\frac{1}{2}m(R_1^2+R_2^2) \tag{10-19}$$

工程中，对于几何形状复杂的物体，常用实验方法测定其转动惯量。

例如，欲求曲柄对于轴 O 的转动惯量，可将曲柄在轴 O 悬挂起来，并使其作微幅摆动，如图 10-15 所示。由例 10-7 有：

$$T=2\pi\sqrt{\frac{J}{mgl}}$$

其中 mg 为曲柄重量，l 为重心 C 到轴心 O 的距离。测定 mg，l 和摆动周期 T，则曲柄对

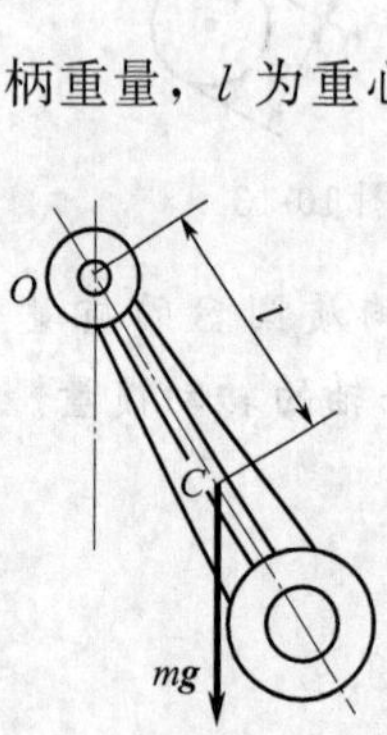

图 10-15

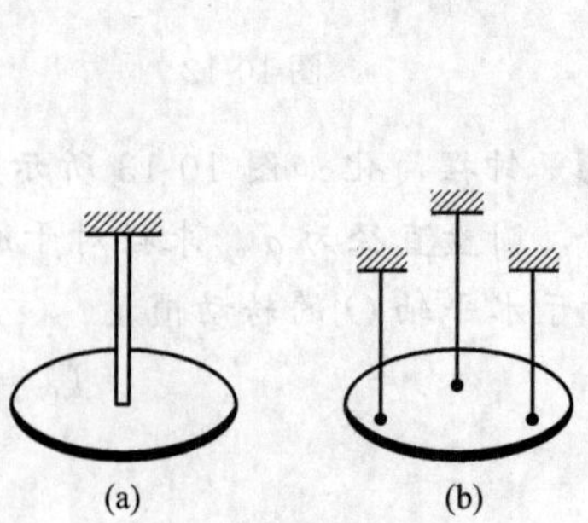

图 10-16

于轴 O 的转动惯量可按照下式计算：

$$J=\frac{T^2mgl}{4\pi^2}$$

又如，欲求圆轮对于中心轴的转动惯量，可用单轴扭振［图 10-16(a)］、三线悬挂扭振［图 10-16(b)］等方法测定扭振周期与转动惯量之间的关系计算转动惯量。

表 10-1 列出一些常见均质物体的转动惯量和惯性半径，供应用。

表 10-1　常见均质物体的转动惯量和惯性半径

物体的形状	简图	转动惯量	惯性半径	体积
细直杆	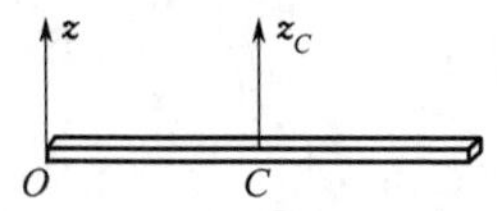	$J_{zC}=\frac{m}{12}l^2$ $J_z=\frac{m}{3}l^2$	$\rho_{zC}=\frac{1}{2\sqrt{3}}$ $\rho_z=\frac{l}{\sqrt{3}}$	—
薄壁圆筒	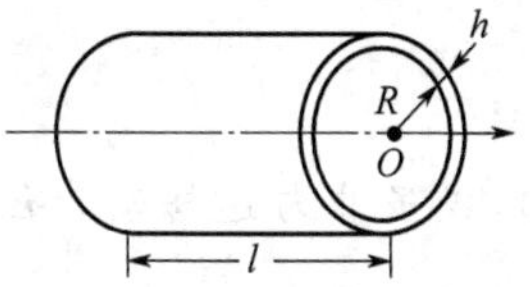	$J_z=mR^2$	$\rho_z=R$	$2\pi Rlh$
圆柱	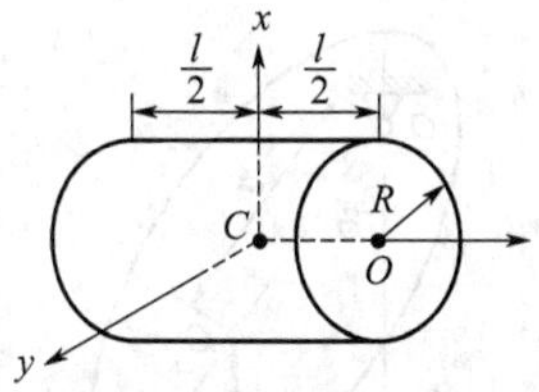	$J_z=\frac{1}{2}mR^2$ $J_x=J_y=\frac{m}{12}(3R^2+l^2)$	$\rho_z=\frac{R}{\sqrt{2}}$ $\rho_x=\rho_y=\sqrt{\frac{1}{12}(3R^2+l^2)}$	πR^2l

第四节　刚体绕定轴的转动微分方程

设定轴转动刚体上作用有主动力 $\boldsymbol{F}_1$，$\boldsymbol{F}_2$，…，$\boldsymbol{F}_n$ 和轴承约束力 $\boldsymbol{F}_{N1}$，$\boldsymbol{F}_{N2}$，如图 10-17 所示，这些力都是外力。刚体对于 z 轴的转动惯量为 J_z，角速度为 ω，对于 z 轴的动量矩为 $J_z\omega$。

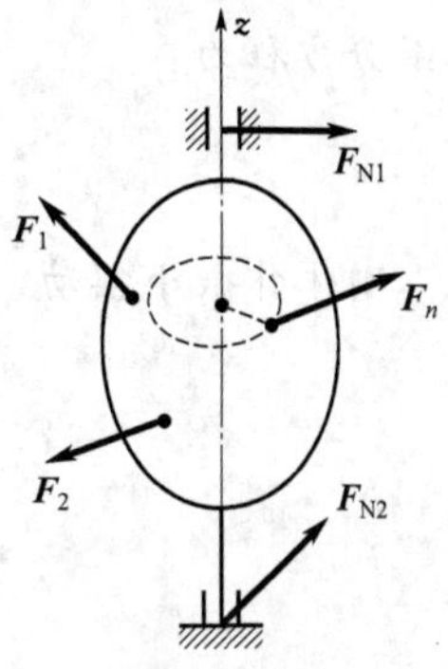

图 10-17

如果不计轴承中的摩擦，轴承约束力对于 z 轴的力矩等于零，根据质点系对于 z 轴的动量矩定理有：

$$\frac{\mathrm{d}}{\mathrm{d}t}(J_z\omega)=\sum_{i=1}^{n}M_z(\boldsymbol{F}_i)$$

或

$$J_z\frac{\mathrm{d}\omega}{\mathrm{d}t}=\sum_{i=1}^{n}M_z(\boldsymbol{F}_i) \qquad (10\text{-}20)$$

上式也可写成：

$$J_z\alpha=\sum M_z(\boldsymbol{F}) \qquad (10\text{-}21)$$

或

$$J_z\frac{\mathrm{d}^2\varphi}{\mathrm{d}t^2}=\sum M_z(\boldsymbol{F}) \qquad (10\text{-}22)$$

以上各式均称为刚体绕定轴转动微分方程。

由式(10-20)～式(10-22)可见，刚体绕定轴转动时，其主动力对转轴的矩使刚体转动状态发生变化。力矩大，转动角加速度大；如力矩相同，刚体转动惯量大，则角加速度小，反之，角加速度大。可见，刚体转动惯量的大小表现了刚体转动状态改变的难易程度，即：**转动惯量是刚体转动惯性的度量**

刚体的转动微分方程 $J_z\alpha=\sum M_z(\boldsymbol{F})$ 与质点的运动微分方程 $m\boldsymbol{a}=\sum\boldsymbol{F}$ 有相似的形式，因而，其求解方法也是相似的。

【例 10-6】 如图 10-18 所示，已知滑轮半径为 R，转动惯量为 J，带动滑轮的胶带拉力为 $\boldsymbol{F}_1$ 和 $\boldsymbol{F}_2$。求滑轮的角加速度 α。

解 根据刚体绕定轴的转动微分方程有：

$$J\alpha=(F_1-F_2)R$$

于是得：

$$\alpha=\frac{(F_1-F_2)R}{J}$$

由上式可见，只有当定滑轮为匀速转动（包括静止）或虽非匀速转动，但可忽略滑轮的转动惯量时，跨过定滑轮的胶带拉力才是相等的。

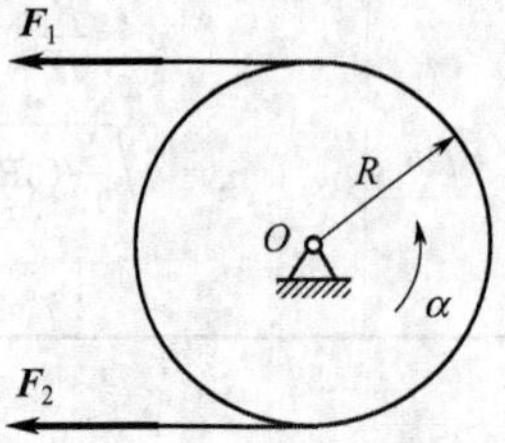

图 10-18

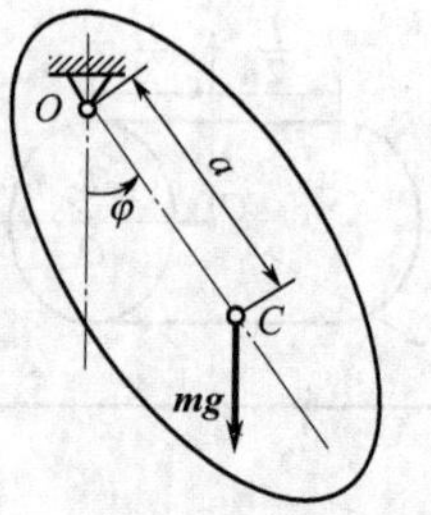

图 10-19

【例 10-7】 图 10-19 中物理摆（或称为复摆）的质量为 m，C 为其质心，摆对悬挂点的转动惯量为 J_O。求微小摆动的周期。

解 设 φ 角以逆时针方向为正。当 φ 角为正时，重力对点 O 之矩为负。由此，摆的转动微分方程为：

$$J_O\frac{\mathrm{d}^2\varphi}{\mathrm{d}t^2}=-mga\sin\varphi$$

刚体作微小摆动，有 $\sin\varphi\approx\varphi$，于是转动微分方程可写为：

$$J_O\frac{\mathrm{d}^2\varphi}{\mathrm{d}t^2}=-mga\varphi$$

或

$$\frac{\mathrm{d}^2\varphi}{\mathrm{d}t^2}+\frac{mga}{J_O}\varphi=0$$

此方程的通解为：

$$\varphi=\varphi_0\sin\left(\sqrt{\frac{mga}{J_O}}t+\theta\right)$$

φ_0 称为角振幅，θ 是初相位，它们都由运动初始条件确定。

摆动周期为：

$$T=2\pi\sqrt{\frac{J_O}{mga}}$$

工程中可用上式，通过测定零件（如曲柄、连杆等）的摆动周期，以计算其转动惯量。

【例 10-8】 飞轮对轴 O 的转动惯量 J_O，以角速度 ω_0 绕轴 O 转动，如图 10-20 所示。制动时，闸块给轮以正压力 $\boldsymbol{F}_N$。已知闸块与轮之间的滑动摩擦系数为 f，轮的半径为 R，轴承的摩擦忽略不计。求制动所需的时间 t。

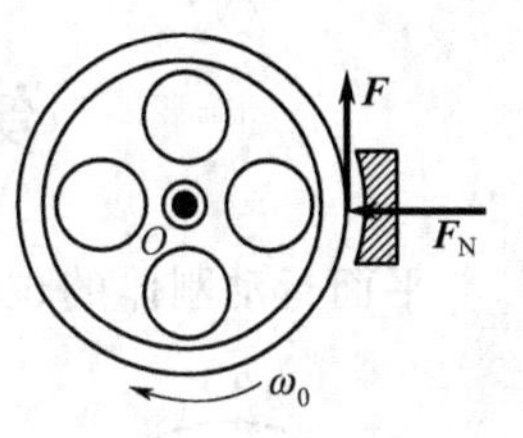

图 10-20

解 以轮为研究对象。作用于轮上的力除 $\boldsymbol{F}_N$ 外，还有摩擦力 $\boldsymbol{F}$ 和重力、轴承约束力。取逆时针方向为正，刚体的转动微分方程为：

$$J_O\frac{d\omega}{dt}=FR=fF_NR$$

将上式积分，并根据已知条件确定积分上下限，有：

$$\int_{-\omega_0}^{0}J_O d\omega=\int_0^t fF_NR\,dt$$

由此解得：

$$t=\frac{J_O\omega_0}{fF_NR}$$

【例 10-9】 传动轴系如图 10-21(a) 所示。设轴Ⅰ和Ⅱ的转动惯量分别为 J_1 和 J_2，传动比 $i_{12}=\frac{R_2}{R_1}$，R_1 和 R_2 分别为轮Ⅰ和Ⅱ的半径。今在轴Ⅰ上作用主动力矩 M_1，轴Ⅱ上有阻力矩 M_2，转向如图所示。设各处摩擦忽略不计，求轴Ⅰ的角加速度。

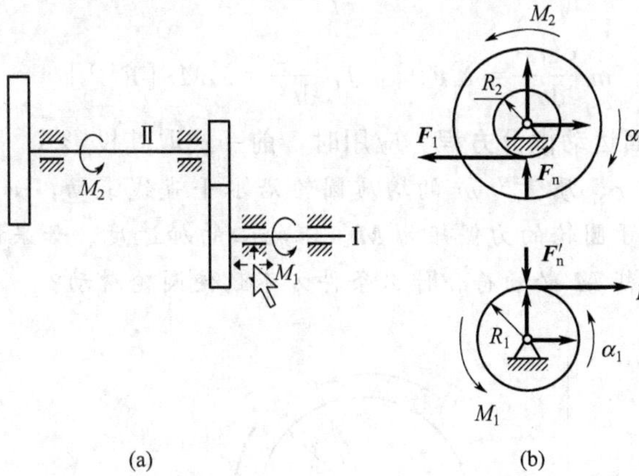

图 10-21

解 轴Ⅰ与轴Ⅱ为两个转动刚体，应分别取为两个研究对象，受力情况如图 10-21(b) 所示。

两轴对轴心的转动微分方程分别为：

$$J_1\alpha_1=M_1-F'_tR_1,\quad J_2\alpha_2=F_tR_2-M_2$$

因 $F'_t=F$，$\dfrac{\alpha_1}{\alpha_2}=i_{12}=\dfrac{R_2}{R_1}$，于是得：

$$\alpha_1=\frac{M_1-\dfrac{M_2}{i_{12}}}{J_1+\dfrac{J_2}{i_{12}^2}}$$

第五节　刚体的平面运动微分方程

平面运动刚体的位置，可由基点的位置与刚体绕基点的转角确定。取质心 C 为基点，如图 10-22 所示，它的坐标为 x_C，y_C。设 D 为刚体上的任一点，CD 与 x 轴的夹角为 φ，则刚体的位置可由 x_C，y_C 和 φ 确定。刚体的运动分解为随质心的平移和绕质心的转动两部分。

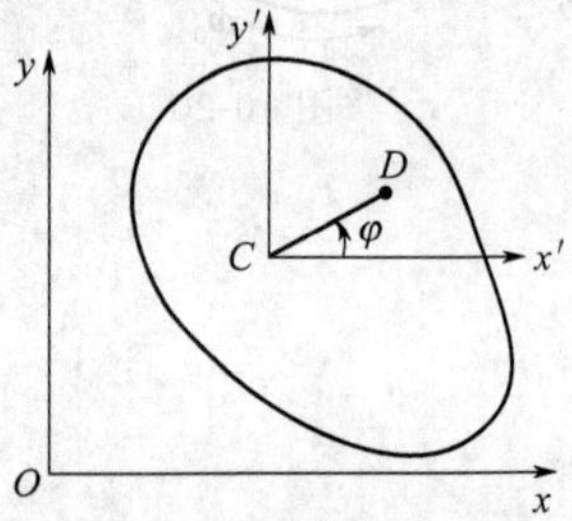

图 10-22

图 10-22 中 C 为固连于质心 C 的平移参考系，平面运动刚体相对于此动系的运动就是绕质心 C 的转动，则刚体对质心的动量矩为：

$$L_C=J_C\omega \tag{10-23}$$

其中 J_C 为刚体对通过质心 C 且与运动平面垂直的轴的转动惯量，ω 为其角速度。

设在刚体上作用的外力可向质心所在的运动平面简化为一平面力系，则应用质心运动定理和相对于质心的动量矩定理，得：

$$m\boldsymbol{a}_C=\sum\boldsymbol{F}^{(e)},\ \frac{\mathrm{d}}{\mathrm{d}t}(J_C\omega)=J_C\alpha=\sum M_C[\boldsymbol{F}^{(e)}] \tag{10-24}$$

其中 m 为刚体质量，$\boldsymbol{a}_C$ 为质心加速度，$\alpha=\dfrac{\mathrm{d}\omega}{\mathrm{d}t}$为刚体角加速度。式(10-24) 也可写成：

$$m\frac{\mathrm{d}^2\boldsymbol{r}_C}{\mathrm{d}t^2}=\sum\boldsymbol{F}^{(e)},\ J_C\frac{\mathrm{d}^2\varphi}{\mathrm{d}t^2}=\sum M_C[\boldsymbol{F}^{(e)}] \tag{10-25}$$

以上两式称为**刚体的平面运动微分方程**。应用时，前一式取其投影式。

【例 10-10】 半径为 r、质量为 m 的均质圆轮沿水平直线滚动，如图 10-23 所示。设轮的惯性半径为 ρ_C，作用于圆轮的力偶矩为 $\boldsymbol{M}$。求轮心的加速度。如果圆轮对地面的静滑动摩擦系数为 f_S，问力偶矩 $\boldsymbol{M}$ 必须符合什么条件方不致使圆轮滑动？

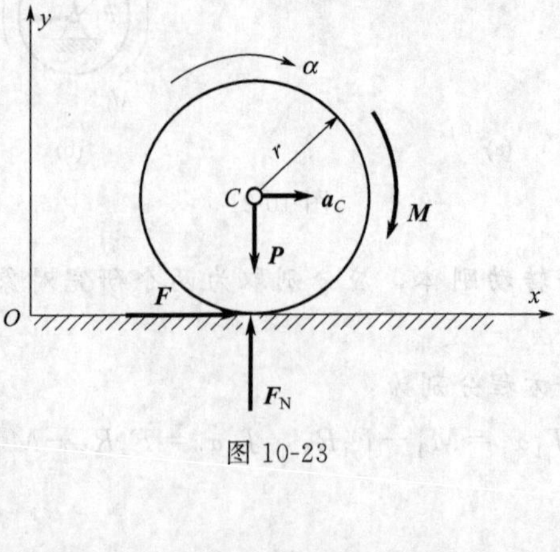

图 10-23

解 根据刚体的平面运动微分方程可列出如下三个方程：

$$ma_{Cx}=F$$

$$ma_{Cy}=F_N-mg$$

$$m\rho_C^2\alpha=M-Fr$$

式中，M 和 α 均以顺时针转向为正。因 $a_{Cy}=0$，故 $a_{Cx}=a_C$。

根据圆轮滚而不滑的条件，有 $a_C=r\alpha$。以此式与上列三方程联立求解，得：

$$F=ma_C,\ F_N=mg$$

$$a_C=\frac{Mr}{m(\rho_C^2+r^2)},\ M=\frac{F(\rho_C^2+r^2)}{r}$$

欲使圆轮滚动而不滑动，必须有 $F\leqslant f_SF_N$ 或 $F\leqslant f_Smg$。于是得圆轮只滚不滑的条件为

$$M\leqslant f_Smg\frac{r^2+\rho_C^2}{r}$$

【例 10-11】 图 10-24 中，均质圆轮半径为 R，质量为 m，其上缠绕无重细绳，A 端水平固定在墙上。轮心处作用一水平常力 $\boldsymbol{F}$，轮与水平面间的动滑动摩擦系数为 f，使轮心水平向右运动，同时由于细绳不可伸长，轮子还将转动使细绳展开。设初始圆轮静止。求在 F 作用下轮心走过 s 时，圆轮的角速度、角加速度及轮心 C 的加速度。

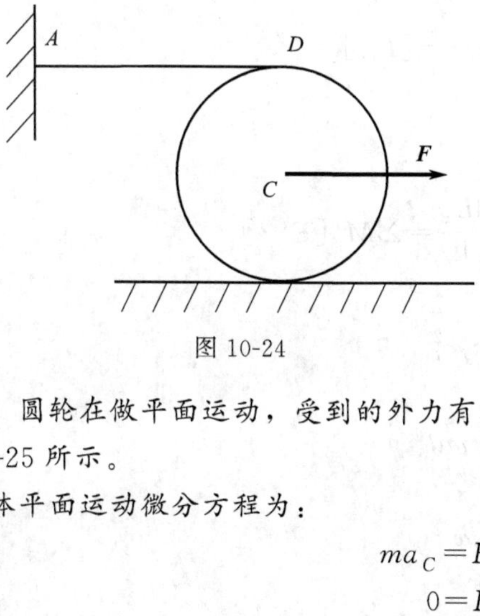

图 10-24

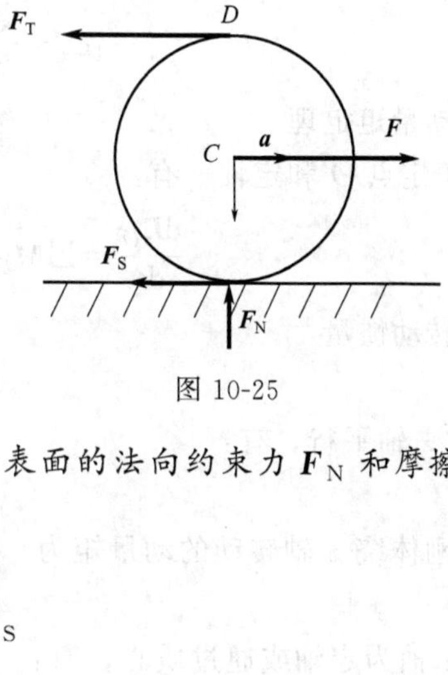

图 10-25

解 圆轮在做平面运动，受到的外力有重力 $\boldsymbol{mg}$，表面的法向约束力 $\boldsymbol{F}_N$ 和摩擦力 $\boldsymbol{F}_S$。如图 10-25 所示。

刚体平面运动微分方程为：

$$ma_C=F-F_T-F_S \tag{10-26}$$

$$0=F_N-mg \tag{10-27}$$

$$F_S=F_Nf \tag{10-28}$$

$$J_C\alpha=(F_T-F_S)R \tag{10-29}$$

由运动学知，当圆轮只滚不滑时，圆轮的角加速度的大小为：

$$\alpha=\frac{a_C}{R} \tag{10-30}$$

注意到 $J_C=\frac{1}{2}mR^2$，联立以上各式，求得圆轮中心的加速度为：

$$a_C=\frac{2}{3mR}(F-2mgf)$$

圆轮的角加速度为：

$$\alpha=\frac{2}{3m}(F-2mgf)$$

由公式

$$v^2-v_0^2=2a_Cs$$

解得

$$v_C=2\sqrt{\frac{s(F-2mgf)}{3m}}$$

小结

1. 动量矩

质点对点 O 的动量矩是矢量

$$\boldsymbol{M}_O(m\boldsymbol{v})=\boldsymbol{r}\times m\boldsymbol{v}$$

质点系对于点 O 的动量矩也是矢量，为：

$$\boldsymbol{L}_O=\sum_{i=1}^{n}\boldsymbol{M}(m_i\boldsymbol{v}_i)=\sum_{i=1}^{n}\boldsymbol{r}_i\times m_i\boldsymbol{v}_i$$

若 z 轴通过点 O，则质点系对于 z 轴的动量矩，为：

$$L_z=\sum_{i=1}^{n}M_z(m_i\boldsymbol{v}_i)=[\boldsymbol{L}_O]_z$$

2. 动量矩定理

对于定点 O 和定轴 z 有：

$$\frac{\mathrm{d}\boldsymbol{L}_O}{\mathrm{d}t}=\sum\boldsymbol{M}_O[\boldsymbol{F}^{(e)}],\ \frac{\mathrm{d}L_z}{\mathrm{d}t}=\sum M_z[\boldsymbol{F}^{(e)}]$$

3. 转动惯量

$$J_z=\sum m_ir_i^2$$

若 z_C 与 z 轴平行，有：

$$J_z=J_{zC}+md^2$$

① 刚体绕 z 轴转动的动量矩为：

$$L_z=J_z\omega$$

若 z 轴为定轴或通过质心，有：

$$J_z\alpha=\sum M_z[\boldsymbol{F}^{(e)}]$$

② 刚体的平面运动微分方程为：

$$m\boldsymbol{a}_C=\sum\boldsymbol{F}^{(e)},\ J_C\alpha=\sum M_C[\boldsymbol{F}^{(e)}]$$

思考题

10-1 某质点对于某定点 O 的动量矩矢量表达式为：

$$\boldsymbol{L}_O=6t^2\boldsymbol{i}+(8t^3+5)\boldsymbol{j}-(t-7)\boldsymbol{k}$$

式中，t 为时间，$\boldsymbol{i}$，$\boldsymbol{j}$，$\boldsymbol{k}$ 为沿固定直角坐标轴的单位矢量。求此质点上作用力对点 O

的力矩。

10-2　某质点系对空间任一固定点的动量矩都完全相同，且不等于零。这种运动情况可能吗？

10-3　平面运动刚体，如所受外力主矢为零，刚体只能是绕质心的转动吗？如所受外力对质心的主矩为零，刚体只能是平移吗？

10-4　试计算第十一章思考题11-1题中 a，b，d，e 各物体对其转轴的动量矩。

10-5　如思考题10-5图所示传动系统中 J_1，J_2 为轮Ⅰ、轮Ⅱ的转动惯量，轮Ⅰ的角加速度 $\alpha_1=\dfrac{M_1}{J_1+J_2}$，对不对？

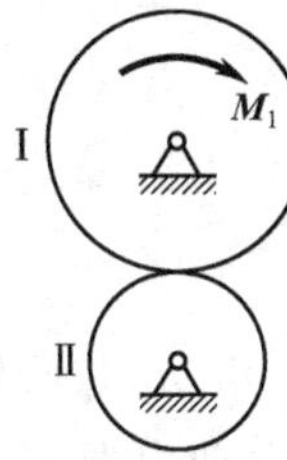

思考题10-5图

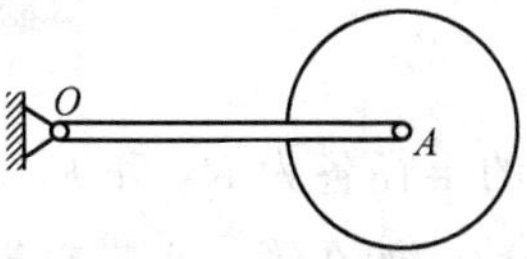

思考题10-6图

10-6　如思考题10-6图所示，在铅垂面内，杆 OA 可绕轴 O 自由转动，均质圆盘可绕其质心轴 A 自由转动。如杆 OA 水平时系统为静止，问自由释放后圆盘做什么运动？

10-7　质量为 m 的均质圆盘，平放在光滑的水平面上，其受力情况如思考题10-7图所示。设开始时，圆盘静止，图中 $r=\dfrac{R}{2}$。试说明各圆盘将如何运动。

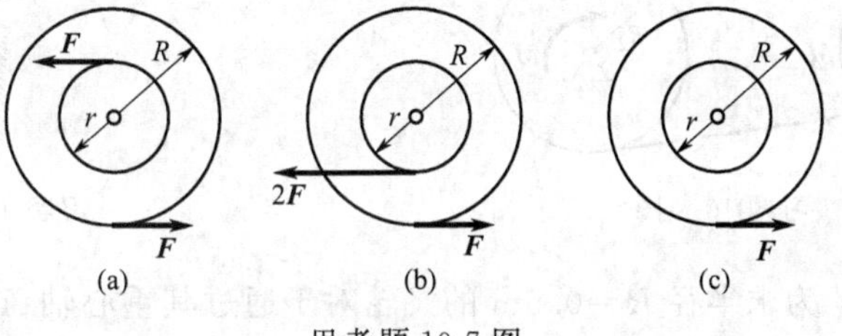

思考题10-7图

10-8　一半径为 R 的均质圆轮在水平面上只滚动不滑动。如不计滚动摩阻，试问在下列两种情况下，轮心的加速度是否相等？接触面的摩擦力是否相同？

① 在轮上作用一顺时针转向的力偶，力偶矩为 $\boldsymbol{M}$；

② 在轮心作用一水平向右的力 $\boldsymbol{F}$，$F=\dfrac{M}{R}$。

10-9　均质圆轮沿水平面只滚不滑，如在圆轮面内作用一水平力 $\boldsymbol{F}$。问力作用于什么位置能使地面摩擦力等于零？在什么情况下，地面摩擦力能与力 $\boldsymbol{F}$ 同方向？

10-10　均质圆轮沿地面只滚不滑时，轮与地面接触点 P 为瞬心，此时恰有 $J_p\alpha=M_p$。式中 J_p 为轮对瞬心的转动惯量，α 为角加速度，M_p 为外力对瞬心的力矩。对一般平面运动刚体，上式对吗？用于此轮为什么能对？

10-11　思考题10-11图（a）、（b）、（c）中的匀质物体分别绕 O 轴转动，各物体质量都为 m，物体角速度及尺寸如图，如何求物体对 O 轴的动量矩。

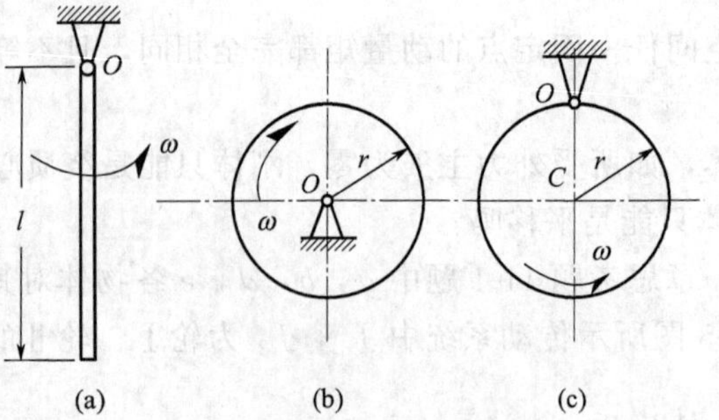

思考题 10-11 图

习 题

10-1 图示两轮的半径各为 R_1 和 R_2，其质量各为 m_1 和 m_2，两轮以胶带相连接，各绕两平行的固定轴转动。如在第一个带轮上作用矩为 $\boldsymbol{M}$ 的主动力偶，在第二个带轮上作用矩为 $\boldsymbol{M}'$ 的阻力偶。带轮可视为均质圆盘，胶带与轮间无滑动，胶带质量略去不计。求第一个带轮的角加速度。

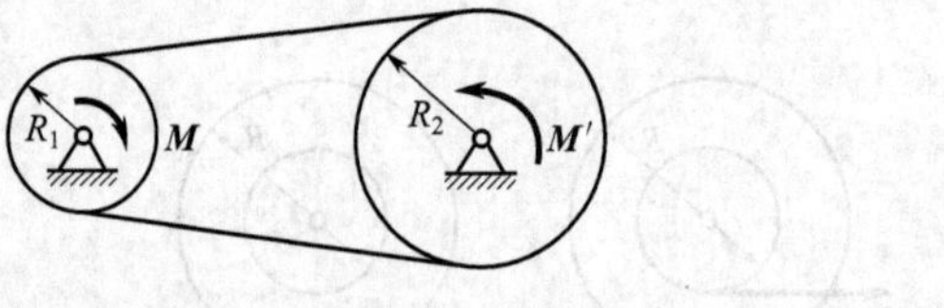

习题 10-1 图

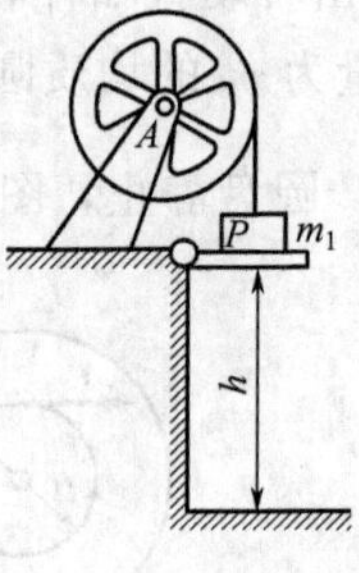

习题 10-2 图

10-2 如图所示，为求半径 $R=0.5\text{m}$ 的飞轮对于通过其重心轴 A 的转动惯量，在飞轮上绕以细绳，绳的末端系一质量为 $m_1=8\text{kg}$ 的重锤，重锤自高度 $h=2\text{m}$ 处落下，测得落下时间 $t_1=16\text{s}$。为消去轴承摩擦的影响，再用质量为 $m_2=4\text{kg}$ 的重锤做第二次试验，此重锤自同一高度落下的时间为 $t_2=25\text{s}$。假定摩擦力矩为一常数，且与重锤的重量无关，求飞轮的转动惯量和轴承的摩擦力矩。

10-3 如图所示，有一轮子，轴的直径为 50mm，无初速地沿倾角 $\theta=20°$ 的轨道只滚不滑，5s 内轮心滚过的距离为 $s=3\text{m}$。求轮子对轮心的惯性半径。

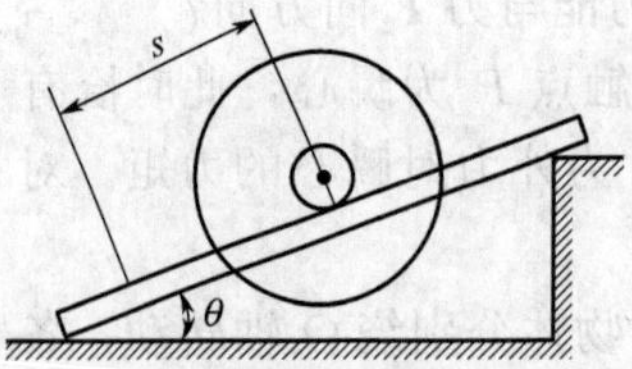

习题 10-3 图

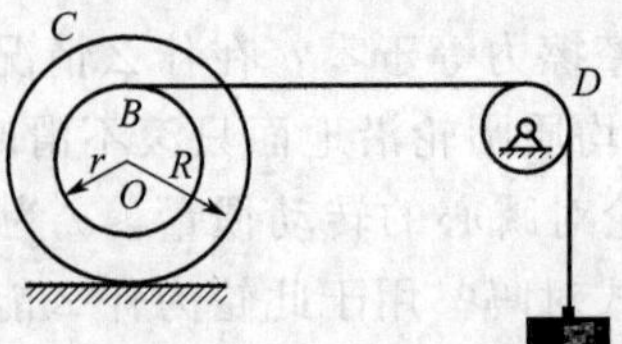

习题 10-4 图

10-4　重物 A 质量为 m_1，系在绳子上，绳子跨过不计质量的固定滑轮 D，并绕在鼓轮 B 上，如图所示。由于重物下降，带动了轮 C，使它沿水平轨道只滚不滑。设鼓轮半径为 r，轮 C 的半径为 R，两者固连在一起，总质量为 m_2，对于其水平轴 O 的回转半径为 ρ。求重物 A 的加速度。

10-5　均质圆柱体 A 的质量为 m，在外圆上绕以细绳，绳的一端 B 固定不动，如图所示。当 BC 铅垂时圆柱下降，其初速度为零。求当圆柱体的轴心降落了高度 h 时轴心的速度和绳子的张力。

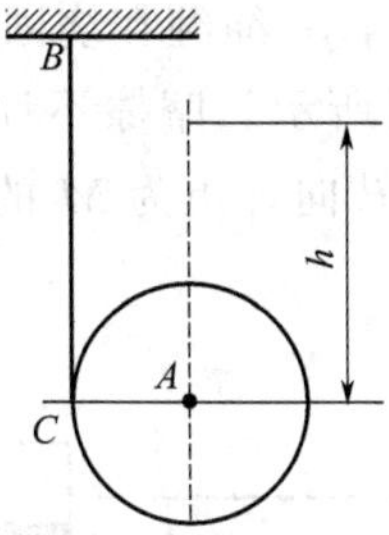

习题 10-5 图

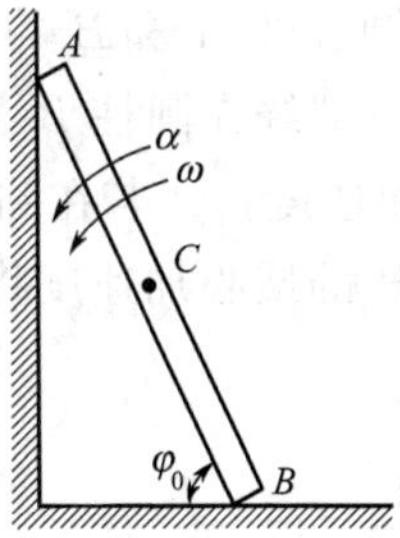

习题 10-6 图

10-6　图示均质杆 AB 长为 l，放在铅直平面内，杆的一端 A 靠在光滑的铅直墙上，另一端 B 放在光滑的水平地板上，并与水平面成角。此后，杆由静止状态倒下。求：①杆在任意位置时的角加速度和角速度；②当杆脱离墙时，此杆与水平面所夹的角。

10-7　如图所示，板的质量为 m_1，受水平力 $\boldsymbol{F}$ 作用，沿水平面运动，板与平面间的动摩擦因数为 f。在板上放一质量为 m_2 的均质实心圆柱，此圆柱对板只滚不滑。求板的加速度。

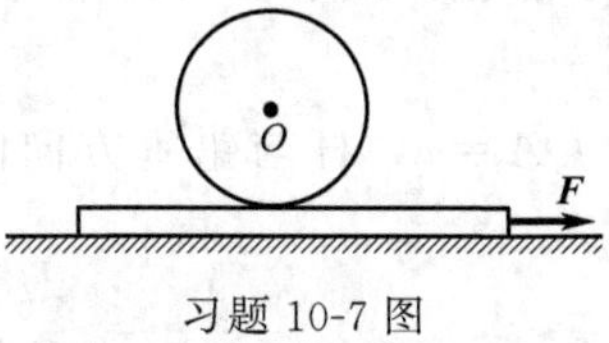

习题 10-7 图

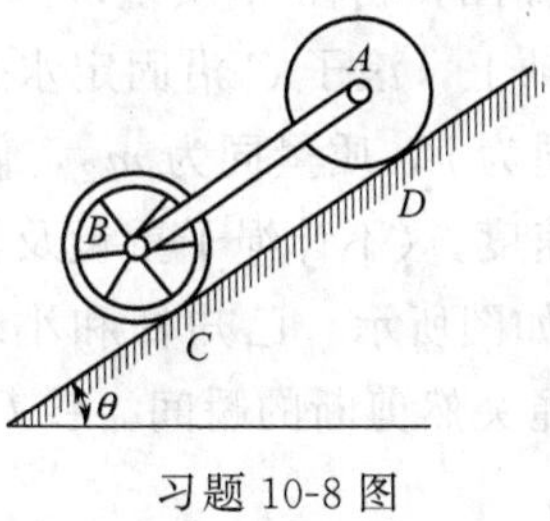

习题 10-8 图

10-8　均质实心圆柱体 A 和薄铁环 B 的质量均为 m，半径都等于 r，两者用杆 AB 铰接，无滑动的沿斜面滚下，斜面与水平面的夹角为 θ，如图所示。如杆的质量忽略不计，求杆 AB 的加速度和杆的内力。

10-9　半径为 r 的均质圆柱体的质量为 m，放在粗糙的水平面上，如图所示。设其质心 C 初速度 $\boldsymbol{v}_0$，方向水平向右，同时圆柱如图所示方向转动，其初角速度 ω_0，且有 $r\omega_0 < v_0$。如圆柱体与水平面的摩擦因数为 f，问经过多少时间，圆柱体才能只滚不滑地向前运动，并求该瞬时圆柱体中心的速度。

10-10　图示均质圆柱体的质量为 m，半径为 r，放在倾角为 60°的斜面上。一细绳缠绕在圆柱体上，其一端固定于点 A，此绳与点 A 相连部分与斜面平行。若圆柱体与斜面间的摩擦系数$\frac{1}{3}$求其中心沿斜面落下的加速度 $\boldsymbol{a}_C$。

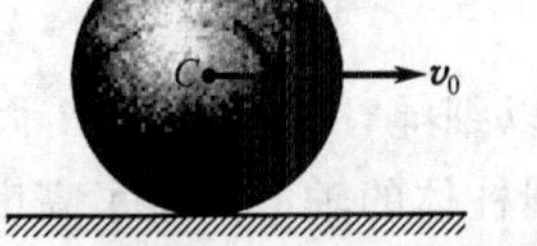

习题 10-9 图

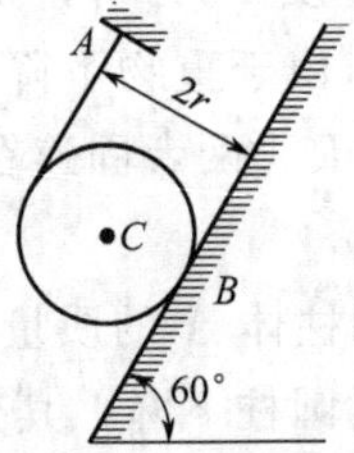

习题 10-10 图

10-11 均质圆柱体 A 和 B 的质量均为 m，半径均为 r，一绳缠在绕固定轴 O 转动的圆柱 A 上，绳的另一端绕在圆柱 B 上，直线绳段铅垂，如图所示。摩擦不计。求：①圆柱体 B 下落时质心的加速度；②若在圆柱体 A 上作用一逆时针转向，矩为 $\boldsymbol{M}$ 的力偶，试问在什么条件下圆柱体 B 的质心加速度将向上。

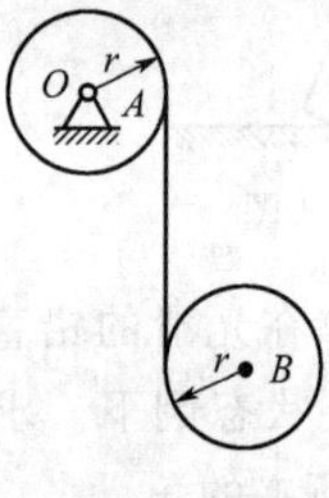

习题 10-11 图

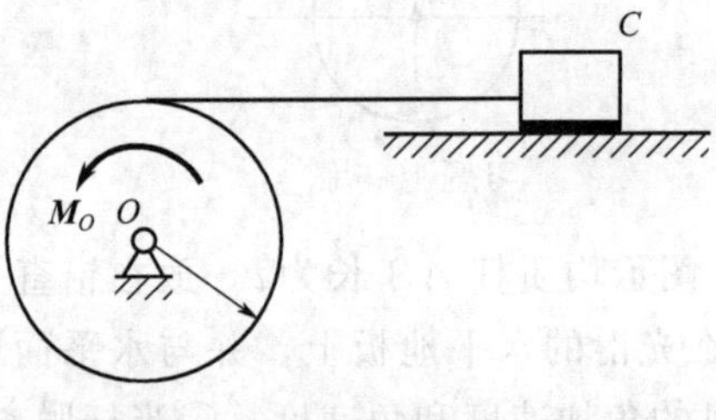

习题 10-12 图

10-12 如图，半径为 r，质量为 m_1 的均质圆柱体在转矩 $\boldsymbol{M}_O$ 的作用下绕水平轴 O 转动，拖动质量为 m_2 的重物 C，已知 C 与地面间的摩擦系数为 f，求 C 的加速度。

10-13 如图，物体 A 质量 m_1，挂在不可伸长的绳索上；绳索跨过定滑轮 B，另一端系在滚子 C 的轴上，滚子 C 沿固定水平面滚动而不滑动，已知滑轮 B 和滚子 C 是相同的匀质圆盘，半径同为 r，质量同为 m_2，假设系统在开始处于静止，试求物块 A 在下降高度 h 时的速度和加速度。(不计绳子重量及轴承 O 处摩擦)

10-14 如图所示，已知杆和小球的重量均为 G，$OA=l$，杆与铅垂方向的夹角为 φ。试求将 AD 绳突然剪断的瞬间，铰 O 的约束力。

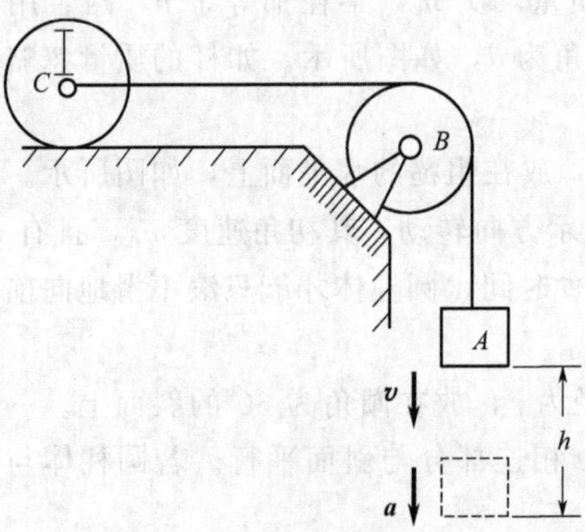

习题 10-13 图

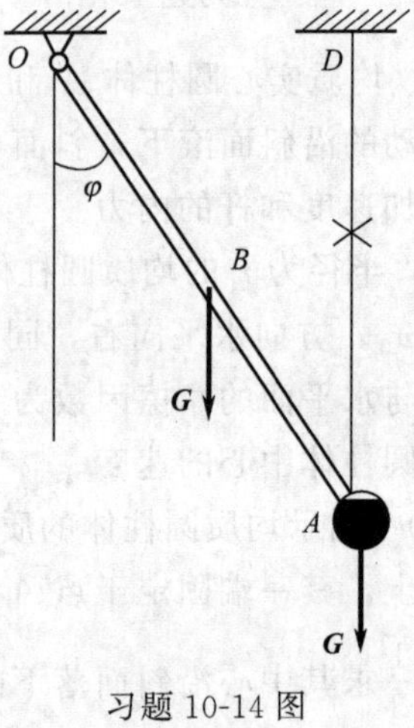

习题 10-14 图

10-15　如图，鼓轮的质量 $m_1=1800\text{kg}$，半径 $r=0.25\text{m}$，对轴的 O 的转动惯量 $I_0=85.3\text{kg}\cdot\text{m}^2$。现在鼓轮上作用驱动转矩 $M_0=7.43\text{kN}\cdot\text{m}$，来提升质量 $m_2=2700\text{kg}$ 的物体 A。试求物体 A 上升的加速度，绳索的拉力以及轴承 O 的反力。绳索的质量和轴承的摩擦都忽略不计。

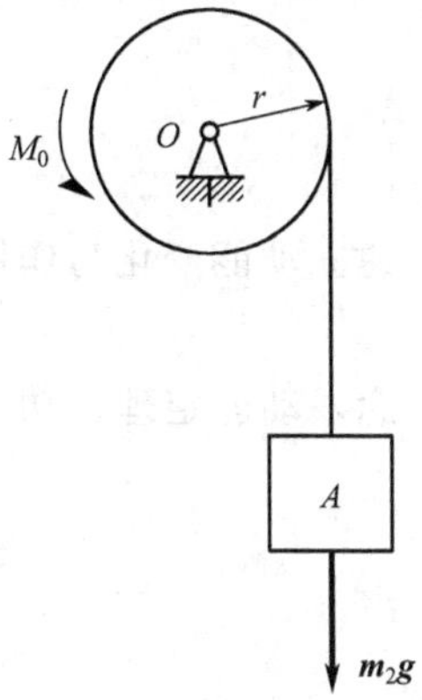

习题 10-15 图

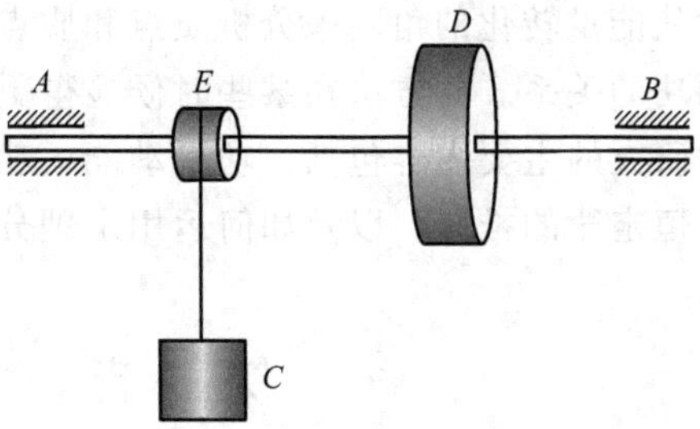

习题 10-16 图

10-16　如图，物体 D 被装在转动惯量测定器的水平轴 AB 上，该轴上还固连着半径是 r 的鼓轮 E；缠在鼓轮上细绳的下端挂着质量为 m 的物体 C。已知物体 C 被无初速的释放后，经过时间 t 秒落下的距离是 h；试求被测物体对转轴的转动惯量，已知轴 AB 连同鼓轮对自身轴线的转动惯量是 I_0。物体 D 的质心在轴线 AB 上，摩擦和空气阻力都忽略不计。

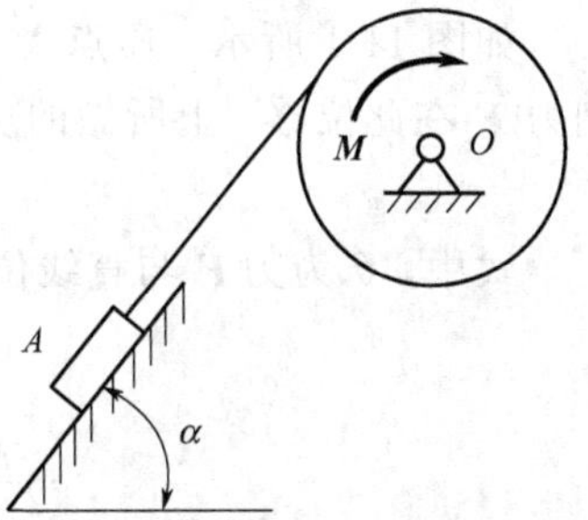

习题 10-17 图

10-17　图示送料卷扬机，半径为 R 的卷筒可以看作是均质圆柱体，它的重量为 P，可绕水平轴 O 转动。沿倾斜角为 α 的轨道提升的小车 A 连同矿料共重 Q，作用在卷筒上的主动力偶矩为 $\boldsymbol{M}$。设绳与斜面平行。不计绳自重和摩擦，求小车的加速度。

第十一章 动能定理

本章从能量转化的角度来分析质点和质点系的动力学问题，建立动能变化与作用于质点系上力的功的关系。此方法在某些时候显得更为方便和有效。

本章研究的主要内容包括：功、动能、功率和势能等基本概念，动能定理、功率方程和机械能守恒定律的推导，以及如何运用定理分析动力学问题。

第一节 力 的 功

一、常力的功

如图 11-1 所示。质点 M 在大小和方向都不变的力 $\boldsymbol{F}$ 作用下，沿直线走过一段位移 s。则力 $\boldsymbol{F}$ 在此位移 s 上所做的功为：

$$W=F\cos\theta \cdot s \tag{11-1}$$

式中，θ 为力 $\boldsymbol{F}$ 与直线位移 s 之间的夹角。

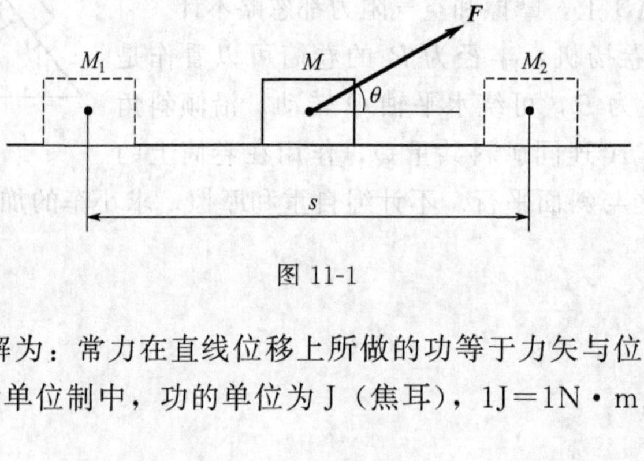

图 11-1

式(11-1) 也可理解为：常力在直线位移上所做的功等于力矢与位移矢的点积。

功是标量，在国际单位制中，功的单位为 J（焦耳），1J＝1N・m。

二、变力的功

如图 11-2 所示。在变力 $\boldsymbol{F}$ 作用下，某段时间内，质点 M 沿曲线从 M_1 运动到 M_2。在微段 ds 上，变力 $\boldsymbol{F}$ 可视为常量。则力 $\boldsymbol{F}$ 在微段 ds 上所做元功为：

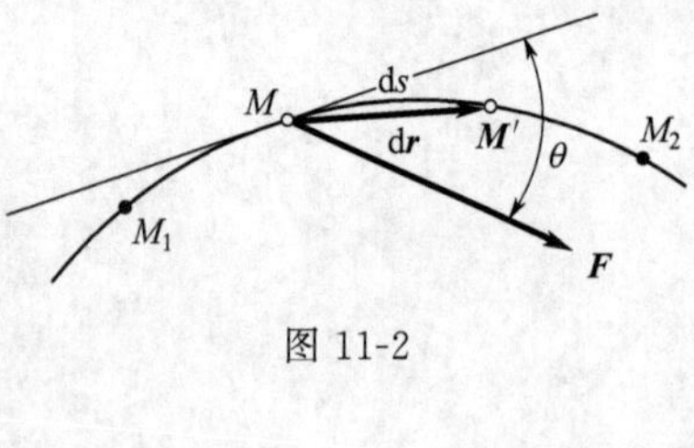

图 11-2

$$d'W=F\cos\theta ds \tag{11-2}$$

力的元功也可写成力矢与元位移的点积：

$$d'W=\boldsymbol{F}\cdot d\boldsymbol{r} \tag{11-3}$$

将力矢与元位移分别写成解析表达式的形式，有：

$$\boldsymbol{F}=F_x\boldsymbol{i}+F_y\boldsymbol{j}+F_z\boldsymbol{k},\ d\boldsymbol{r}=dx\boldsymbol{i}+dy\boldsymbol{j}+dz\boldsymbol{k} \tag{11-4}$$

变力 $\boldsymbol{F}$ 从 M_1 到 M_2 的过程中所做的功为：

$$W_{12}=\int_{M_1}^{M_2}\boldsymbol{F}\cdot\mathrm{d}\boldsymbol{r}=\int_{M_1}^{M_2}(F_x\mathrm{d}x+F_y\mathrm{d}y+F_z\mathrm{d}z) \tag{11-5}$$

三、几种常见力的功

1. 重力的功

如图 11-3 所示。设质量为 m 的质点沿曲线由 M_1 运动到 M_2，应用式(11-5)，则重力在此过程中所做的功为：

$$W_{12}=\int_{M_1}^{M_2}-mg\mathrm{d}z=mg(z_1-z_2) \tag{11-6}$$

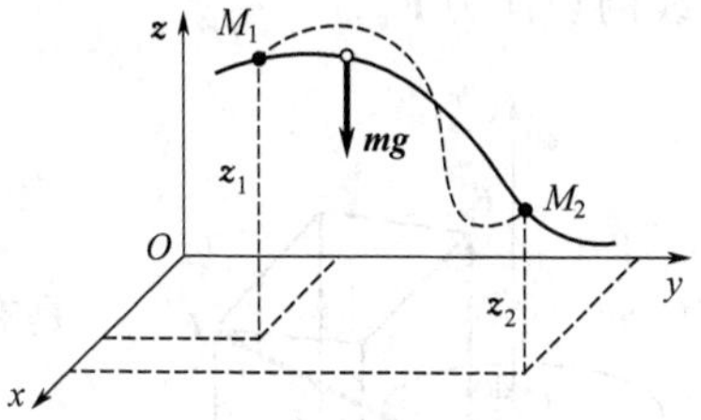

图 11-3

可见重力的功取决于重力大小和质点初始和终了位置，而与质点的运动轨迹无关。

对于质点系，对每个质点应用式(11-6)并求和，有：

$$\begin{aligned}W_{12}&=\sum W_{i12}=\sum m_ig(z_{i1}-z_{i2})\\&=mg(z_{C1}-z_{C2})\end{aligned} \tag{11-7}$$

质心下降，重力做正功；质心上升，重力做负功。质点系重力做功仍与质心运动的轨迹形状无关。

2. 弹性力的功

如图 11-4 所示，一刚度系数为 k 的弹簧，自然长度为 l_0，其一端固定于点 O，另一端 M 与物体相连接。设点 M 沿任意路径由 M_1 运动至 M_2，则在此过程中任意位置点 M 处，弹簧作用于物体上的弹性力 $\boldsymbol{F}$ 为：

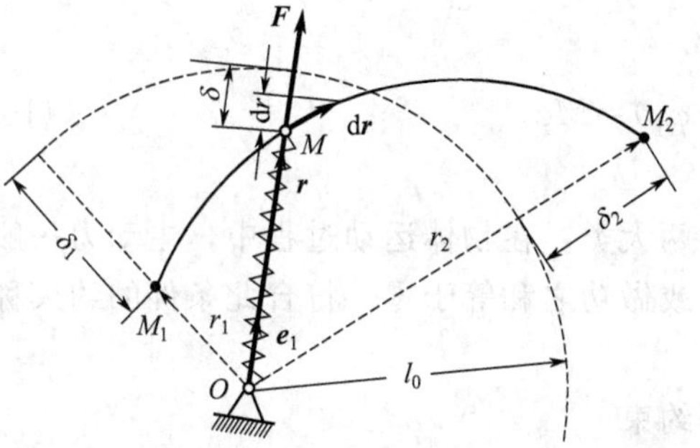

图 11-4

$$\boldsymbol{F}=-k(r-l_0)\boldsymbol{e}_r \tag{11-8}$$

式中，$\boldsymbol{e}_r$ 为沿着矢径方向的单位矢量，$\boldsymbol{e}_r=\dfrac{\boldsymbol{r}}{r}$。

应用式(11-5)，点 M 由 M_1 至 M_2 时，弹性力做功为：

$$W_{12}=\int_{M_1}^{M_2}\boldsymbol{F}\cdot\mathrm{d}\boldsymbol{r}=\int_{M_1}^{M_2}-k(r-l_0)\boldsymbol{e}_r\cdot\mathrm{d}\boldsymbol{r} \tag{11-9}$$

因为

$$\boldsymbol{e}_r\cdot\mathrm{d}\boldsymbol{r}=\frac{\boldsymbol{r}}{r}\cdot\mathrm{d}\boldsymbol{r}=\frac{1}{2r}\mathrm{d}(\boldsymbol{r}\cdot\boldsymbol{r})=\frac{1}{2r}\mathrm{d}(r^2)=\mathrm{d}r \tag{11-10}$$

所以

$$W_{12}=\int_{r_1}^{r_2}-k(r-l_0)\mathrm{d}r=\frac{k}{2}[(r_1-l_0)^2-(r_2-l_0)^2] \tag{11-11}$$

考虑到 $\delta_1=r_1-l_0$ 为弹簧在 M_1 处的初变形，$\delta_2=r_2-l_0$ 为弹簧在 M_2 处的末变形，故式(11-11)可写成：

$$W_{12}=\frac{k}{2}(\delta_1^2-\delta_2^2) \tag{11-12}$$

由此可见，弹性力做功仅与弹簧在初始和终了位置时的变形量有关，而与力作用点 M 的轨迹形状无关。即弹性力的功与力作用点的轨迹无关，而仅取决于其初始和终了的位置。

3. 作用于定轴转动刚体上力及力偶的功

如图 11-5 所示。设刚体绕定轴 Oz 转动，力 $\boldsymbol{F}$ 作用于其上的 M 点。可见，M 点的轨迹是半径 $R=CM$ 的圆。将力 $\boldsymbol{F}$ 沿径向（主法线）、轴向（副法线）和周向（切线）三个方向分解得三个正交分力，即沿半径方向的径向力 $\boldsymbol{F}_{\mathrm{r}}$，平行于 z 轴的轴向力 $\boldsymbol{F}_z$ 和沿 M 点轨迹切线的切向力 $\boldsymbol{F}_{\mathrm{t}}$。

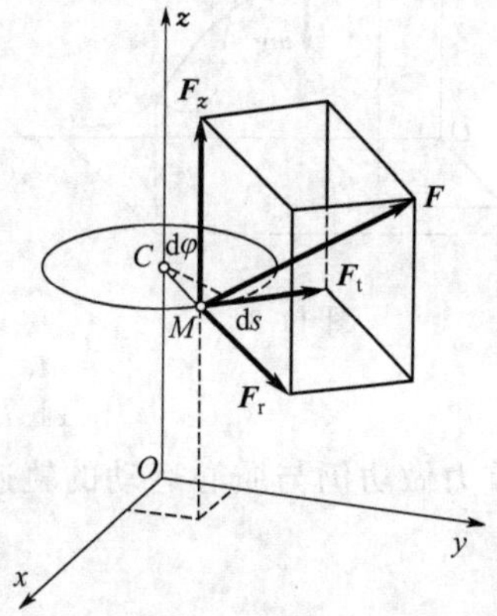

图 11-5

当刚体有一微小转角 $\mathrm{d}\varphi$ 时，$\mathrm{d}s=R\mathrm{d}\varphi$。力 $\boldsymbol{F}$ 的元功为：

$$\mathrm{d}'W=\boldsymbol{F}\cdot\mathrm{d}\boldsymbol{r}=F_{\mathrm{t}}\mathrm{d}s=F_{\mathrm{t}}R\mathrm{d}\varphi \tag{11-13}$$

式(11-13) 中，$F_{\mathrm{t}}R$ 等于力 $\boldsymbol{F}$ 对于 z 轴的矩 M_z，于是有：

$$\mathrm{d}'W=M_z\mathrm{d}\varphi \tag{11-14}$$

力 $\boldsymbol{F}$ 在刚体从角 φ_1 转到 φ_2 过程中所做的功为：

$$W_{12}=\int_{\varphi_1}^{\varphi_2}M_z\mathrm{d}\varphi \tag{11-15}$$

若刚体上作用有一力偶 M，其作用面垂直 z 轴，则其对 z 的矩 $M_z=M$。于是，当刚体转过一角度时，力偶所做的功为：

$$W_{12}=\int_{\varphi_1}^{\varphi_2}M\mathrm{d}\varphi \tag{11-16}$$

若力偶矩 M 是常量，则式(11-16) 简化为：

$$W_{12}=M(\varphi_2-\varphi_1)=M\varphi \tag{11-17}$$

4. 几类常见约束力的功

作用于物体上的力，可分为主动力和约束力两大类。在物体运动过程中，主动力一般都做功，而在许多理想情况下，约束力或不做功，或做功之和等于零。符合此条件的约束称为**理想约束**。下面介绍几类常见的理想约束。

(1) 光滑支承面、固定铰支座、滚动支座等约束

如图 11-6 所示。此类约束的约束力总是与其作用点的元位移相垂直。所以，这类约束力的功为零。

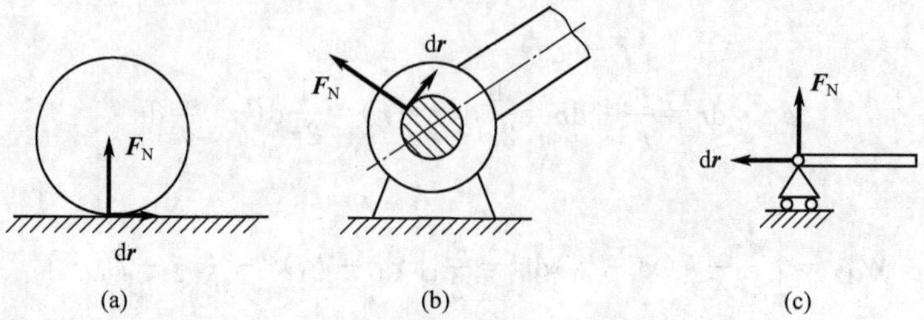

图 11-6

(2) 光滑铰链、不可伸长的绳索、刚性二力杆等约束

如图 11-7 所示。此类约束中的一对约束力大小相等，力作用点元位移在力作用线上投

影也相同，但其中一个与力方向相同，另一个与力方向相反。由此可见，单个的约束力不一定不做功，但一对约束力做功之和等于零。故此类约束也是理想约束。

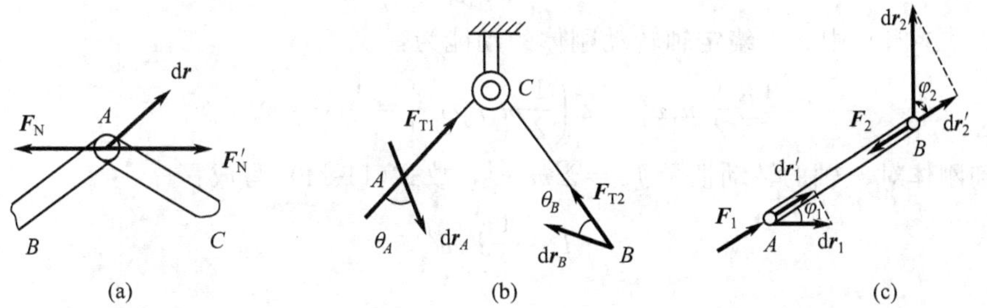

图 11-7

(3) 刚体沿固定支承面做纯滚动

如图 11-8 所示。当刚体沿固定支承面作纯滚动时，在接触点处存在有静滑动摩擦力，其元功为：

$$d'W = \boldsymbol{F}_S \cdot \boldsymbol{v}_C dt \tag{11-18}$$

由于点 C 为刚体的速度瞬心，故 $v_C = 0$，所以有：

$$d'W = 0 \tag{11-19}$$

即刚体沿固定支承面作纯滚动时，滑动摩擦力的功等于零。

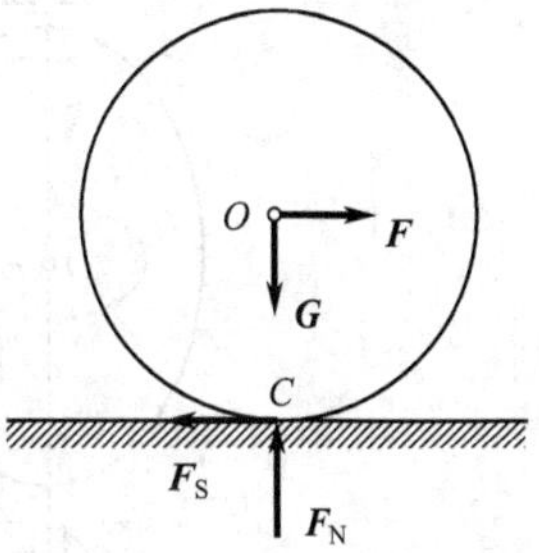

图 11-8

第二节 质点和质点系的动能

一、质点的动能

设质点的质量为 m，速度大小为 v，则该质点的动能为：

$$\frac{1}{2}mv^2 \tag{11-20}$$

显然动能恒为正值。在国际单位制中，动能的单位为 J（焦耳）。

二、质点系的动能

质点系中所有质点的动能之和即为该质点系的动能，记作 T：

$$T = \sum \frac{1}{2} m_i v_i^2 \tag{11-21}$$

在实际问题中，需根据刚体的具体运动形式写出其动能。以下就刚体作平移、定轴转动和平面运动，分别给出其相应的动能表达式。

1. 平移刚体的动能

在某一瞬时，平移刚体上各点的速度都相同，如以质心速度 v_C 表示刚体上各点速度，则平移刚体的动能可表示为：

$$T = \sum \frac{1}{2} m_i v_i^2 = \frac{1}{2} v_C^2 \cdot \sum m_i = \frac{1}{2} m v_C^2 \tag{11-22}$$

2. 定轴转动刚体的动能

如图 11-9 所示，刚体以角速度 ω 绕 z 轴转动，其上任一质点 m_i 的速度为：

$$v_i = r_i\omega \tag{11-23}$$

代入式(11-21) 中，得绕定轴转动刚体的动能为：

$$T=\sum\frac{1}{2}m_iv_i^2=\sum\left(\frac{1}{2}m_ir_i^2\omega^2\right)=\frac{1}{2}\omega^2\cdot\sum m_ir_i^2 \tag{11-24}$$

考虑到刚体对 z 轴的转动惯量 $J_z=\sum m_ir_i^2$，故式(11-24) 写成：

$$T=\frac{1}{2}J_z\omega^2 \tag{11-25}$$

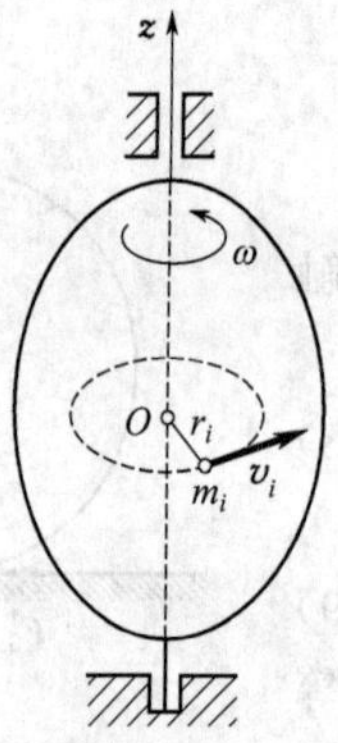

图 11-9

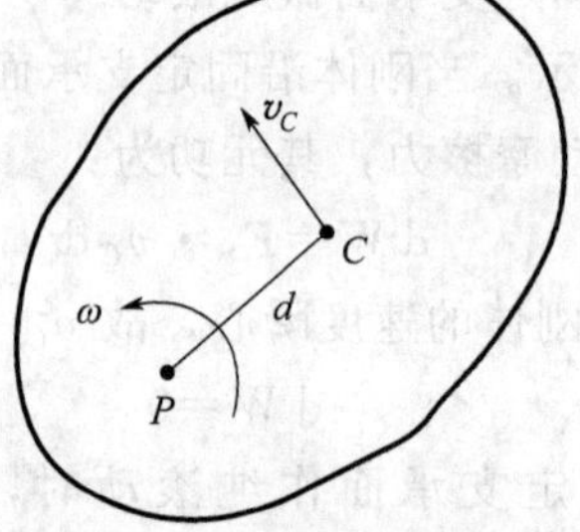

图 11-10

3. 平面运动刚体的动能

刚体做平面运动，其运动分解有两种形式：①将刚体视为绕速度瞬心的瞬时转动；②将刚体视为随基点的平移和绕基点的转动（此处，选取质心作为基点）。与运动分解相对应，平面运动刚体的动能也存在两种形式。

如图 11-10 所示，设平面运动刚体瞬时角速度为 ω，质心为点 C，速度瞬心为点 P，刚体对瞬时转轴（通过速度瞬心 P 而垂直于运动平面的轴线）的转动惯量为 J_P。

根据第一种运动分解，平面运动刚体的动能可采用式(11-25) 计算，即：

$$T=\frac{1}{2}J_P\omega^2 \tag{11-26}$$

式(11-26) 即为平面运动刚体动能的第一种表达形式。应当注意，因为瞬时转轴相对于刚体的位置并不固定，一般情况下 J_P 值随时间是变化的。

对于第二种运动分解，具体说明如下。

依据计算转动惯量的平行轴定理，有：

$$J_P=J_C+md^2 \tag{11-27}$$

代入式(11-26) 中，有：

$$T=\frac{1}{2}J_P\omega^2=\frac{1}{2}(J_C+md^2)\omega^2=\frac{1}{2}J_C\omega^2+\frac{1}{2}m(d\cdot\omega)^2 \tag{11-28}$$

又因为 $d\cdot\omega=v_C$，于是得平面运动刚体动能的另一种表达形式：

$$T=\frac{1}{2}mv_C^2+\frac{1}{2}J_C\omega^2 \tag{11-29}$$

即平面运动刚体的动能，等于随质心平移的动能与绕质心转动的动能之和。

第三节　动能定理

一、质点的动能定理

取质点运动微分方程的矢量形式：

$$m\frac{\mathrm{d}\boldsymbol{v}}{\mathrm{d}t}=\boldsymbol{F} \tag{11-30}$$

在方程两边同时点乘 d$\boldsymbol{r}$，有：

$$m\frac{\mathrm{d}\boldsymbol{v}}{\mathrm{d}t}\cdot\mathrm{d}\boldsymbol{r}=\boldsymbol{F}\cdot\mathrm{d}\boldsymbol{r} \tag{11-31}$$

上式可写成 $m\boldsymbol{v}\cdot\mathrm{d}\boldsymbol{v}=\boldsymbol{F}\cdot\mathrm{d}\boldsymbol{r}$，进一步整理为

$$\mathrm{d}\left(\frac{1}{2}mv^2\right)=\mathrm{d}'W \tag{11-32}$$

式(11-32) 即为质点动能定理的微分形式。积分式(11-32)，得：

$$\frac{1}{2}mv_2^2-\frac{1}{2}mv_1^2=W_{12} \tag{11-33}$$

这就是质点动能定理的积分形式。其含义为：质点动能在某一过程中的改变，等于作用于质点上的力在此过程中所做的功。力做正功，质点动能增加；力做负功，质点动能减小。

二、质点系的动能定理

将质点动能定理的微分形式应用于质点系内任一质点 i，有：

$$\mathrm{d}\left(\frac{1}{2}m_iv_i^2\right)=\mathrm{d}'W_i \tag{11-34}$$

把对于所有质点所列的方程相加，得：

$$\Sigma\mathrm{d}\left(\frac{1}{2}m_iv_i^2\right)=\Sigma\mathrm{d}'W_i \tag{11-35}$$

变换求和与微分顺序，有：

$$\mathrm{d}\left[\Sigma\left(\frac{1}{2}m_iv_i^2\right)\right]=\Sigma\mathrm{d}'W_i \tag{11-36}$$

又因为 $T=\Sigma\frac{1}{2}m_iv_i^2$，故式(11-36) 可写成：

$$\mathrm{d}T=\Sigma\mathrm{d}'W_i \tag{11-37}$$

式(11-37) 即为质点系动能定理的微分形式。对式(11-37) 积分，有：

$$T_2-T_1=\Sigma W_i \tag{11-38}$$

这就是质点系动能定理的积分形式。其含义为：质点系在某一过程中动能的改变，等于作用于质点系的全部力在此过程中所做功的和。

【例 11-1】 一半径为 R 的滚子，重量为 $\boldsymbol{P}$。在常力 $\boldsymbol{F}$ 作用下由静止开始沿斜面向上作无滑动的滚动，如图 11-11 所示。设斜面与水平面间夹角为 θ，力 $\boldsymbol{F}$ 作用于滚子的中心 C，其方向与斜面成 φ 角。若滚子可视为匀质圆柱，试求当滚子中心 C 沿斜面经过路程 s 时滚子的角速度 ω。

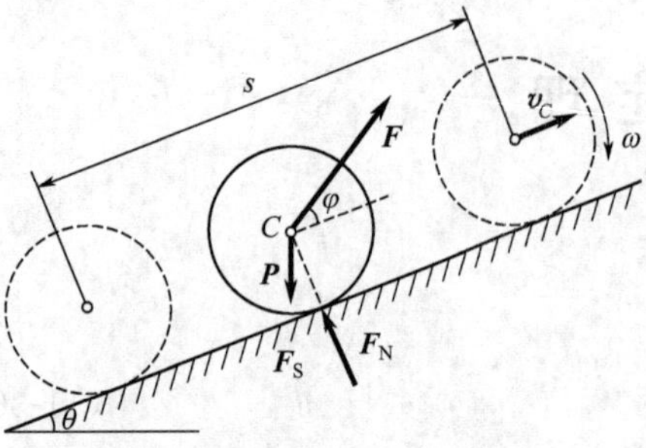

图 11-11

解　以滚子为研究对象，受力分析如图所示。初始时刻，滚子静止，其动能 $T_1=0$。

终了时刻，其动能表达式为：

$$T_2=\frac{1}{2}\times\frac{P}{g}v_C^2+\frac{1}{2}J_C\omega^2$$

将滚子视为匀质圆柱，故对质心轴的转动惯量 $J_C=\frac{1}{2}\times\frac{P}{g}R^2$。又滚子沿斜面作无滑动的滚动，所以 $v_C=r\omega$。代入上式并整理得：

$$T_2=\frac{3}{4}\frac{P}{g}R^2\omega^2$$

在滚子运动过程中，常力 **F** 做正功，大小为 $Fs\cos\varphi$；重力 **P** 做负功，其值为 $-Ps\sin\theta$。斜面的法向反力 $\boldsymbol{F}_N$ 和纯滚动时的静滑动摩擦力 $\boldsymbol{F}_S$ 均为理想约束，做功均等于零。

应用动能定理 $T_2-T_1=\sum W_i$，可得：

$$\frac{3}{4}\frac{P}{g}R^2\omega^2-0=Fs\cos\varphi-Ps\sin\theta$$

解得

$$\omega=\frac{1}{R}\sqrt{\frac{4sg}{3P}(F\cos\varphi-P\sin\theta)}$$

【例 11-2】　卷扬机鼓轮在常力偶 M 作用下将圆柱由静止沿斜坡上拉，斜坡的倾角为 θ，圆柱沿斜坡作无滑动的滚动。如图 11-12 所示。若鼓轮的半径为 R_1，质量为 m_1，质量分布在轮缘上；圆柱的半径为 R_2，质量为 m_2，质量均匀分布。求圆柱中心 C 经过路程 s 时的速度与加速度。

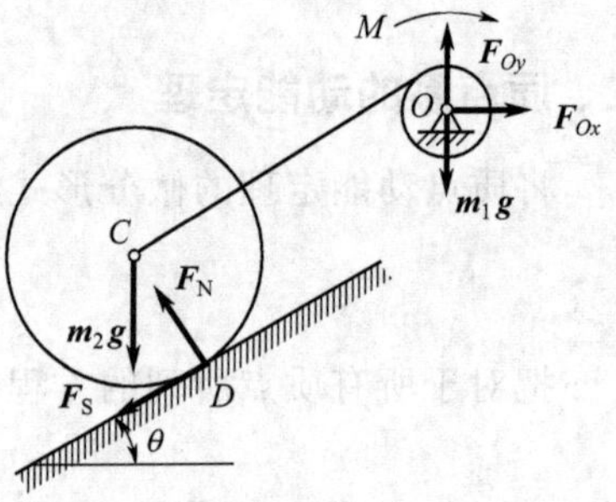

图 11-12

解　取圆柱与鼓轮作为研究对象，受力分析如图所示。

初始时刻，系统静止，动能 $T_1=0$。

终了时刻，设圆柱中心 C 点速度为 v_C，鼓轮与圆柱的角速度分别为 ω_1 和 ω_2，则系统的动能为：

$$T_2=\frac{1}{2}J_1\omega_1^2+\frac{1}{2}m_2v_C^2+\frac{1}{2}J_C\omega_2^2$$

将 $J_1=m_1R_1^2$，$J_C=\frac{1}{2}m_2R_2^2$，$\omega_1=\frac{v_C}{R_1}$，$\omega_2=\frac{v_C}{R_2}$ 代入上式，有：

$$T_2=\frac{1}{4}(2m_1+3m_2)v_C^2$$

对于作用于鼓轮上的外力：因为 O 处为固定铰支座（理想约束），故 $\boldsymbol{F}_{Ox}$，$\boldsymbol{F}_{Oy}$ 不做功；又 O 点无位移，所以重力 m_1g 做功也为零；常力偶 M 做正功，大小为 $M\varphi$，其中 $\varphi=\frac{s}{R_1}$。

对于作用在圆柱上的外力：斜面的法向反力 $\boldsymbol{F}_N$ 和纯滚动时的静滑动摩擦力 $\boldsymbol{F}_S$ 均为理想约束，做功均等于零；重力 $\boldsymbol{m_2g}$ 做负功，其值为 $-m_2g\cdot s\cdot\sin\theta$。

应用动能定理 $T_2-T_1=\sum W_i$，可得：

$$\frac{1}{4}(2m_1+3m_2)v_C^2-0=M\varphi-m_2g\sin\theta\cdot s$$

将 $\varphi=\frac{s}{R_1}$ 代入，解得：

$$v_C=2\sqrt{\frac{M-m_2gR_1\sin\theta}{(2m_1+3m_2)R_1}s}$$

因为动能定理的表达式对于运动过程中任一时刻均成立．即速度 v_C 与路程 s 都是时间的函数，将表达式的两端同时对时间求一阶导数，有：

$$\frac{1}{2}(2m_1+3m_2)v_Ca_C=\frac{M-m_2gR_1\sin\theta}{R_1}v_C$$

解得圆柱中心 C 的加速度为：

$$a_C=\frac{2(M-m_2gR_1\sin\theta)}{(2m_1+3m_2)R_1}$$

第四节　功率、功率方程及机械效率

一、功率

在工程中，不仅需要知道力做功的多少，有时还需要知道力做功的快慢程度。力在单位时间内所做的功称为功率，以 P 来表示。

如果力 $\boldsymbol{F}$ 在时间 $\mathrm{d}t$ 内所做的元功为 $\mathrm{d}'W$，则该力的功率为：

$$P=\frac{\mathrm{d}'W}{\mathrm{d}t} \tag{11-39}$$

将 $\mathrm{d}'W=\boldsymbol{F}\cdot\mathrm{d}\boldsymbol{r}$ 代入式(11-39)，得：

$$P=\boldsymbol{F}\cdot\frac{\mathrm{d}\boldsymbol{r}}{\mathrm{d}t}=\boldsymbol{F}\cdot\boldsymbol{v}=F_\mathrm{t}v \tag{11-40}$$

式(11-40) 表明：力的功率等于力矢与其作用点速度矢的点积，也等于切向力与力作用点速度的乘积。

在国际单位制中，功率的单位为 W（瓦）（W=J/s）或 kW（千瓦）。

对于作用在定轴转动刚体上力的功率，只需将 $\mathrm{d}'W=M_z\mathrm{d}\varphi$ 代入式(11-39)，有

$$P=\frac{\mathrm{d}'W}{\mathrm{d}t}=M_z\frac{\mathrm{d}\varphi}{\mathrm{d}t}=M_z\omega \tag{11-41}$$

即作用在定轴转动刚体上力的功率，等于该力对转轴的矩与刚体转动角速度的乘积。对于作用在定轴转动刚体上常力偶的功率，具有相同的形式。

二、功率方程

取质点系动能定理的微分形式，两端除以 $\mathrm{d}t$，得：

$$\frac{\mathrm{d}T}{\mathrm{d}t}=\sum\frac{\mathrm{d}'W}{\mathrm{d}t}=\sum P_i \tag{11-42}$$

式(11-42) 即为**功率方程**。其含义为：质点系动能对时间的一阶导数，等于作用于质点

系的所有力功率的代数和。

对于一部机器而言，外界提供的功率为输入功率 $P_{输入}$，其中一部分功率使设备运转 $\frac{dT}{dt}$，用于完成规定工作的那部分功率称为**有用功率**或**输出功率** $P_{有用}$，在此过程中损失的那部分功率称为**无用功率**或**损耗功率** $P_{无用}$。故功率方程可以写成如下形式：

$$P_{输入}=\frac{dT}{dt}+P_{有用}+P_{无用} \tag{11-43}$$

三、机械效率

工程中，把有效功率与输入功率的比值，称为机器的机械效率，用 η 表示。其中，有效功率 $P_{有效}=P_{有用}+\frac{dT}{dt}$。故机械效率可表示为：

$$\eta=\frac{P_{有效}}{P_{输入}}=\frac{P_{有用}+\frac{dT}{dt}}{P_{输入}} \tag{11-44}$$

机械效率 η 表明机器对输入功率的有效利用程度，它是评价机器质量好坏的指标之一。显然，一般情况下 $\eta<1$。

第五节　势力场、势能及机械能守恒定律

一、势力场与势能

物体在某空间的任一位置都受到大小、方向完全确定的力，则称该空间为力场。物体在力场内运动，作用于物体上的力所做的功如果仅与力作用点的初始和终了位置有关，而与该点运动的轨迹形状无关，则称这种力场为**势力场**或**保守力场**。常见的势力场有重力场、弹性力场和万有引力场。在势力场中物体所受的力，称为**有势力**或**保守力**。

引入势能的概念来描述势力场对质点做功的能力，用符号 V 表示。具体做法为：在力场中任意选定某点 M_0 处势能为零，称点 M_0 为零势能点。质点从其他点 M 运动到零势能点 M_0 过程中有势力所做的功，称为质点在点 M 处相对于点 M_0 的势能。在势力场中，质点的势能是一个相对值，其值随零势能点位置的不同而不同。势能的计算公式为：

$$V=\int_{M}^{M_0}\boldsymbol{F}\cdot d\boldsymbol{r}=\int_{M}^{M_0}(F_x dx+F_y dy+F_z dz) \tag{11-45}$$

现就常见的势力场计算其势能。

1. 重力场中的势能

以铅垂轴作为 z 轴，选取 z_0 点为零势能点。质点从 z 坐标处运动至 z_0 处重力所做的功即为质点在 z 坐标处所具有的势能：

$$V=\int_{z}^{z_0}-mg\,dz=mg(z-z_0) \tag{11-46}$$

2. 弹性力场中的势能

对于刚度系数为 k 的弹簧，令其一端固定，另一端与物体连接。选取变形量 δ_0 处为零势能点，则变形量为 δ 处弹簧所具有的势能为：

$$V=\frac{k}{2}(\delta^2-\delta_0^2) \tag{11-47}$$

如选取弹簧的自然位置为零势能点，则有 $\delta_0=0$，于是得：

$$V=\frac{k}{2}\delta^2 \tag{11-48}$$

3. 万有引力场中的势能

设质量为 m_1 的质点受质量为 m_2 的物体的万有引力作用，如图 11-13 所示。取点 M_0 处为零势能点，则质点 m_1 在点 M 处所具有的势能为：

$$V=\int_M^{M_0}\boldsymbol{F}\cdot \mathrm{d}\boldsymbol{r}=\int_M^{M_0}-\frac{fm_1m_2}{r^2}\boldsymbol{e}_r\cdot \mathrm{d}\boldsymbol{r} \tag{11-49}$$

式中，f 为万有引力常数。

与推导弹性力做功相类似，式(11-49) 化简为：

$$V=\int_r^{r_0}-\frac{fm_1m_2}{r^2}\mathrm{d}r=fm_1m_2\left(\frac{1}{r_0}-\frac{1}{r}\right) \tag{11-50}$$

若取无穷远处为零势能点，式(11-50) 可简化为：

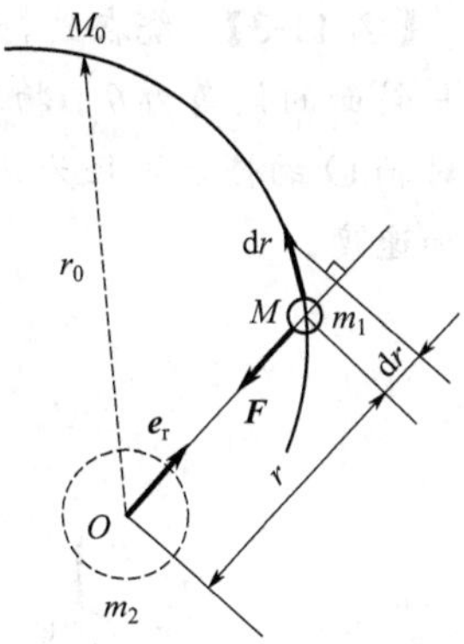

图 11-13

$$V=-\frac{fm_1m_2}{r} \tag{11-51}$$

二、机械能守恒定律

质点系的动能与势能之和称为质点系的机械能。如图 11-14 所示。设质点系在某运动过程初始时刻 M_1 处的动能为 T_1，终了时刻 M_2 处的动能为 T_2，则由动能定理有：

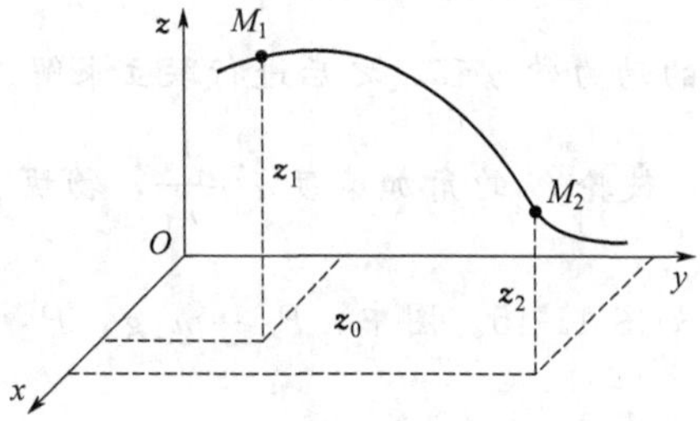

图 11-14

$$T_2-T_1=\sum W_i \tag{11-52}$$

若运动过程中仅有有势力做功，任取一 z_0 位置为零势能点（图中，$z_0=0$），则质点系从 M_1 处运动至 M_2 处有势力做功 $\sum W_i=V_1-V_2$，代入式(11-52) 并整理，得：

$$T_2+V_2=T_1+V_1 \tag{11-53}$$

式(11-53) 表明：如果质点系仅受有势力作用，则在运动过程中其机械能保持不变。这个结论就是**机械能守恒定律**。

仅在有势力作用下的质点系称为**保守系统**。显然，保守系统的机械能是保持不变的。如除有势力外，质点系还受其他非有势力（如摩擦阻力、发动机驱动力等）作用，当这些非有势力做功之和不为零时，质点系的机械能将会发生改变。

第六节　动力学普遍定理的综合应用

动力学普遍定理包括**动量定理**、**动量矩定理**和**动能定理**。这些定理从不同角度揭示了质点、质点系的运动变化与作用力之间的关系。例如：动量定理建立了动量变化与外力主矢的关系；动量矩定理建立了动量矩的变化与外力主矩的关系；动能定理建立了动能的变化与力的功之间的关系。由此可见，这些定理均是从某一方面提供了求解动力学问题的有效方法。针对不同的问题，要根据题目自身的特点，选用适当的定理进行求解。

对于某些动力学问题，可以采用不同的定理进行求解，即所谓的“一题多解”。还有一些较为复杂的动力学问题，往往采用一个定理不能求解出全部未知量，而需要将若干定理进行联合求解。这就是动力学普遍定理的综合应用。下面举例加以说明。

【例 11-3】 绕在鼓轮 C 上的绳子，两端分别连接物块 A 及物块 B，如图 11-15 所示。已知斜面的倾角为 θ，物块 A 的质量为 m_1，物块 B 的质量为 m_2，鼓轮 C 的质量为 m_3，鼓轮对轴 O 的惯性半径为 ρ，绳子通过物块 B 的质心，不计各处摩擦。试求物块 A 向下运动的加速度。

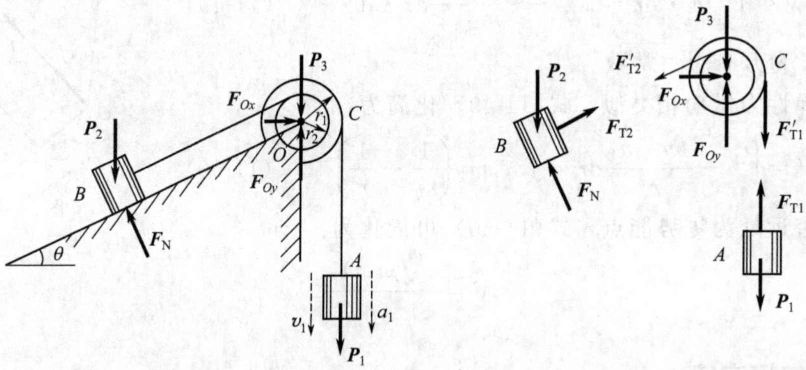

图 11-15

解 此问题可以采用多种方法进行求解。

方法 1： 将系统拆开，对于三个物体分别写出相应的动力学方程，之后进行联立求解。

设物块 A 向下的加速度为 a_1。由运动学知识可知，鼓轮 C 的角加速度 $\alpha=\dfrac{a_1}{r_1}$，物块 B 的加速度为 $a_2=r_2\alpha=\dfrac{r_2}{r_1}a_1$。三个物体拆开之后的受力如图 11-15。图中，$P_1=m_1g$，$P_2=m_2g$，$P_3=m_3g$。

对于物块 A，有 $m_1a_1=P_1-F_{T1}$

对于物块 B，有 $m_2a_2=F_{T2}-P_2\sin\theta$

对于鼓轮 C，有 $m_3\rho^2\alpha=F'_{T1}r_1-F'_{T2}r_2$

将各条件代入以上三式，联立解得：

$$a_1=\frac{(m_1r_1-m_2r_2\sin\theta)r_1g}{m_1r_1^2+m_2r_2^2+m_3\rho^2}$$

方法 2： 将系统作为研究对象，采用动能定理求解

设系统初始静止，物块 A 向下运动位移 s_1 时的速度为 v_1。由运动学知识可知，鼓轮 C 的角速度 $\omega=\dfrac{v_1}{r_1}$，物块 B 的速度为 $v_2=r_2\omega=\dfrac{r_2}{r_1}v_1$，物块 B 向上运动的位移为 $s_2=\dfrac{r_2}{r_1}s_1$。系统的受力如图 11-15。

初始时刻 $T_1=0$

终了时刻 $T_2=\frac{1}{2}m_1v_1^2+\frac{1}{2}m_2v_2^2+\frac{1}{2}m_3\rho^2\omega^2$

在此过程中，对于系统外力，做功的仅有 $\boldsymbol{P}_1$ 和 $\boldsymbol{P}_2$。其中 $\boldsymbol{P}_1$ 做正功 $\boldsymbol{P}_1s_1$，$\boldsymbol{P}_2$ 做负功 $-P_2s_2\sin\theta$。

由动能定理 $T_2-T_1=\sum W_i$，得：

$$\frac{1}{2}m_1v_1^2+\frac{1}{2}m_2v_2^2+\frac{1}{2}m_3\rho^2\omega^2-0=P_1s_1-P_2s_2\sin\theta$$

把各条件代入，并将上式两边同时对时间求导，同样得：

$$a_1=\frac{(m_1r_1-m_2r_2\sin\theta)r_1g}{m_1r_1^2+m_2r_2^2+m_3\rho^2}$$

方法 3：将系统作为研究对象，采用动量矩定理求解

设物块 A 向下运动的速度为 v_1。由运动学知识可知，鼓轮 C 的角速度 $\omega=\frac{v_1}{r_1}$，物块 B 的速度为 $v_2=r_2\omega=\frac{r_2}{r_1}v_1$。系统的受力如图 11-15。

系统对于 O 轴的动量矩为（取顺时针为正）

$$L_O=m_1v_1r_1+m_2v_2r_2+m_3\rho^2\omega$$

将各条件代入，有：

$$L_O=(m_1r_1^2+m_2r_2^2+m_3\rho^2)v_1/r_1$$

系统外力对 O 轴取矩，有：

$$\sum M_O(\boldsymbol{F}_i^e)=P_1r_1-P_2r_2\sin\theta=(m_1r_1-m_2r_2\sin\theta)g$$

由动量矩定理 $\frac{\mathrm{d}L_O}{\mathrm{d}t}=\sum M_O(\boldsymbol{F}_i^e)$，同样得：

$$a_1=\frac{(m_1r_1-m_2r_2\sin\theta)r_1g}{m_1r_1^2+m_2r_2^2+m_3\rho^2}$$

【例 11-4】 均质细杆 AB 的质量为 m，长度为 l，静止直立于光滑水平面上。如图 11-16 所示。当杆受微小干扰而倒下时，求其刚刚到达地面时的角速度和地面约束力。

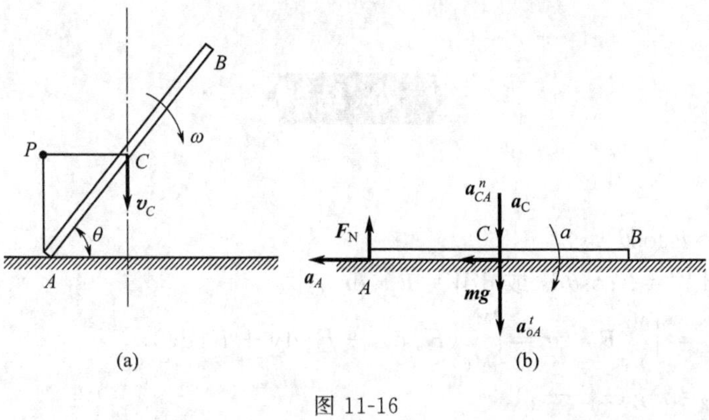

图 11-16

解　① 求解角速度。由于地面光滑，故在杆下滑过程中，水平方向始终不受力。由质心运动守恒定律知，在此过程中质心 C 将沿铅垂线向下运动。

AB 杆初始静止，有 $T_1=0$

设杆左滑于任一角度 θ 时，质心 C 的速度为 v_C，AB 杆的角速度为 ω。由运动学知，点 P 为 AB 杆的速度瞬心。如图 11-16(a) 所示。

此时杆的动能：

$$T_2=\frac{1}{2}J_P\omega^2=\frac{1}{2}\left[\frac{1}{12}ml^2+m\left(\frac{l}{2}\cos\theta\right)^2\right]w^2$$

在 AB 杆下滑过程中，只有重力 $\boldsymbol{mg}$ 做正功，其大小为 $mg\frac{l}{2}(1-\sin\theta)$。

由动能定理 $T_2-T_1=\sum W_i$，得：

$$\frac{1}{2}\left[\frac{1}{12}ml^2+m\left(\frac{l}{2}\cos\theta\right)^2\right]w^2=mg\frac{l}{2}(1-\sin\theta)$$

当 $\theta=0$ 时，解得：

$$\omega=\sqrt{\frac{3g}{l}}$$

② 求解加速度。当杆 AB 刚到达地面时，设质心 C 的加速度为 a_C，AB 杆的角加速度为 α。杆 AB 的受力图及加速度如图 11-16(b) 所示，由刚体平面运动微分方程，得：

$$mg-F_N=ma_C$$

$$F_N\frac{l}{2}=J_C\alpha=\frac{ml^2}{12}\alpha\text{（取顺时针为正）}$$

由运动学知，点 A 的加速度 $\boldsymbol{a}_A$ 为水平，质心 C 的加速度 $\boldsymbol{a}_C$ 为铅垂。以 A 点为基点，则有 $\boldsymbol{a}_C=\boldsymbol{a}_A+\boldsymbol{a}_{CA}^t+\boldsymbol{a}_{CA}^n$。将此式沿铅垂方向投影，有：

$$a_C=a_{CA}^t=\frac{l}{2}\alpha$$

将上述三式联立，解得：

$$F_N=\frac{mg}{4}$$

由以上两例可见，动力学问题的求解，常常要根据运动学知识分析速度、加速度之间的关系；有的动力学问题存在“一题多解”现象；还有的动力学问题要综合运用多个定理才能进行求解。

小结

1. 力的功

常力的功 $W=F\cos\theta\cdot s$

变力的元功 $\mathrm{d}'W=F\cos\theta\mathrm{d}s$ 或 $\mathrm{d}'W=\boldsymbol{F}\cdot\mathrm{d}\boldsymbol{r}$

变力的功 $W_{12}=\int_{M_1}^{M_2}\boldsymbol{F}\cdot\mathrm{d}\boldsymbol{r}=\int_{M_1}^{M_2}(F_x\mathrm{d}x+F_y\mathrm{d}y+F_z\mathrm{d}z)$

重力的功 $W_{12}=mg(z_1-z_2)$

弹性力的功 $W_{12}=\frac{k}{2}(\delta_1^2-\delta_2^2)$

定轴转动刚体上力的功 $W_{12}=\int_{\varphi_1}^{\varphi_2}M_z\mathrm{d}\varphi$

常力偶的功 $W_{12}=M(\varphi_2-\varphi_1)=M\varphi$

理想约束的约束力不做功。

2. 质点和质点系的动能

质点的动能$\frac{1}{2}mv^2$

质点系的动能 $T=\sum\frac{1}{2}m_iv_i^2$

平移刚体的动能 $T=\frac{1}{2}mv_C^2$

定轴转动刚体的动能 $T=\frac{1}{2}J_z\omega^2$

平面运动刚体的动能 $T=\frac{1}{2}J_P\omega^2$，$T=\frac{1}{2}mv_C^2+\frac{1}{2}J_C\omega^2$

3. 动能定理

质点动能定理的微分形式 $\mathrm{d}\left(\frac{1}{2}mv^2\right)=\mathrm{d}'W$

质点动能定理的积分形式$\frac{1}{2}mv_2^2-\frac{1}{2}mv_1^2=W_{12}$

质点系动能定理的微分形式 $\mathrm{d}T=\sum\mathrm{d}'W$

质点系动能定理的积分形式 $T_2-T_1=\sum W_i$

4. 功率、功率方程、机械效率

功率 $P=\frac{\mathrm{d}'W}{\mathrm{d}t}$

力的功率 $P=\boldsymbol{F}\cdot\boldsymbol{v}=F_tv$

作用在定轴转动刚体上力的功率 $P=M_z\omega$

功率方程$\frac{\mathrm{d}T}{\mathrm{d}t}=\sum P_i$ 或 $P_{输入}=\frac{\mathrm{d}T}{\mathrm{d}t}+P_{有用}+P_{无用}$

机械效率 $\eta=\frac{P_{有效}}{P_{输入}}=\frac{P_{有用}+\frac{\mathrm{d}t}{\mathrm{d}t}}{P_{输入}}$

5. 势力场、势能、机械能守恒定律

势能 $V=\int_M^{M_0}\boldsymbol{F}\cdot\mathrm{d}\boldsymbol{r}=\int_M^{M_0}(F_x\mathrm{d}x+F_y\mathrm{d}y+F_z\mathrm{d}z)$

重力场中的势能 $V=mg(z-z_0)$

弹性力场中的势能 $V=\frac{k}{2}(\delta^2-\delta_0^2)$

万有引力场中的势能 $V=fm_1m_2\left(\frac{1}{r_0}-\frac{1}{r}\right)$

机械能守恒定律 $T_2+V_2=T_1+V_1$

思考题

11-1　圆盘在粗糙地面上作纯滚动，地面对盘的静滑动摩擦力为 $\boldsymbol{F}$。试判断下述各说法是否正确。

① 由于摩擦力 $\boldsymbol{F}$ 作用点是圆盘的速度瞬心，因此摩擦力不做功。

② 由于圆盘滚动时，摩擦力 $\boldsymbol{F}$ 也随盘心以同一速度运动，而 $\boldsymbol{F}\neq 0$，其位移也不为零，因此摩擦力 $\boldsymbol{F}$ 做功。

11-2 甲将弹簧由原长拉伸 0.03m，乙继甲之后再将弹簧继续拉伸 0.02m。问甲、乙两人谁做的功多些？

11-3 不计摩擦，下述各说法是否正确：

① 刚体及不可伸长的柔索，内力做功之和为零。

② 固定的光滑面，当有物体在其上运动时，其法向反力不做功。当光滑面运动时，不论物体在其上是否运动，其法向反力都可能做功。

③ 固定铰支座的约束反力不做功。

④ 光滑铰链连接处的内力做功之和为零。

⑤ 作用在刚体速度瞬心上的力不做功。

11-4 试求图 (a)～(f) 中各物体的动能。图中各物体质量均为 m，且为均质。

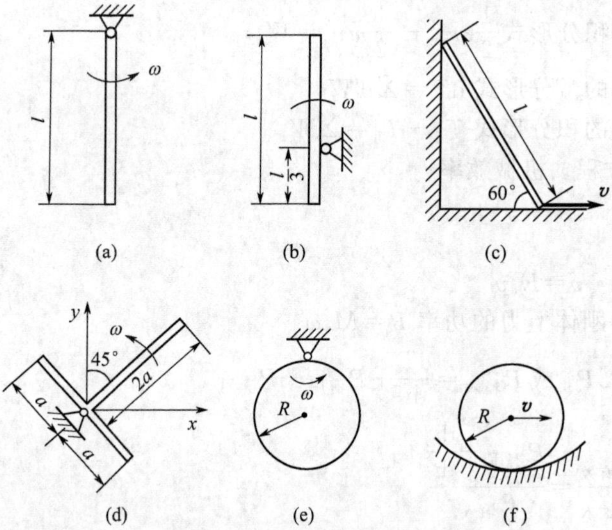

思考题 11-4 图

11-5 图示两均质圆轮，其质量、半径均完全相同。轮 A 绕其几何中心旋转，轮 B 的转轴偏离几何中心。

① 若两轮以相同的角速度转动，问它们的动能是否相同？

② 若在两轮上施加力偶矩相同的力偶，不计重力，问它们的角加速度是否相同？

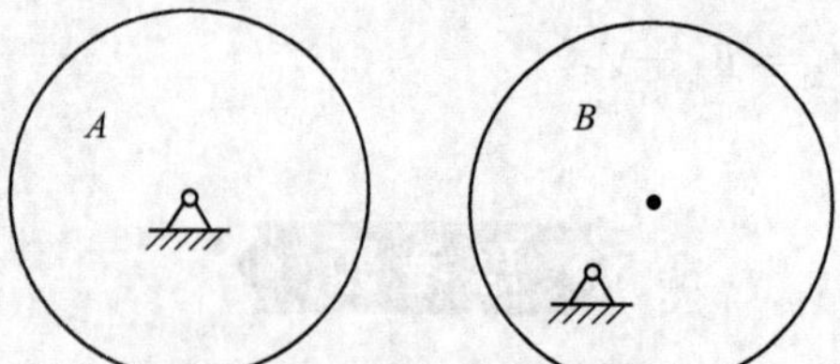

思考题 11-5 图

11-6　花样滑冰运动员，在旋转时两手臂起初张开，然后又收缩回来，从而使旋转加快。设冰面无摩擦，在这一过程中人的动量矩守恒。问：

① 运动员的动能在这一过程中将怎样变化？

② 如果动能变化，必须做功，这个功是哪来的？

11-7　质点做匀速圆周运动，试判断下述各说法是否正确：

① 质点的动量不变。

② 质点对圆心的动量矩不变。

③ 质点的动能不变。

11-8　回答下列问题

① 若刚体的动能保持不变，其动量是否一定守恒？其对质心的动量矩是否一定守恒？

② 若刚体的动量守恒，其对质心的动量矩也守恒，其动能是否一定为常量？

习题

11-1　如图，质量为 m 的质点，从高 h 处自由落下，落在下面有弹簧支持的板上。设板和弹簧的质量均忽略不计，弹簧的刚度系数为 k。求弹簧的最大压缩量。

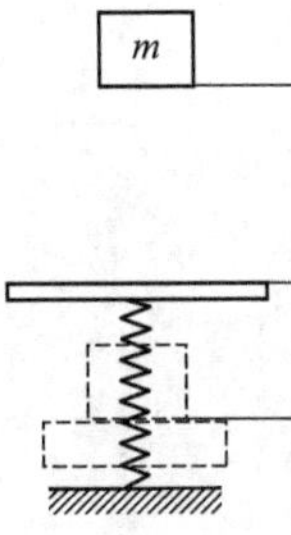

习题 11-1 图

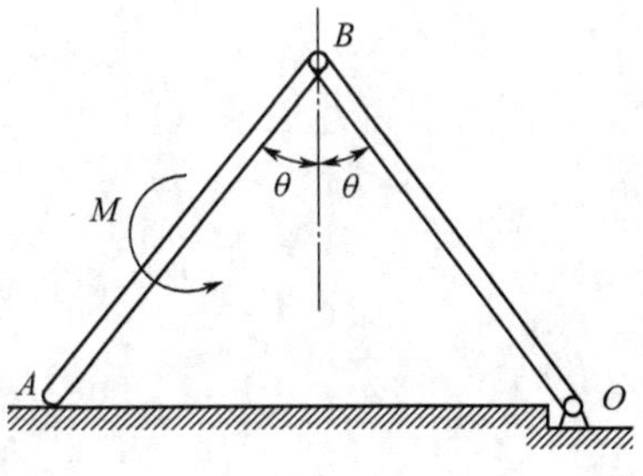

习题 11-2 图

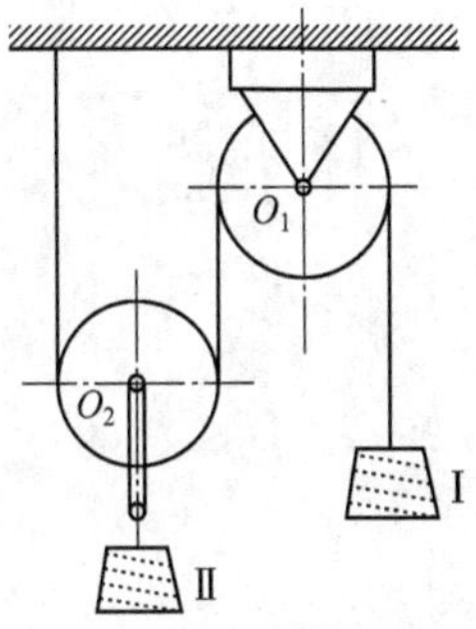

习题 11-3 图

11-2　平面机构由两匀质杆 AB、BO 组成，两杆的质量均为 m，长度均为 l，在铅垂平面内运动。在杆 AB 上作用一不变的力偶矩 M，从图示位置由静止开始运动。不计摩擦，试求当杆端 A 即将碰到铰支座 O 时杆端 A 的速度。

11-3　在图示滑轮组中悬挂两个重物，其中重物Ⅰ的质量为 m_1，重物Ⅱ的质量为 m_2。定滑轮 O_1 的半径为 r_1，质量为 m_3；动滑轮 O_2 的半径为 r_2，质量为 m_4。两轮都视为均质圆盘。如绳重和摩擦略去不计，并设 $m_2 > 2m_1 - m_4$。求重物 m_2 由静止下降距离 h 时的速度。

11-4　水平均质细杆质量为 m，长为 l，C 为杆的质心。杆 A 处为光滑铰支座，B 端为一挂钩，如图所示。如 B 端突然脱落，杆转到铅垂位置时。问 b 值多大能使杆有最大角速度？

11-5　均质杆 AB 长为 l，质量为 m_1，B 端靠在光滑的墙壁上，另一端 A 用光滑的铰链与均质圆轮的轮心 A 相连，如图所示。已知圆轮的质量为 m_2，半径为 R，在水平面上只滚不滑。设系统初始时静止，且杆 AB 与水平线的夹角为 45°时，试求该瞬时轮心 A 的加速度。

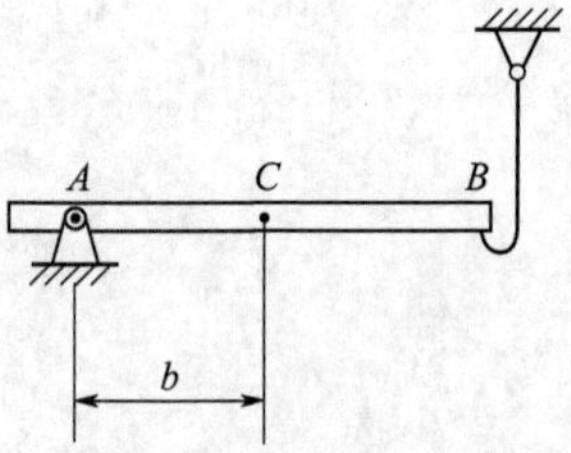

习题 11-4 图

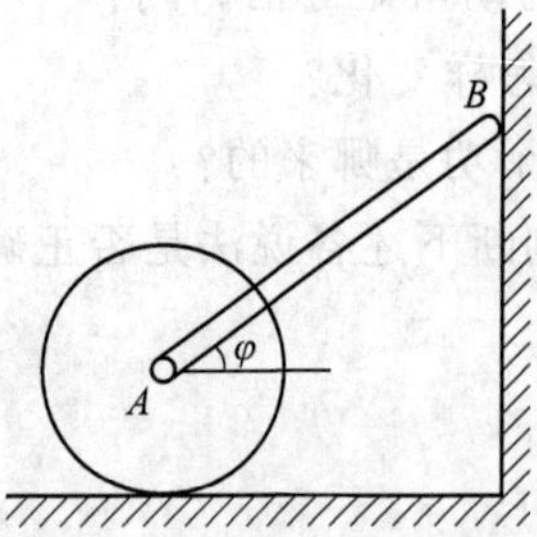

习题 11-5 图

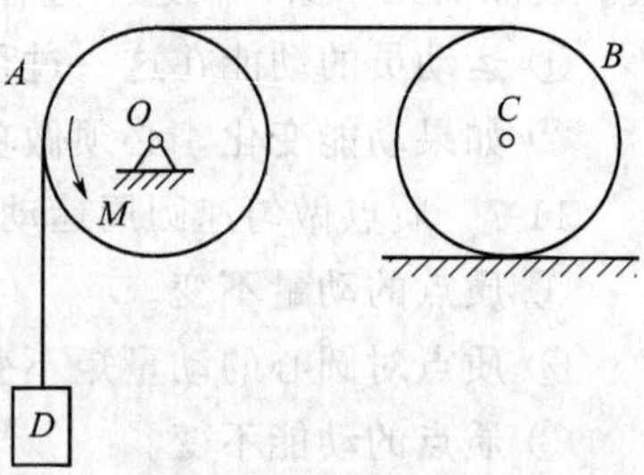

习题 11-6 图

11-6　图示系统中，均质圆盘 A、B 各重 P，半径均为 R，两盘中心线为水平线，盘 A 上作用矩为 M（常量）的一力偶，重物 D 重 Q。若绳重不计，绳不可伸长，盘 B 作纯滚动，初始时系统静止。问下落距离 h 时重物的加速度。

综合应用习题

综-1　如图，两根均质杆 AC 和 BC 各重为 P，长为 l，在 C 处光滑铰接，置于光滑水平面上；设两杆轴线始终在铅垂面内，初始静止，C 点高度为 h，求铰 C 到达地面时的速度。

综-2　如图所示，两均质圆轮质量均为 m，半径为 R，A 轮绕固定轴 O 转动，B 轮在倾角为 θ 的斜面上作纯滚动。固定在 B 轮中心的绳子一端缠绕在 A 轮上。若 A 轮作用一矩为 M 的力偶，忽略绳子的质量和轴承处的摩擦，求 B 轮中心点 C 的加速度、绳子的张力、轴承 O 的约束反力和斜面的摩擦力。

综-3　三棱柱 ABC 质量为 M，放置于光滑水平面上，如图所示。质量为 m 的均质圆柱体沿斜面 AB 向下作纯滚动。若斜面倾角为 θ，求圆柱体质心的加速度。

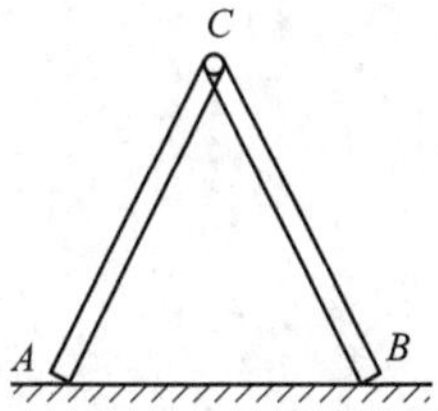

题综-1 图

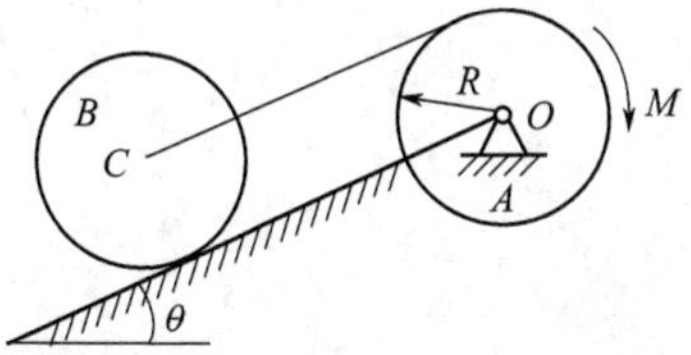

题综-2 图

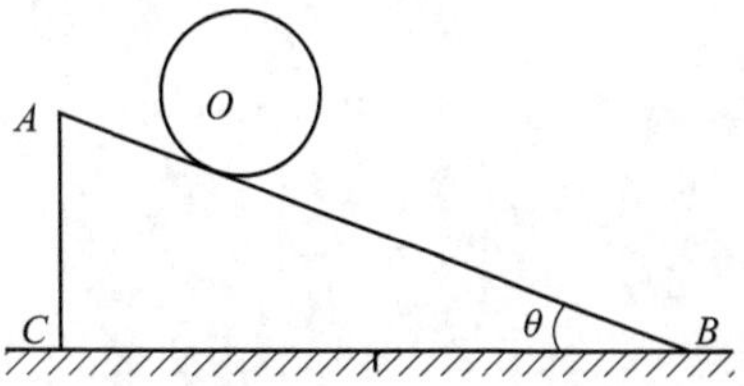

题综-3 图

综-4　如图，均质圆盘 A，质量为 m，半径为 r；滑块 B，质量同样为 m；杆 AB 平行于斜面，质量不计。斜面倾角为 θ，动摩擦系数 f，圆盘作纯滚动，系统初始静止。求滑块的加速度。

综-5　如图，重 150N 的均质圆盘与重 60N、长 24cm 的均质杆 AB 在 B 处用铰链连接。系统由图示位置无初速地释放。求系统经过最低位置时 B'点的速度及支座 A 的约束反力。

综-6　图示系统中，物块及两均质轮的质量皆为 m，轮半径皆为 R。滚轮上缘绕一刚度系数为 k 的无重水平弹簧，轮与地面间无滑动。现于弹簧的原长处自由释放重物，试求重物下降 h 时的速度、加速度以及滚轮与地面间的摩擦力。

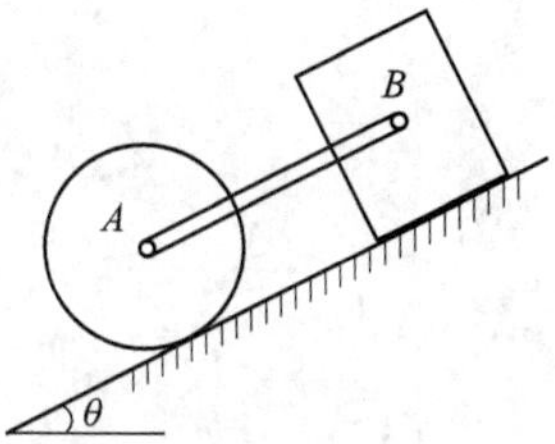

题综-4 图

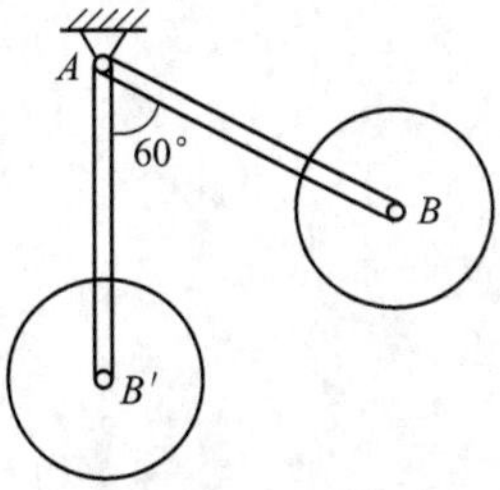

题综-5 图

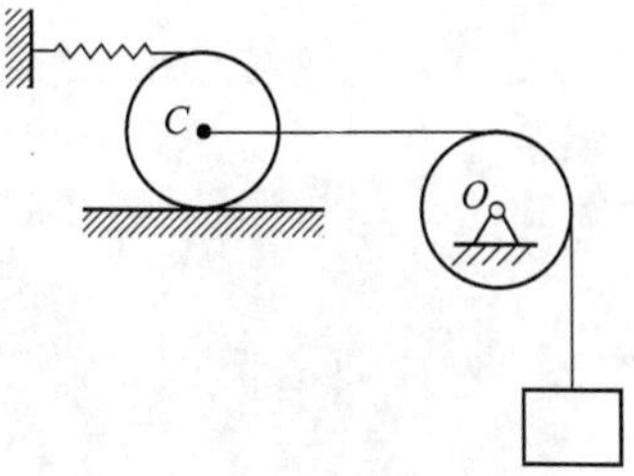

题综-6 图

综-7　一均质杆 AB 质量为 m，长为 l，位于水平位置可绕 A 轴转动，如图所示。B 端用一绳将杆系住，杆处于水平位置，若某瞬时将绳突然剪断。试求：①剪断瞬时 AB 杆的角加速度和支座 A 处的约束力。②当 AB 杆转到铅垂位置时的角速度。

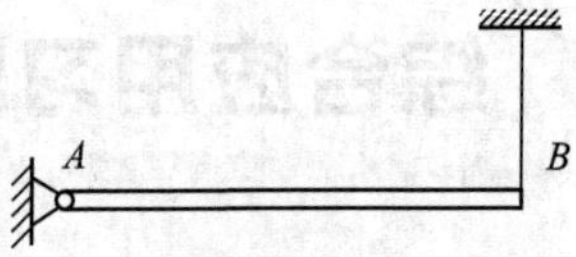

题综-7 图

附录 各章习题答案

第二章　平面力系及其应用

2-1　(a) $M_O(\boldsymbol{F})=F\sin\alpha\cdot l$

(b) $M_O(\boldsymbol{F})=F\sin\alpha\cdot l$

(c) $M_O(\boldsymbol{F})=-F\cos\alpha Fl_2-\sin\alpha(l_1+l_3)$

(d) $M_O(\boldsymbol{F})=F\sin\alpha\sqrt{l_1^2+l_2^2}$

2-2　$F_{AB}=54.6\text{kN}$，$F_{CB}=74.6\text{kN}$

2-3　$F_{AB}=80\text{kN}$，$F_{DB}=100\text{kN}$，$F_{AB}=10F_{DB}=100F=80\text{kN}$

2-4　$F_{Ay}=750\text{N}$（↓），$F_{By}=750\text{N}$（↑）

2-5　$M_2=3\text{N}\cdot\text{m}$，$F_{AB}=5\text{N}$

2-6　①$M_O=-900\text{N}\cdot\text{m}$；②$F'_R=150\text{N}$（沿 x 轴负方向），$y=-6\text{mm}$

2-7　$F_{Ax}=0\text{kN}$，$F_{Ay}=6.25\text{kN}$，$F_B=5.75\text{kN}$

2-8　$F_{Ax}=0$，$F_{Ay}=0.25P+1.5qa$，$F_B=0.75P+0.5qa$

2-9　$F_{BC}=13.2\text{kN}$，$F_{Ax}=11.43\text{kN}$，$F_{Ay}=2.1\text{kN}$

2-10　(a) $F_{Ax}=0$，$F_{Ay}=6\text{kN}$，$M_A=32\text{kN}\cdot\text{m}$，$F_C=18\text{kN}$

(b) $F_{Ax}=0$，$F_{Ay}=-15\text{kN}$，$F_B=40\text{kN}$，$F_D=15\text{kN}$

2-11　$F_{Ax}=F_{Bx}=\dfrac{ql^2}{8h}$，$F_{Ay}=F_{By}=\dfrac{ql}{2}$

2-12　$F_{Ax}=7.5\text{kN}$，$F_{Ay}=72.5\text{kN}$，$F_{Bx}=17.5\text{kN}$，$F_{By}=77.5\text{kN}$

2-13　$F_{Ax}=0$，$F_{Ay}=-48.33\text{kN}$，$F_{RB}=100\text{kN}$，$F_{RD}=8.33\text{kN}$

2-14　$F_{Ax}=1200\text{N}$，$F_{Ay}=150\text{N}$，$F_{RB}=1050\text{N}$

2-15　$F_{Ax}=-4.67\text{kN}$，$F_{Ay}=-47.7\text{kN}$，$F_B=224\text{kN}$

2-16　$F_{Ax}=267\text{N}$，$F_{Ay}=-87.5\text{N}$，$F_{NB}=550\text{N}$，$F_{Cx}=209\text{N}$，$F_{Cy}=-187.5\text{N}$

2-17　$F_{Ax}=0$，$F_{Ay}=15.1\text{kN}$，$M_A=68.4\text{kN}\cdot\text{m}$，$F_{Bx}=-22.8\text{kN}$，$F_{By}=-17.85\text{N}$，$F_{Cx}=22.8\text{kN}$，$F_{Cy}=4.55\text{N}$

第三章　空间力系

3-1　$F_{AD}=F_{BD}=7.61\text{kN}$，$F_{CD}=4.17\text{kN}$

3-2　$M_x=F_za=aF_1\sin\beta+aF_2\cos\alpha$，$M_y=aF_1\sin\beta$，$M_z=F_ya-F_xa=-aF_1\cos\beta\cos\alpha-aF_2\sin\alpha-aF_1\cos\beta\sin\alpha$

3-3　$F=50\text{N}$，$\theta=143°08'$

3-4　$M_x=84.85\text{kN}$，$M_y=70.71\text{kN}$，$M_z=108.84\text{kN}$

3-5　$T_A=T_B=-26.4\text{kN}$（压力）　$T_C=33.5\text{kN}$（拉力）

3-6　$M_1=\dfrac{c}{a}M_3+\dfrac{b}{a}M_2$，$F_{Az}=\dfrac{M_2}{a}$，$F_{Ay}=\dfrac{M_3}{a}$，$F_{Dy}=-\dfrac{M_3}{a}$，$F_{Dz}=-\dfrac{M_2}{a}$

3-7　$N_A=78.3\text{kN}$，$N_B=8.3\text{kN}$，$N_C=43.3\text{kN}$

3-8　$F_{Ax}=-20.78\text{kN}$，$F_{Az}=13\text{kN}$，$F_{Bx}=7.79\text{kN}$，$F_{Bz}=4.5\text{kN}$，$T_1=10\text{kN}$，$T_2=5\text{kN}$

3-9　$F_1=F$，$F_2=-\sqrt{2}F$，$F_3=-F$，$F_4=\sqrt{2}F$，$F_5=\sqrt{2}F$，$F_6=-F$

3-10　$x_c=90\text{mm}$

3-11　$x=49.44\text{mm}$，$y=46.5\text{mm}$

第四章　摩擦

4-1　$S=0.456l$

4-2　1087.8kN

4-3　(a) 19.32N、向上；(b) 11.71N、向下；(c) 48.8N

4-4　$b\leqslant 110\text{mm}$

4-5　$f_S=0.223$

4-6　$\dfrac{\sin\theta-f_S\cos\theta}{\cos\theta+f_S\sin\theta}F'\leqslant F\leqslant\dfrac{\sin\theta+f_S\cos\theta}{\cos\theta-f_S\sin\theta}F'$

4-7　$M=32.9\text{N}\cdot\text{m}$

4-8　$P=25.3\text{N}$

4-9　$M_{\min}=0.212Pr$

4-10　$F=\dfrac{P(\delta+\delta')+2P_1\delta'}{2r}$

4-11　$W=70.1\text{kg}$

4-12　$M_{\min}=2.32\text{kN}\cdot\text{m}$

第五章　运动学基础

5-1　$\dfrac{(x_A-a)^2}{(b+l)^2}+\dfrac{y_A^2}{l^2}=1$

5-2　相对于地面

运动方程 $x=0$、$y=0.01\sqrt{64-t^2}\,m$，

速度 $v_x=\dfrac{dx}{dt}=\dot{x}=0$、$v_y=\dfrac{dy}{dt}=\dot{y}=-\dfrac{0.01t}{\sqrt{64-t^2}}\text{m/s}$

相对于凸轮

运动方程 $x'=0.01t(m)$、$y'=0.01\sqrt{64-t^2}\,m$

速度 $v_x'=0.01\text{m/s}$、$v_y'=\dot{y}'=-\dfrac{0.01t}{\sqrt{64-t^2}}\text{m/s}$

5-3　$v_M=0.22\text{m/s}$

5-4　$y=e\sin\omega t+\sqrt{R^2-e^2\cos^2\omega t}$，$v=\dot{y}=e\omega\left(\cos\omega t+\dfrac{e\sin 2\omega t}{2\sqrt{R^2-e^2\cos^2\omega t}}\right)$

5-5　$x=2R\cos\varphi$，$v_{BC}=\dot{x}=-0.40\text{m/s}$，$a_{BC}=\ddot{x}=-2.77\text{m/s}^2$

5-6　$\theta_{OA}=\arctan\dfrac{\sin\omega_0 t}{\dfrac{h}{r}-\cos\omega_0 t}$

第六章　点的合成运动

6-1　$v_A=\frac{lav}{x^2+a^2}$

当 $\varphi=0°$时，$v=\frac{\sqrt{3}}{3}r\omega$，向左

6-2　当 $\varphi=30°$时，$v=0$

当 $\varphi=60°$时，$v=\frac{\sqrt{3}}{3}r\omega$，向右

6-3　(a) $\omega_2=1.5\text{rad/s}$

(b) $\omega_2=2\text{rad/s}$

6-4　$v_C=\frac{av}{2l}$

6-5　$v_{AB}=e\omega$

6-6　$v=\frac{1}{\sin\theta}\sqrt{v_1^2+v_2^2-2v_1v_2\cos\theta}$

6-7　$v=0.1\text{m/s}$，$a=0.346\text{m/s}^2$

6-8　$v_r=36.74\text{mm/s}$，$a_r=30.62\text{mm/s}^2$

$\omega=0.5\text{rad/s}$，$\alpha=-0.5\text{rad/s}^2$

6-9　$v_C=0.173\text{m/s}$，$a_C=0.05\text{m/s}^2$

6-10　$v_a=\sqrt{\omega^2r^2+v_1^2}$

$a_a=\sqrt{(a_1-r\omega^2)^2+(2\omega v_1)^2}$

6-11　$\omega_1=\frac{\omega}{2}$，$\alpha_1=\frac{\sqrt{3}}{12}\omega^2$

6-12　$v_r=\frac{2}{\sqrt{3}}v_0$，$a_r=\frac{8\sqrt{3}}{9}\frac{v_0^2}{R}$

6-13　$a_M=355.5\text{mm/s}^2$

6-14　$v_M=0.173\text{m/s}$，$a_M=0.05\text{m/s}^2$

6-15　$a_1=r\omega^2-\frac{v^2}{r}-2\omega v$

$a_2=\sqrt{\left(r\omega^2+\frac{v^2}{r}+2\omega v\right)^2+4r^2\omega^4}$

6-16　$v=0.325\text{m/s}$，$a=0.657\text{m/s}^2$

第七章　刚体的平面运动

7-1　$x_C=r\cos\omega_0t$，$y_C=r\sin\omega_0t$；$\varphi=\omega_0t$

7-2　$v_A=v_B=33.9\text{cm/s}$

7-3　$v_{BC}=2.513\text{m/s}$

7-4　$\omega=4\text{rad/s}$，$v_0=4\text{m/s}$

7-5　$\omega_A=2.5\text{rad/s}$，$v_D=0.5\text{m/s}$

7-6　$v_B=200\text{cm/s}$，$a_B^n=400\text{cm/s}^2$，$a_B^t=370.5\text{cm/s}^2$，$v_C=200\text{cm/s}$，$a_C=370.5\text{cm/s}^2$

7-7　$\omega_B=3.62\text{rad/s}$，$\alpha_B=2.2\text{rad/s}^2$

7-8　$v_C=\frac{3}{2}r\omega_0$　$a_C=\frac{\sqrt{3}}{12}r\omega_0^2$

7-9　$\omega_{OB}=3.75\text{rad/s}$，$\omega_{\text{I}}=6\text{rad/s}$

7-10　$v_C=l\omega_0$　$a_C=2.08l\omega_0^2$

7-11　① $v_C=0.4\text{m/s}$　$v_r=0.2\text{m/s}$

② $a_C=0.159\text{m/s}^2$，$a_r=0.139\text{m/s}^2$

第九章　动量定理

9-1　$l=2a\frac{m_2}{m_1+m_2}$，此即船向左移动的距离。

9-2　20.19N

9-3　①$m\boldsymbol{v}_0$，方向同 $\boldsymbol{v}_0$；②$m\omega e$，方向同 C 的速度方向。

9-4　$\left(\frac{m_1}{2}+4m_2\right)\omega l m_1$，方向 B 指向 A

9-5　0.74m/s

第十章　动量矩定理

10-1　$\alpha_1=\frac{2(R_2M-R_1M')}{(m_1+m_2)R_2R_1^2}$

10-2　$J_A=1060\text{kg}\cdot\text{m}^2$，$M_f=6.02\text{N}\cdot\text{m}$

10-3　$\rho=90\text{mm}$

10-4　$a_A=\frac{m_1g(R+r)^2}{m_1(R+r)^2+m_2(\rho^2+R^2)}$

10-5　$v_A=\sqrt{2a_Ah}=\frac{2}{3}\sqrt{3gh}$（↓）

10-6　① $\omega=\sqrt{\frac{3g}{l}(\sin\varphi_0-\sin\varphi)}$　$\alpha=\frac{3g}{2l}\cos\varphi$

② $\sin\varphi_1=\frac{2}{3}\sin\varphi_0$　$\varphi_1=\arcsin\left(\frac{2}{3}\sin\varphi_0\right)$

10-7　$a=\frac{F-f(m_1+m_2)}{m_1+m_2/3}g$

10-8　$F_{\text{T}}=\frac{1}{7}mg\sin\theta$　$a=\frac{4}{7}g\sin\theta$

10-9　$v=\frac{2v_0+r\omega_0}{3}$　$t=\frac{v_0-r\omega_0}{3fg}$

10-10　$a_C=0.355g$（方向沿斜面向下）

10-11　① $a_B=\frac{4}{5}g$

② 当转矩 $M>2mgr$ 时轮 B 的质心将上升

10-12　$p=290\text{N}$

$a=0.80\text{m/s}^2$　$T=28.6\text{kN}$　$F_0=46.3\text{kN}$

10-13　$v=\sqrt{\frac{2m_1gh}{m_1+2m_2}}$ $a=\frac{m_1g}{m_1+m_2}$

10-14　$l=\frac{Mgr^2\tau}{2h}-l_0-Mr^2$

10-15　$t_1=\frac{v_0}{3fg}$　$v_{c1}=\frac{2}{3}v_0g$

10-16　$N_A=\frac{2}{5}mg$

10-17　$a=\frac{2(M-QR\sin\alpha)}{2Q+PR}g$

第十一章　动能定理

11-1　$\delta_{\max}=\frac{mg}{k}+\frac{1}{k}\sqrt{m^2g^2+2kmgh}$

11-2　$v_A=\sqrt{\frac{3}{m}[M\theta-mgl(1-\cos\theta)]}$

11-3　$v=\sqrt{\frac{4gh(m_2-2m_1+m_4)}{2m_2+8m_1+4m_3+3m_4}}$

11-4　$b=\frac{\sqrt{3}}{6}l$

11-5　$a_A=\frac{3m_1g}{4m_1+9m_2}$

11-6　$a=\frac{8(M/R+Q)g}{8Q+7P}$

综合应用习题

综-1　$v_C=\sqrt{3gh}$

综-2　$a_C=\frac{M-mgR\sin\theta}{2mR}$，$F_T=\frac{1}{4R}(3M+mgR\sin\theta)$，$F_{Ox}=\frac{1}{4R}(3M+mgR\sin\theta)\cos\theta$，$F_{Oy}=\frac{1}{4R}[mgR(4+\sin^2\theta)+3M\sin\theta]$

$F=\frac{1}{4R}(M-mgR\sin\theta)$

综-3　$a=\frac{mg\sin2\theta}{3M+m+2m\sin^2\theta}$

综-4　$a=\left(\frac{4}{5}\sin\theta+\frac{2}{5}f\cos\theta\right)g$

综-5　$v_{B'}=1.58\text{m/s}$，$F_{Ax}=0$，$F_{Ay}=401\text{N}$

综-6　$v=\sqrt{\frac{2(mg-2kh)h}{3m}}$，$a=\frac{g}{3}-\frac{4kh}{3m}$，$F_S=\frac{mg}{6}+\frac{4}{3}kh$

综-7　①$\alpha=\frac{3g}{2l}$，$F_{Ax}=0$，$F_{Ay}=\frac{1}{4}mg$。②$\omega=\sqrt{\frac{3g}{l}}$

参考文献

［1］ 哈尔滨工业大学理论力学教研室编．理论力学．第 7 版．北京：高等教育出版社，2009.

［2］ 西北工业大学理论力学教研室编．和兴锁主编．理论力学．北京：科学出版社，2005.

［3］ 浙江大学理论力学教研室编．费学博等修订．理论力学．第 3 版．北京：高等教育出版社，1997.

［4］ 哈尔滨工业大学理论力学教研室编．程靳主编．理论力学思考题集．北京：高等教育出版社，2004.

［5］ J. L. Meriams. Engineering Mechanics：Statics. 10th Edition. Virginia Polytechnic Institute and State University. 2003.

［6］ 谢传锋主编．理论力学．北京：高等教育出版社，1999.